装备效能评估理论与方法

周　林　周　峰　闫永玲　唐晓兵　编著

西北工業大學出版社

西　安

【内容简介】 本书以武器装备发展论证、研制生产和作战使用活动为研究对象，在简要介绍装备效能评估概念、目的、特点、原则和方法的基础上，系统阐述了效能评估指标体系的基本概念、主要类型、构建方法和优化步骤，以及效能评估指标权重的概念与分类、主观赋权法、客观赋权法和组合赋权法，深入探讨了 ADC、SEA、指数法等装备效能评估解析方法，AHP、ANP、FCE、SPA 等装备效能评估综合评价方法，粗糙集理论、探索性分析、场景分析、PLS 通径模型、仿真分析等装备效能评估其他常用方法的基本原理、过程步骤、主要特点和适用范围，并通过装备效能评估实例对相应的理论、方法和模型进行应用验证分析。

本书可供装备管理机关和装备论证、研制、生产、试验、部署、使用和保障部门及装备研制单位管理人员与工程技术人员阅读，也可作为高等院校研究生、本科生的教学用书。

图书在版编目(CIP)数据

装备效能评估理论与方法 / 周林等编著. — 西安 ：西北工业大学出版社，2022.10(2024.9 重印)

ISBN 978 - 7 - 5612 - 8302 - 8

Ⅰ. ①装… Ⅱ. ①周… Ⅲ. ①武器装备-武器效能-评估-研究 Ⅳ. ①E920.8

中国版本图书馆 CIP 数据核字(2022)第 139632 号

ZHUANGBEI XIAONENG PINGGU LILUN YU FANGFA

装 备 效 能 评 估 理 论 与 方 法

周林 周峰 闫永玲 唐晓兵 编著

责任编辑：朱晓娟 **策划编辑：**李阿盟

责任校对：朱辰浩 **装帧设计：**李 飞

出版发行：西北工业大学出版社

通信地址：西安市友谊西路 127 号 邮编：710072

电 话：(029)88491757，88493844

网 址：www.nwpup.com

印 刷 者：西安五星印刷有限公司

开 本：787 mm×1 092 mm 1/16

印 张：14.75

字 数：387 千字

版 次：2022 年 10 月第 1 版 2024 年 9 月第 3 次印刷

书 号：ISBN 978 - 7 - 5612 - 8302 - 8

定 价：68.00 元

前　言

装备是军队遂行作战任务的重要物质基础，开展装备效能评估研究，对于加强武器装备建设、提升部队作战能力具有重要意义。武器装备作战效能评估采用定性与定量相结合的方法，通过对装备在不同作战使用条件下所体现出的不同作战效能进行比较分析，可为装备发展论证和装备作战使用提供决策参考，还可为作战方案的制定与优选、模拟训练的组织与实施等提供科学的评价依据。

本书是在效能评估基本理论与方法的基础上，结合笔者多年的科研和学术成果，针对信息化武器装备及作战使用特点，编撰形成的一部集理论性与实践性为一体的专业著作。

全书共7章：

第1章装备效能评估概述，简要介绍了装备效能评估的概念、层次、意义、作用、特点和原则，并对装备效能评估的程序和方法进行了概括。

第2章装备效能评估指标体系，简要介绍了效能评估指标体系的概念、类型与分类，重点阐述了效能评估指标体系构建的原则、过程和方法，并系统介绍了评估指标体系的优化方法。

第3章效能评估指标的权重，简要介绍了评估指标权重的概念与分类、指标权重确定的原则与方法，重点讨论了评估指标权重确定的主观赋权方法、客观赋权方法和组合赋权方法。

第4章装备效能评估的典型解析方法，主要阐述了ADC、SEA、指数法的基本原理、一般过程、特点及适用范围，并通过实例进行应用分析。

第5章装备效能评估的综合评价方法，主要阐述了AHP、ANP、FCE、SPA的基本原理、一般过程、特点及适用范围，并通过实例进行应用分析。

第6章装备效能评估的其他常用方法，主要阐述了粗糙集方法、探索性分析方法、场景分析方法、PLS通径模型方法、仿真分析方法的基本原理、一般过程、特点及适用范围，并通过实例进行应用分析。

第7章装备效能评估的组织与实施，主要阐述了装备效能评估准备与装备效能评估实施的方法步骤和主要工作内容，并给出了评估结果的综合仿真、装备试验和结构分析等检验方法。

本书由周林、周峰、闫永玲、唐晓兵编著，在成稿过程中得到了陶建锋、谢军伟、张琳等人的指导与帮助，并得到了吴法文、汪文峰、王宏等人的大力支持，笔者对他们的辛勤付出表示衷心的感谢。在编写本书的过程中，引用了国内外专家学者的研究成果，笔者对列入或未列入参考文献的专家学者在该领域所做出的贡献和无私的奉献表示崇高的敬意，对能引用他们的成果感到十分荣幸并表示由衷的谢意。

限于笔者的水平，书中不妥之处在所难免，敬请广大读者批评指正。

编著者

2022年6月

目　　录

第1章　装备效能评估概述

1.1　装备效能评估的概念与层次

1.1.1　装备效能的定义与分类

1. 装备效能的定义

武器装备也称武器系统或武器装备系统，可简称“装备”。武器装备是“用以实施和保障作战行动的武器、武器系统和军事技术器材的统称，主要指武装力量编制内的武器、弹药、车辆、机械、器材、装具等”，是人们为作战需求而加工制造的一种为战争服务的特定产品。

装备效能是武器装备系统完成特定作战任务的能力，反映了武器装备系统的总体特性和水平，说明了该武器装备系统对军事活动的有用程度。目前，对于装备效能的定义并没有统一的标准，不同的组织给出了不同的定义。

(1)美国航空无线电研究公司的定义：“在规定条件下使用系统时，系统在规定时间内满足作战要求的概率。”

(2)美国海军的定义：“系统能在规定条件下和规定时间内完成规定任务的程度的指标。”或“系统在规定条件下和在规定时间内满足作战需求的概率。”

(3) 美国麻省理工学院的 A. H. Levis 等人在评价 C^3I(Command, Control, Communication and Intelligence，指挥、控制、通信和情报)系统效能时的定义：“系统与使命的匹配程度。”

(4)美国工业界武器效能咨询委员会的定义：“系统效能是预期一个系统满足一组特定任务要求的程度的度量，是系统可用性、可信性和固有能力的函数。”

(5)我国军用标准《可靠性维修性保障性术语》(GJB 451A—2005)中规定的系统效能是：“系统在规定的条件下和规定的时间内，满足一组特定任务要求的程度。它与可用性、任务成功性和固有能力有关。”

由此可见，装备效能是一个相对的、定量的值，需要考虑特定的使用环境和特定的任务目标。特定的使用环境指的是特定的环境、条件、时间、人员、使用方法等，特定的任务目标指的是所要完成的特定任务和达到的特定目的。

2. 装备效能的分类

(1)按度量方式不同，装备效能可分为指标效能和系统效能。

1)指标效能，是指对影响效能的各因素的度量，如对可靠性的度量、对防护能力的度量等，或者是对某一武器装备系统的单一目标所能达到程度的度量。指标效能是从某一侧面刻画武器装备效能的一种度量，如导弹射程、飞机作战半径、通信误码率等。

2)系统效能，是指从系统角度对影响效能的各因素进行综合评价，最后得到单一的度量值。系统效能是对武器装备效能的综合评价，反映的是当需要武器装备系统工作时，其能够达到其任务目标的能力。

（2）按系统环境不同，装备效能可分为自身效能和使用效能。

1）自身效能，是指武器装备系统本身所蕴涵的能力，是一种相对静态的效能。前述的指标效能和系统效能都属于装备的自身效能，是通过设计赋予武器装备的某些能量或综合能力。

2）使用效能，有时称为作战效能，是指在规定条件下，运用军事装备的作战兵力执行作战任务所能达到预期目标的程度。其中，执行作战任务应覆盖军事装备在实际作战中可能承担的各种主要作战任务，且涉及整个作战过程，因此，是任何军事装备的最终效能和根本质量特征。

1.1.2 装备效能评估的概念与特征

1.装备效能评估的概念

装备效能评估，是指在给定条件下，构建效能度量指标，对武器装备的能力与效果进行定性定量分析与评估的过程，相关结论为武器装备的研发与应用提供决策的依据。

装备效能评估有时与装备效能分析同义，是指对武器装备执行其使命能力过程所进行的一系列评估与分析活动，主要运用军事系统工程理论与方法，以及建模与仿真等技术手段，进行武器装备及其体系效能评估，促进作战需求向装备需求的转换，为装备建设与发展提供支撑。

2.装备效能评估的特征

（1）装备效能评估强调定量化。定量化即通过对问题建立适当的模型进行定量分析，其能使决策者做出更合理、更合适的选择，同时能够减轻决策者的负担，提高决策能力和工作效率。

（2）装备效能评估突出对抗性。由于武器装备执行其使命必然与敌方的装备和目标发生对抗，所以装备效能评估是针对我方装备与敌方装备对抗条件下的装备能力的评估。

（3）装备效能评估具有迭代性。装备效能评估贯穿于武器装备的全寿命周期，在寿命周期的各个阶段，都要运用武器装备效能模型反复进行效能分析与评估，确保武器装备战术技术性能、作战使用能力满足军事需求。

（4）装备效能评估注重针对性。对于不同类型的武器装备，效能评估的内容和要求不同，即使是同一种武器装备系统，不同情况下其分析评估的重点也不相同。

1.1.3 装备效能评估的层次

从逻辑层面上讲，装备效能评估总体上可分为两个层次：一是对装备的性能（Performance）评估；二是对装备的效能（Effectiveness）评估。其中，性能评估是效能评估的基础。

1.性能评估

武器装备的性能是武器系统的行为属性，即武器系统的物理和结构上的行为参数和任务要求参数，或武器系统按照执行某行动的要求执行这一行动能力的度量。武器装备的性能是确定武器装备系统效能指标的前提和基础。以地空导弹武器系统为例，典型的性能指标有雷达作用距离、导弹射程、系统反应时间、战斗部威力范围、机动性、可靠性、维修性、保障性等。

武器装备的性能指标可分为单一指标和综合指标。单一的性能指标有雷达作用距离、导弹射程、机动速度等，综合的性能指标有导弹单发杀伤概率、目标毁伤概率等。最高级的综合指标就是系统效能指标，它综合了所有的性能指标。

2. 效能评估

武器装备的效能指标取决于武器装备系统的任务目标要求，不同的武器装备系统，需要选用不同的效能指标。单功能的武器装备系统，可以选用一个效能指标，如空地导弹可以用首发毁伤概率作为效能指标，通信中继装备可以用中继通信距离作为效能指标等。多功能的武器装备系统，需要选用多个效能指标，如地空导弹武器系统可以选用雷达作用距离作为雷达系统的效能指标，选用指挥控制容量作为指挥控制系统的效能指标，选用战斗部威力范围作为导弹系统的效能指标等。

装备效能评估的关键是要建立或者选用适当的效能指标，其是建立正确的效能模型的前提，也是系统分析人员的一项重要任务。效能指标选取得不适当，会得出错误的分析结论，导致错误的决策结果。

最经典的案例是商船安装高炮的决策问题。在第二次世界大战中，英国的商船为了减少在德军的空袭中可能遭受的损失，提出了在商船上安装高炮，但这样需要一大笔费用，因此，需要把这个问题提交运筹学小组进行分析。运筹学小组根据高炮主要是打飞机这样一个简单道理，选择高炮在有效射程上对敌机的平均毁伤概率作为效能指标。分析结果表明，平均毁伤概率仅为0.04，由此得出结论，在商船上安装高炮很不合算。运筹学小组进一步研究认为，在商船上安装高炮的真正目的是保护商船，而不是消灭敌机，选用商船被击沉的概率的减少幅度作为效能指标。研究结果表明：不安装高炮时，商船被击沉的概率为0.25；安装高炮后，商船被击沉的概率减小到0.10。由此得出结论，在商船上安装高炮是很合算的。

1.2　装备效能评估的意义与作用

1.2.1　装备效能评估的意义

装备效能评估主要用于解决武器装备系统“有什么用”的问题，这一问题是武器装备发展论证、研制生产和使用维护等活动的核心问题，因此说，装备效能评估具有重要的理论意义和实践价值。

1. 实现装备体系化发展的重要手段

信息化条件下的联合作战，是装备体系与体系的对抗。武器装备体系中诸多要素之间的关系错综复杂，涉及装备体系结构与比例、数量与质量、新装备与老装备、主战装备、电子信息系统与保障装备等。装备效能分析与评估是一种必不可少的手段，通过对装备体系进行效能分析与评估，才能发现装备体系的薄弱环节，优化武器装备体系的结构，检查战略和计划的效果与缺陷，确定武器装备发展方向和重点，为武器装备发展战略、规划计划的制定提供依据，为武器装备体系建设提供决策支持。

2. 支撑装备全寿命管理的关键技术

为有效实现装备全寿命周期管理，需要在武器装备全寿命的不同阶段，对相应的决策环节进行论证分析，为实现宏观层次的科学管理提供咨询建议。利用装备效能分析与评估方法、技术和环境，可以在模拟未来可能的武器装备使用环境中，建立各种武器装备的效能分析与预测模型，对武器装备项目特别是新型武器装备立项论证、研制进度、技术风险等进行综合分析和比较，优选武器装备发展方案，逐步实现基于仿真的武器装备全寿命管理，为武器装备发展决策提供可靠的技术支撑，提高管理决策科学化水平。

3. 保障装备高效化使用的重要方法

高新技术的迅猛发展及其在军事领域的广泛应用，使新的武器装备概念和作战使用概念不断涌现。运用装备效能分析与评估等理论与方法，分析武器装备在近似实战条件下的作战使用及其效果，可以指导各类武器装备的协调发展和体系化运用，保障武器装备能够高效地发挥其作战潜能。

1.2.2 装备效能评估的作用

装备效能评估的主要目的，是为装备发展论证、装备作战使用、作战方案制定等提供决策依据和参考建议。

1. 为装备发展论证提供依据

装备发展的最直接动力是装备的作战需求，主要包括：发展哪些装备？发展多少装备？装备之间比例关系？优先发展哪些装备？在装备发展论证研究领域，以作战任务为主线，通过作战过程仿真，能够有效地把装备效能评估与装备发展需求有机地结合起来。如某研究所运用作战仿真方法对使用导弹打击机场的作战效能进行了评估研究。此外，通过装备效能分析与评估，可在新装备设计、研制、生产和部署的各个阶段，对其研制的必要性、技术可行性、性能指标和使用效果进行论证、评估、预测和检验，可为装备的发展规划提供建议和指南。如美军在1997年提出了“基于仿真的采办”(Simulation Based Acquisition，SBA)的概念，并将其用于联合攻击机JSF、F-22战斗机等开发项目，获得了巨大的成功。在装备总体方案设计和研制过程中，运用装备效能分析与评估方法，可以代替昂贵的靶场试验对新装备各种方案的战术技术指标、各分系统之间的关系等加以分析和检验，找出其性能上的缺陷，并通过评价作战效能对战技指标的敏感性，对设计方案进行改进和优选。

2. 为装备作战使用提供建议

作战使用是装备发展的基本目的，为装备确定合理的使用方法的途径：一是通过装备在实战中的多次运用；二是利用先进的工具和方法，对装备的各种作战使用效果和能力进行科学的预先评估。装备的最佳作战使用问题，实质上是寻求在其他约束条件固定的情况下，达到最大作战效能的装备最佳作战使用方式。装备不同的作战使用方式对应不同的作战效能，对装备在不同作战使用条件下的效能进行分析比较，即可得出关于装备最佳作战使用方式的正确建议。

3. 为作战方案制定提供辅助决策

作战方案的制定是作战准备阶段的一项重要工作，作战方案制定的好与坏，直接关系到作战的成与败。作战方案的制定不仅包括双方静态战斗能力的计算和作战能力的宏观综合评价，而且需要考虑动态的对抗条件下的最佳兵力部署和各阶段兵力行动方法，同时，也包含作战方案的检验与优化，如方案完成任务的可能性、指挥协同是否简便、方案的适应性、风险的大小等。借助装备效能分析与评估方法，通过计算和评价每一种作战方案对作战结果可能带来的不同影响，可进行多作战方案的选优，为指挥人员进行正确决策提供定量分析建议。

1.2.3 装备效能评估的应用

装备效能评估的具体应用可体现在分析、优化和设计三个方面。

1. 基于效能的分析

效能分析就是根据影响装备效能的主要因素，运用系统分析的力法，在搜集信息的基础上，确定分析目标，建立综合反映装备达到规定目标的能力测度算法，最终给出衡量装备效能的测度与评估。主要方法有灵敏度分析法、计算机仿真法等。装备效能分析的主要因素包括装备的可靠性、维修性、保障性、测试性、安全性、生存性、耐久性和人的因素等。

此外，对装备进行效能分析，还应进行装备系统的结构分析，运用系统工程中的系统结构分析方法，针对影响装备效能的各因素所具有的不同特征，分别建立定量分析测度，并在数据分析的基础上，建立不同特性的数学模型，实现装备效能的综合分析与评估。

2. 基于效能的优化

效能优化是在效能分析基础上，对装备效能所涵盖的研究内容作优化分析，给出效能优化的结论。在研究装备系统的效能优化问题时，还存在着系统结构的优化问题，如何在一定费用的约束下，获取装备系统的最佳效能，是效能优化的另一个关键问题。

从优化理论与方法的角度分析，可采用的优化方法除运筹学中的大量优化算法(如线性规划、非线性规划、多目标规划、整数规划、动态规划等)之外，还可以采用随机规划、模糊规划、演化规划等智能化理论与方法。

3. 基于效能的设计

基于效能的设计指在装备系统研发过程中，以效能为目标对装备系统进行开发设计。基于效能的设计主要包括装备系统的可靠性设计、维修性设计、保障性设计及测试性设计等。这些设计应融入装备系统的工程设计之中，即必须在装备系统科研设计的过程中考虑最终装备系统所能体现的效能。在装备系统科研过程中不能仅注重提高装备系统的固有能力，还要注意到装备系统效能度量的多元性，在影响装备效能的众多主要因素中，如果不综合考虑进行科研设计，将无法获得高效能的装备系统。

1.3　装备效能评估的特点与原则

1.3.1　装备效能评估的特点

装备效能评估的特点是其客观规律的反映，准确把握装备效能评估的特点，是实施装备效能评估的基础。受装备自身固有的特点、装备使用的特殊环境以及效能评估方法等因素的影响，装备效能评估具有其自身的特点。

1. 相对性

相对性是装备效能评估的一个突出特点，其具体表现在以下三个方面。

(1)评估方法的相对性。装备效能评估往往通过对比的方法来评估作战双方的作战能力或作战效能。例如，作战效能评估的指数法，其实质是用某个统一“尺度”，度量各种武器装备相对某一基准武器装备而言的单件作战能力，从而得出每种武器装备的“指数”。因此，用作战能力指数表示的装备作战效能值实际上是相对值。

(2)参数聚合的相对性。影响装备效能的因素很多，且各个因素的量纲也不相同。各种不同量纲的参数无法简单进行聚合，只有将有关的参数都无量纲化后，才能将不同量纲的参数聚合成代表效能的一个数值，而要无量纲化就要用相对值。

(3)评估数值的相对性。装备效能评估值往往只具有相对准确性,不能将其绝对化。一般说装备甲比装备乙的作战效能要高,但究竟高多少,过分精确的比较没有太大意义。如一型地空导弹装备的效能值为76.5,另一型地空导弹装备的效能值为76.3,并不代表前者的效能就绝对高于后者。

2. 动态性

装备效能评估的动态性是由装备效能的动态性决定的,与装备的战术技术指标相比,装备的作战效能具有明显的动态特性。一般来讲,装备生产部署后,其战术技术性能基本固定,当不考虑功能改进、装备故障和性能老化等情况时,衡量装备性能的战术技术指标为确定值,具有相对静态的特点。而装备效能尤其是装备的作战效能,则与装备的作战使用过程密切相关,是装备作战能力的动态体现,它受装备的战技指标、作战对象、作战环境、作战运用、评估方法和作战时间等多种因素和条件的影响,且随着相关因素和条件的改变呈现出动态变化的特点。与装备效能尤其是作战效能的动态性相适应,装备效能的评估必须采用能全面反映上述因素影响的方法和手段,通过对装备的作战使用和对抗过程进行动态评估,得出装备在不同作战条件下相应的效能指标值。

3. 层次性

装备效能评估的层次性是由装备自身的层次结构决定的。如防空反导装备体系可分为预警探测装备、指挥控制装备、拦截打击装备和综合保障装备等,预警探测装备可进一步分为天基预警探测装备、空基预警探测装备、地基预警探测装备等,地基预警探测装备又可进一步分为常规地面对空情报雷达、弹道导弹预警雷达、天波超视距雷达、无源雷达等,常规地面对空情报雷达又包括三坐标雷达、二坐标雷达、中低空雷达等。由此可知,装备效能可以从总体上分为装备体系效能、平台装备效能和武器系统效能三个层次,上层效能依赖于下层效能,最下层的武器系统效能则直接依赖于武器系统的性能参数。由于装备效能具有层次特性,所以相应的装备效能评估也呈现出相应的层次结构,并最终形成装备效能评估体系。

4. 多样性

装备效能评估的多样性特点,主要由以下三个方面的因素决定。

(1)评估对象的多样性。现代武器装备的科技含量高,组成结构复杂,品种类型繁多。如空军装备按兵种结构可分为航空兵装备、地空导弹兵装备、雷达兵装备、电子战装备、空降兵装备等,按担负的作战任务可分为航空武器装备、地面防空武器装备和保障装备等,航空武器装备又可进一步分为作战飞机、支援保障飞机、机载武器等。因此,装备效能评估呈现出复杂性和多样性的特点。

(2)作战环境的多样性。现代军事科技的迅猛发展,使得装备的作战环境发生了巨大的变化,不仅包括传统的地面、海上、空中,而且拓展至临近空间、太空、电磁和网络空间,作战环境是影响装备效能评估的重要因素,装备作战环境的多样性决定了装备效能评估的多样性。

(3)评估方法的多样性。可用于装备效能评估的方法有很多,如ADC、SEA、AHP、指数法、作战模拟方法、模糊综合评判法等,评估方法的多样性也使得装备效能评估呈现出多样性的特点。

1.3.2 装备效能评估的原则

装备效能评估没有一套固定不变的程序或方法,尤其在建立效能评估模型方面,现代数学理论和军事运筹方法得到了广泛的应用，对于不同的效能评估问题可采用不同的评估方法，对于相同的效能评估问题也可采用不同的评估方法，而且经常是多种评估方法的综合运用。虽然如此，但在进行装备效能评估时，一般应遵循以下四条原则。

1. 着眼作战使用

评估目的决定：装备效能评估的出发点和落脚点，是为武器装备发展和装备作战使用提供决策依据。通过采用各种方法评估装备在不同作战条件下所表现出的不同效能，研究和回答装备的最佳配置、最佳组合和最佳运用等问题。

评估过程决定：装备效能评估是对装备在一定条件下遂行一定作战任务的作用的评价，这就要求评估过程必须依据具体的作战环境、作战对象和作战任务来进行，并考虑装备作战对抗的全过程。

2. 力求客观准确

由于装备效能评估的结果直接服务于装备作战使用、部队作战训练和装备发展论证，这就要求在装备效能评估过程中必须尽可能做到客观和准确，否则将会带来灾难性的后果。装备效能评估的准确性原则，主要有以下两个方面的内容：

一是效能评估模型必须准确。模型是对现实问题的简化描述，但效能评估模型必须尽可能地考虑各种影响因素，这也是装备效能评估模型与用于训练的模型之间的显著差别。

二是效能评估数据必须精确。效能评估本身起着一种衡量标准和准绳的作用，如果所用的评估数据不精确，结果必然是差之毫厘，失之千里。

3. 正确选择指标

装备效能评估的一项重要内容就是选择和确定装备效能指标，需要针对具体的研究对象和目标要求，合理地选择装备效能指标，才能保证效能评估结果的准确性。美国军事运筹学家莱博维茨(M. L. Leibowiz)指出，效能指标“类似于一种道德原则，单凭推理是不可能确定某种道德原则是否是正确的。我们必须进行价值判断，必须凭‘感觉’行事。”武器装备不同或作战任务不同，效能指标的选择也不相同。一般来讲，装备效能指标的选择需要由装备领域专家、军事运筹人员和指挥决策人员共同确定。

4. 定性定量结合

装备效能评估作为军事运筹学的一个重要研究内容，其强调以数学方法和计算机技术为工具，主要应用定量分析的方法，通过建立各种类型的装备效能模型，来计算各个具体的效能指标。用于定量分析和建立模型的方法主要有数学分析、概率论和数理统计、数学规划、网络分析、随机过程理论、系统动力学、排队论、对策论等。定量分析方法的广泛运用为效能评估的科学性和可信度奠定了基础，但由于装备效能评估是复杂的和困难的，并非所有的因素都可以进行严格的定量分析，所以经验方法和定性方法仍然发挥着不可或缺的作用。

1.4　装备效能评估的程序与方法

1.4.1　装备效能评估的程序

1. 装备效能评估的基本内容

装备效能评估通常包括三个方面的内容：一是定义装备效能的参数，并选择合理的效能度量指标；二是根据给定的条件，计算装备效能指标的值；三是进行多指标装备效能的综合评价，即由诸装备效能参数的指标值求出装备效能综合评价值。

2. 装备效能评估的基本步骤

装备效能评估是一个复杂的过程，包含了统计、分析、对比、思维等一系列活动，需要分析与综合、定量分析和定性判断的结合。根据装备效能评估的基本内容，可归纳得到装备效能评估流程(见图 1-1)，它主要包括以下基本步骤。

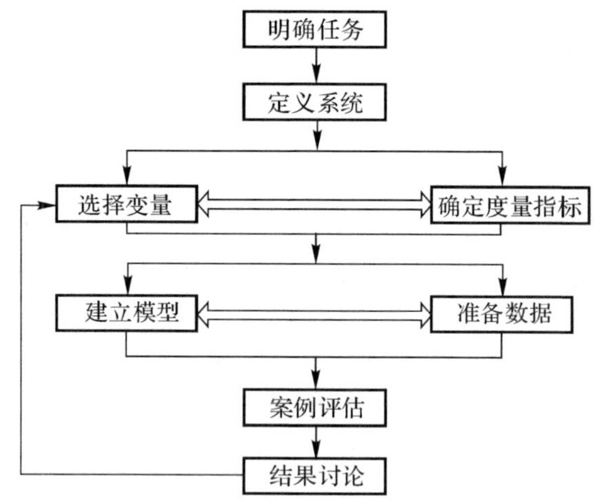

图 1-1 装备效能评估流程

(1)明确任务。明确装备效能分析与评估的目标。

(2)定义系统。对装备系统进行结构分析、功能分析、工作描述和性能理解等。

(3)选择变量。选择描述装备效能的变量和参数，变量宜少不宜多，应抓住主要因素，既全面又精练，而且要求变量物理意义明确，对装备效能敏感。

(4)确定度量指标。研究确定装备效能的度量指标，指标既要切合装备技术特点，又能够确切体现装备作战任务要求。

(5)建立模型。构建装备效能评估模型。

(6)准备数据。主要包括装备系统和评估对象的先验属性和内在规律性。

(7)案例评估。设立评估案例，进行效能分析评估实验。

(8)结果讨论。对评估结果进行分析和验证，并根据发现的问题进行修改和完善。

1.4.2 装备效能评估的方法

1. 效能评估方法的分类

装备效能的评估就是计算装备效能指标，按照不同的标准，装备效能评估方法通常有以下三种分类方式。

(1)按照评估方法的性质，可将装备效能评估方法分为主观评估法、客观评估法、定性与定量结合法。

1)主观评估法，主要有直觉法、专家调查法、德尔菲(Delphi)法、层次分析法等。

2)客观评估法，主要有加权分析法、理论点法、主成分分析法、因子分析法、回归分析法等。

3)定性与定量结合法，主要有模糊综合评估法、灰色关联分析法、聚类分析法、物元分析法、神经网络法等。

(2)按照评估所采用的数学方法,可将装备效能评估方法分为统计法、解析法、仿真法。

1)统计法,即应用数理统计方法,依据实战、演习、试验等获得的大量统计资料,进行装备效能指标的计算。该方法应用的前提是,所获得的统计数据的随机特性可以清楚地用模型表示,而且能够用于装备效能指标的计算。

2)解析法,即根据解析公式进行装备效能指标的计算,最典型的解析式如兰彻斯特方程。该方法的优点是公式透明性好,便于计算求解;缺点是进行效能评估时考虑的因素相对较少。一般来讲,该方法主要用于不考虑对抗条件下的装备系统效能评估和简化条件下的宏观作战效能评估。

3)仿真法,即通过仿真试验得到关于作战进程和结果的数据,并直接或通过统计处理后给出装备效能指标估计值。该方法能较详细地考虑影响实际作战过程的诸因素,特别适合进行装备系统效能或作战效能的预测评估。

(3)按照评估使用武器装备情况,装备效能评估方法分为实际使用装备评估和不实际使用装备评估。

1)实际使用装备评估,即使用实际的武器装备进行装备效能的评估,主要有实战评估、装备试验评估和实兵演习评估三种类型。

2)不实际使用装备评估,即运用建模与仿真的方法进行装备效能的评估,主要有 ADC 方法、SEA 方法和作战模拟方法等。

2. 实际使用装备评估方法

(1)实战评估。实战评估是检验和评估装备效能的最准确最根本的方法。美军认为战场是验证新的作战概念、检验和评估新型装备作战效能的最佳试验场。在海湾战争、科索沃战争和阿富汗战争中,美军均投入了大量新型武器装备,对以“爱国者”地空导弹、“战斧”巡航导弹为代表的精确制导弹药和无人侦察机、隐身战斗机等大批先进装备的作战效能进行了实战条件下的评估,获取了有关新型装备作战效能的详尽而精确的数据和资料,为装备的改进、定型、生产、部署和使用提供了科学的依据。该方法的优点是评估结果准确、真实,缺点是代价高和不可重复性。

(2)装备试验评估。装备试验的主要目的是检验装备的战技性能指标是否达到设计的要求,同时它也是评估装备作战效能的一个重要方法。如美军在弹道导弹防御系统研制过程中,对拦截弹和系统的各项性能指标进行实测试验,并通过构建实际的作战环境和对抗过程,对系统的作战效能进行评估。该方法具有试验过程的可重复性、战场环境的对抗性和作战过程的逼真性等特点。

(3)实兵演习评估。实兵演习有多种目的和功能,除了军事威慑、军事交流、探索和检验作战理论、训练部队以外,与实战相类似,实兵演习还为装备作战效能评估提供了宝贵的机会和手段。实兵演习一般组织复杂,规模较大,动用装备和兵力较多,以模拟实战的兵力对抗为主要内容和行动特征,主要用于评估和检验武器系统、装备组合在对抗条件下的作战效能。

3. 建模与仿真评估方法

建模与仿真评估方法通过建立被评估装备的作战效能模型,对其在各种不同作战环境条件下的作战效能进行反复计算和评估,具有经济、简便、灵活、通用等特点,因而成为非实战条件下最常用和最主要的方法。建模是指运用军事运筹学和现代数学等方法建立装备效能评估模型，仿真是指对装备作战使用过程进行计算机模拟仿真。建模与仿真方法评估装备效能的基本步骤如下。

(1)陈述问题。陈述问题是装备效能评估的前提和基础，通常应对以下问题进行明确：装备的作战使命任务、战术技术性能、可能的作战使用方法、作战对象、作战环境等效能评估所必需的约束条件，一般以作战想定的形式呈现。

(2)确定合理的效能指标。确定合理的效能指标是装备效能评估的关键环节，需要根据系统分析的思想，对影响装备效能的各因素之间的内在逻辑关系进行深入分析，将问题逐步分解和细化，按照独立和完备的原则建立科学的效能指标体系。

(3)建立效能评估模型。建立装备效能评估模型是效能评估过程中工作量最大的一步，必须深刻理解和分析装备的作战使用过程，以及各种外部因素对装备效能的影响，在此基础上加以数学抽象和仿真描述。建模的思路和方法可以多种多样，需要根据实际情况具体问题具体分析。

(4)计算效能指标值。根据给定的条件和数据进行模型计算或运行模型，便可得出各项效能指标值。对多个效能指标往往需要加以综合或聚合，常用的方法有广义指标法、概率综合法以及多属性效用分析法等。

(5)评估结果分析。对装备效能评估的结果进行分析，是装备效能评估的一项不可忽视的重要工作，主要是通过对可信度、精度和灵敏度的分析，提出对装备性能的改进意见以及对装备作战使用方法的正确建议等。

第2章　装备效能评估指标体系

2.1　评估指标体系的概念与类型

2.1.1　指标的概念与分类

1. 指标的概念

指标是衡量事物价值的标准或评估系统的参量，是事物对主体有效性的标度。一般来说，指标有三个构成要素：指标名称、计算单位和属性值。属性值所提供的就是数字或文字表达的主观意识或客观事实，如作战飞机的起飞重量、地空导弹的最大射程等。任何一个指标都反映和刻画事物的一个侧面，是对事物进行分析研究和判断的基本依据，其具有以下性质。

(1)指示性。指标用来指明事物的某一特性。

(2)具体性。指标是事物某一方面的反映，具有明确的、具体的含义，即每项指标都具体地反映着客观事物的某一特性。

(3)度量性。每项指标都有一个具体的属性值，可以进行度量与分析。

2. 指标的分类

(1)根据值域的不同，可将指标分为定性指标与定量指标。定性指标是指用定性的语言作为指标描述值，定量指标是指用定量的数据作为指标属性值。

(2)根据法则的不同，可将指标分为计数指标、延拓指标和差性指标。计数指标又称序型指标，其大小只反映顺序；延拓指标又称比值型指标，具有一个单位元，如质量指标；差性指标又称偏好指标，其差值大小具有实际意义。

(3)根据定义域不同，可将指标分为基础指标和派生指标。基础指标是在指标体系中直接度量的指标，派生指标是基础指标通过一定的关系运算得到的指标。

(4)根据指标值的影响不同，可将指标分为极大型指标、极小型指标、居中型指标和区间型指标。极大型指标(又称效益型指标)是指指标值越大越好的指标，极小型指标(又称成本型指标)是指指标值越小越好的指标，居中型指标是指指标值取在某个区间内为最佳的指标，区间型指标是指指标值取在某个区间内为最佳的指标。

2.1.2　装备效能指标的类型

根据装备效能的分类，可将装备效能指标分为系统效能指标、应用效能指标和作战效能指标三种类型。

1. 系统效能指标

系统效能指标(Measure of Effectiveness，MOE)表示在一定条件下，武器系统满足一组特定任务要求的可能程度的定量尺度，主要有以下三种。

(1)战备程度,如使系统做好准备的平均时间、对敌人行动及时反应或反应时间不超过给定时间的概率等。

(2)工作时间,如卫星侦察信息打击效果评估系统评估时间等。

(3)工作质量,如卫星导航接收机进行定位与测速的误差等。

2. 应用效能指标

应用效能指标(Measure of Application Effectiveness,MOAE)是对电子信息类装备直接支持的作战单元能力提升程度的定量尺度。

例如,对于装备了弹载卫星导航系统的弹道导弹,其应用效能可以用作战使用中导弹命中精度的提高程度来衡量。

3. 作战效能指标

作战效能指标(Measure of Force Effectiveness, MOFE)是武器系统支持下作战兵力执行作战任务所能取得的战果的定量尺度。常用的作战效能指标有以下两种。

(1)兵力倍增系数。红、蓝双方交战,红方部队采用新武器系统的兵力倍增系数(GR)定义为

$$\mathrm{GR}=\frac{R_0}{R_1} \tag{2-1}$$

式中:R_0 为原(或没有使用)武器系统下,红方为达到给定作战结果需要投入的初始兵力;R_1 为新武器系统下,红方为达到给定作战结果需要投入的初始兵力。

(2) 战斗交换比改善量。红方的战斗交换比改善量(M_r) 定义为

$$M_r=\frac{\Delta B/\Delta R}{\Delta B_0/\Delta R_0} \tag{2-2}$$

式中:ΔR_0,ΔB_0 分别为红、蓝双方采用原(或没有使用) 武器系统时为达到给定作战结果损失的总的战斗单元数;ΔR,ΔB 分别为红、蓝双方采用新武器系统时为达到给定作战结果损失的总的战斗单元数。

2.1.3 评估指标体系的分类

1. 评估指标体系的概念

(1) 指标体系。从认识论的角度来看,要认识一个事物尤其是复杂事物时,一项指标的作用是非常有限的,因为每项指标仅反映事物的某一个侧面,若要全面了解和研究客观事物,就不能仅靠单项指标来了解情况、做出判断,而是要使用一套能从各个角度表征该事物的指标群。同时,反映客观事物的各项指标不是孤立的,在一定范围内或条件下是相互联系的。若干个相互联系的指标所构成的有机体,就称为指标体系。

(2) 评估指标体系。由于武器装备的复杂性,对其效能评估往往无法用单一指标或少数几个指标来完整描述其效能,需要建立装备效能评估指标体系。

评估指标体系就是由众多评估指标组成的指标系统。在评估指标体系中,每个评估指标对装备系统的某种特征进行度量,共同形成对装备系统的完整刻画,记为

$$X=\bigcup_{i=1}^{4} X_i \quad 且 \quad X_i \cap X_j \neq \Phi \quad (i \neq j;i,j=1,2,3,4)$$

式中:$X_i(i=1,2,3,4)$ 为极大型指标集、极小型指标集、居中型指标集和区间型指标集;Φ 为空集。

2. 评估指标体系的类型

不同的目标结构会带来不同的评估指标体系结构形式，常见的评估指标体系有两种类型：递阶层次型评估指标体系、网络型评估指标体系。

(1)递阶层次型评估指标体系。根据装备效能评估的目的，通过分析装备系统的功能层次、结构层次和逻辑层次，可建立相应的装备效能评估指标体系。一般来讲，装备效能评估指标体系具有层次结构特征，包含三个层次：目标层、准则层和方案层，如图 2-1 所示。

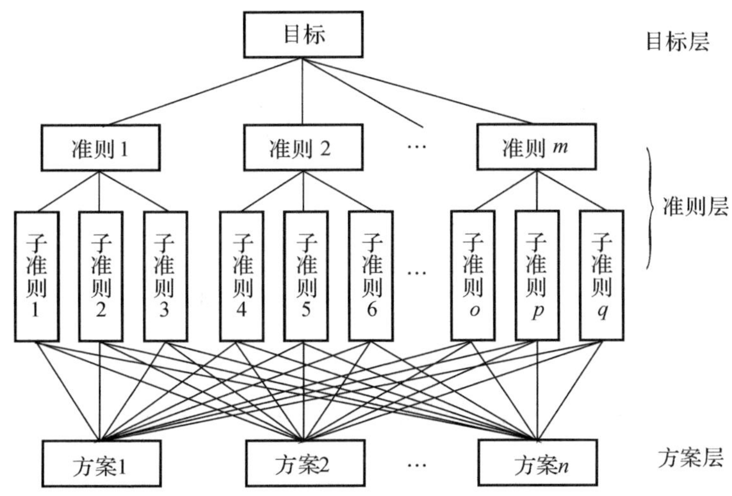

图 2-1　评估指标体系的递阶层次结构

评估指标体系最上层的总目标一般只有一个，如装备作战效能等，一般比较含糊、笼统和抽象，不便于量化、测算、比较和判断，因此，要将总目标分解为各级准则、子准则，直到可以直接或间接地应用备选方案本身的指标来表征的层次为止，下层准则比上层准则更加明确具体，且便于比较、判断和测算，它们可作为达到上层准则的某种手段。下层子准则集合一定要保证上层准则的实现，子准则之间可能一致，亦可能相互矛盾，但要与总目标相协调，并尽量减少冗余。一个递阶层次结构通常具有以下性质：

1)评估指标体系中的任一元素一定属于某一个层次，且仅仅属于一个层次，不同层次的交集是空集。

2)同一层次中的任意两个元素不存在支配关系。

3)下层中的任一元素必然支配上层中至少一个元素，上层中的任意元素必然受下层中至少一个元素的支配。

4)分别属于不相邻的两个层次的任意元素不存在支配关系。

(2)网络型评估指标体系。对于结构比较复杂的装备系统，往往会出现装备效能评估指标难于分离或装备效能评估模型尚未确定的情况，此时，应使用或部分使用网络型的评估指标体系。网络型结构主要由两部分组成：一是控制层，包括问题目标及决策准则；二是网络层，由所有受控制层支配的元素组成，元素之间有相互作用，如图 2-2 所示。

1)控制层。该层类似于递阶层次结构，层内的所有准则相互独立，下一层准则只受上一层准则支配。控制层是网络层次结构的顶层，是最高层次，也是最高准则。

2)网络层。该层由若干元素集构成，彼此互不隶属、互不独立。网络层体现了评估元素的本质特征，每个元素或元素集彼此都不独立，某一元素集可能影响整个网络系统中的任一元素集，反之亦可能受其影响。

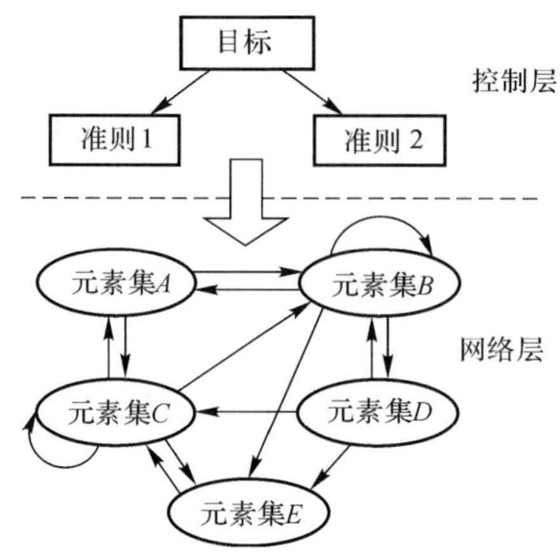

图 2-2　评估指标体系的网络结构

2.2　评估指标体系构建原则、过程与方法

2.2.1　评估指标体系构建原则

评估指标体系的构建是一个定性与定量相结合的过程，其中定性分析主要用于指标体系的初步确立，而定量方法则用于对指标体系进行分析和完善。为更有效地建立合适的评估指标体系，使评估结果更能反映事物的本来面貌，在构建评估指标体系时应遵循以下原则。

1. 目的性原则

评估指标体系要面向任务和评估目的。一般来讲，不同的目标、不同的方案、不同的系统、不同的应用模式，应针对性地建立相应的评估指标体系。

2. 系统性原则

评估指标体系应能全面反映被评估对象的综合情况，从中抓住主要因素，既要反映直接效果，又要反映间接效果，以保证评估的全面性和可信度。

3. 简明性原则

在基本满足评估要求和给出决策所需信息的前提下，应尽量减少评估指标个数，突出主要指标，以免造成评估指标体系过于庞大，给以后的评估工作造成困难，并且应避免各指标间的相互关联，使指标体系的选择做到既必要又充分。

4. 客观性原则

评估指标的确定应避免加入个人的主观意愿，应使评估指标含义尽量明确，并注意参与指标确定的人员的权威性、广泛性和代表性，有时还需要广泛征集领域专家意见。

5. 可测性原则

可测性是评估指标的定量表示，即评估指标能够通过数学公式、测试仪器或试验统计等方法获得。评估指标本身便于实际使用，度量含义明确，便于定量分析，具备可操作性。

6. 完备性原则

影响装备效能的所有评价指标均应在评估指标体系中，评估指标体系应具有广泛性、综合性和通用性。

7. 独立性原则

要求评估指标间应是不相关的，评估指标之间应尽量减少交叉，防止互相包含，要具有相对的独立性。

8. 可比性原则

评估指标体系的可比性越强，评估结果的可信度就越大。评估指标和评估标准的制定要客观实际、便于比较，评估指标的标准化处理要保持同趋势化，以保证评估指标之间的可比性。

2.2.2　评估指标体系构建过程

评估指标体系构建是一个“具体—抽象—具体”的辩证逻辑思维过程，是人们对现象总体数量特征的认识逐步深化、逐步求精、逐步完善、逐步系统化的过程。评估指标体系构建过程如图 2－3 所示，大致可分为 4 个环节：理论准备、评估指标体系初选、评估指标体系完善、评估指标体系应用。

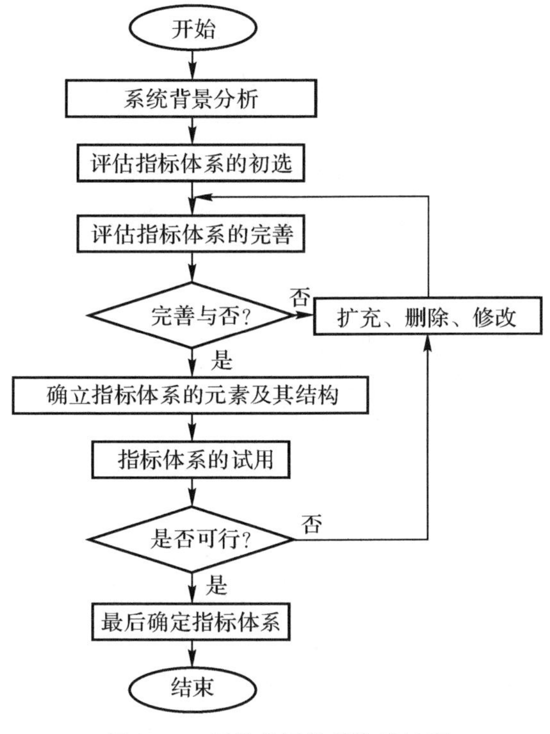

图 2－3　评估指标体系构建过程

1. 理论准备

(1)设计者应对评估领域的有关基础理论有一定深度和广度的了解，应该全面掌握装备效能评估领域描述指标体系的基本情况。

(2)需要有一定的作战仿真与评估方法的知识储备。

(3)要对具体的作战任务进行分析，了解基本的作战过程和作战单元的情况，相关武器系统、应用方式、支持作战单元的方法等情况。

2. 评估指标体系初选

设计者可采用一定的方法——主要是系统分析法，在前面给出的指标体系框架的基础上构造具体的评估指标体系。

3. 评估指标体系完善

初选的结果对于评价的目标与要求来说不一定是合理的或必要的，可能有重复，也可能有遗漏甚至错误，这就要对初选指标进行精选(筛选)和测验，从而使之趋于完善，并对初构的指标体系结构进行优化。

4. 评估指标体系应用

装备效能评估指标体系需要在实践中逐步完善，一般可通过实例分析出结果的合理性，找出导致评估不合理的原因。评估结论往往受很多因素影响，指标体系是一个重要原因，指标体系选择不仅受方法的影响，而且也影响方法的选择，而这些情况往往只能通过效能评估的实践才能发现。

2.2.3 评估指标体系构建方法

建立评估指标体系主要根据还原论，即将被研究的问题分解为很多子问题进行研究，如果不成，还可再分解，直到研究有结果，再一层一层地返回以求得整体问题的解答。还原论能够使大量相互联系、相互制约的因素得以条理化和层次化，评估指标体系集中反映了评估目标的主要特征和层次结构，可以区分各层目标和单个目标对系统整体评估的影响程度。具体来讲，评估指标体系构建的方法主要有专家直接确定法和德尔菲法。

1. 专家直接确定法

专家直接确定法，即由相关领域专家根据自身的经验，针对评估的对象和目标，直接给出评估指标体系。该方法简单易行、节省时间，可以发挥专家的个人才智，通过讨论会可激发创造性思维。但由于参加会议的人数有限，不能更广泛地搜集各方面意见，且有时易受领导或权威的影响，不能真正畅所欲言和充分发表意见。

2. 德尔菲法

德尔菲法，又称专家调查法，是 20 世纪 40 年代由美国兰德公司研究人员赫尔马(O. Helmet) 和达尔齐(N. Dalkey)首先提出的。它是专家咨询法的一种，是使一群专家意见集中起来的方法，被广泛用于规划、计划、评估、预测和建议等方面。

(1) 相关概念。

1) 中位数。对于实数数列$\{a_j\}_{j=1}^n$，如果存在实数 M，满足数列中有 1/2 不小于 M，有 1/2 不大于 M，则称 M 为数列$\{a_j\}_{j=1}^n$ 的中位数。

2) 四分位数。若 M 为数列$\{a_j\}_{j=1}^n$ 的中位数，则：小于等于 M 的 1/2 数项的中位数称为数列$\{a_j\}_{j=1}^n$ 的下四分位数，记为 Q^-；大于或等于 M 的 1/2 数项的中位数称为数列$\{a_j\}_{j=1}^n$ 的上四分位数，记为 Q^+。

3) 集中系数。对于递增数列$\{a_j\}_{j=1}^n$，若有 $e>0$，满足 $Q^+-Q^-=e(a_n-a_1)$，则称 e 为数列$\{a_j\}_{j=1}^n$ 的集中系数。集中系数越小，数列越集中，反之，则数列越分散。

(2)基本思想。

1)由主持人采取保密的方式与其选定的若干名专家(通常有 10 多名)征询。

2)主持人精密设计沟通的内容,以咨询的方式传送,在收到专家们的回答后,主持人进行意见集中程度的统计,并纳入下一次沟通的内容。

3)反复进行“沟通—统计—再沟通—再统计”,直到集中系数满足要求为止。

4)对选定的专家名单保密不外泄,也不让专家之间彼此知道,对每次沟通的结果只以统计的形式再进行沟通,而不透露其他人的意见,以防止少数权威人士影响其他专家的意见。

(3)工作流程。德尔菲法的工作流程如图 2-4 所示。

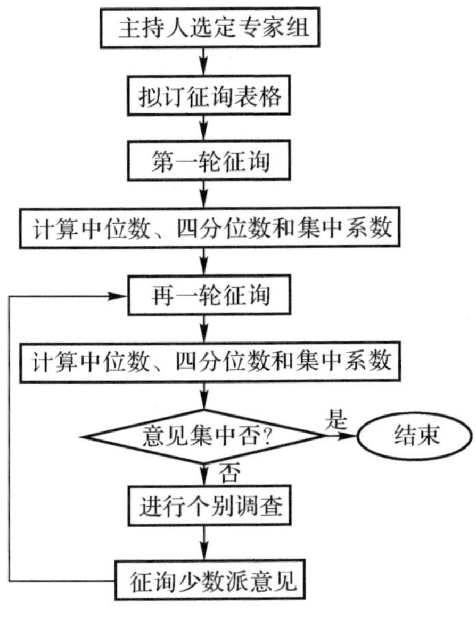

图 2-4　德尔菲法工作流程

其中,征询往往采用问卷调查的形式,征询表格要精心设计,问题要浅显易懂、易于回答,征询表格的形式总是要求专家给予数量的回答。一般来说,征询次数尽量不要超过三轮,否则,容易使被征询者产生厌倦心理。

2.3　评估指标体系优化方法

2.3.1　评估指标体系的简化

1. 评估指标体系简化的需求

评估指标体系的建立过程常常包含许多不确定性、随机性和模糊性,评估指标的多少、层次的多寡往往包含着大量的主观因素。同时,评估指标体系的构建者往往追求指标体系的全面性、完备性,企图使指标体系包含所有的因素,其结果是指标过多、体系复杂,给评估组织者、数据提供者、评估专家带来很大的负担。

(1)存在与评估目标不一致的指标。任何评估都具有一定的目的,相应的评估指标要与目标一致,若某个指标不能反映所要求的目标,则该指标就是无效指标,其只会干扰评估目标的实现,因此,对于这类指标应该删去。

(2)存在对评估目标影响小的指标。评估指标体系不是对所有相关指标的罗列,而应抓住重要性指标,抓住能反映本质特性的指标。若主次不分,将会使人们失去对事物本质的认识。因此,对于只反映较少信息的指标,虽然其与评估目标有关,也应对其作相应的处理。

(3)不同指标之间存在一定相关性。如果各指标之间存在多重共线性,即意味着某些指标可用其他指标线性表示,则这些指标就不能为评估目标提供附加的信息,而且指标的相关也会带来信息的冗余,从而会增大评估的工作量,使得重复的指标被重复地评分,最终影响评估结论的合理性。

(4)存在实际评估中不可操作指标。不可操作指标是指在实际评估过程中,无法对指标变量数学测量,或丧失了进行操作的意义。一般有以下几种情况:一是无财力保证。某些指标可能涉及面广、难度大,要耗费大量的人力、物力和财力,在经费有限的小规模评估中,对这类指标变量进行测量是不现实的。二是不可测量性。在特定的评估时段和评估空间内,某些指标是不易或不能取得有关的数据和资料,则其对评估的实施是无意义的。三是不符合实际。某些指标在理论上或许是可取的,但被评估对象均无此条件或均明显具有同一条件,从而使得指标的实际测量无意义。

2.评估指标体系简化的原则

(1)完备性与简明性平衡原则。整体完备性考虑的是指标的全面与信息的充分,而指标简化则着眼于指标的精简与操作的易行,在进行评估指标体系简化时,要在追求数据完备性的前提下,注重完备性与简明性的有机结合,评估指标选择既要全面,又要避免繁杂,要做到去伪存真、去粗取精,要抓住主要矛盾,使复杂的问题简单化。正如爱因斯坦所警告说:“万事万物应该尽量简单,而不是越简单越好。”

(2)评估指标相互独立性原则。评估指标体系是由许多评估指标组成的,要求评估指标之间最好相互独立,即同一层级内的各个指标互不重叠。如果评估指标之间存在相关,则说明有冗余的指标存在,其不仅会加大评估的工作量,而且也影响了评估指标体系及评估结论的科学性。

(3)抽象性与具体性平衡原则。评估指标体系中的指标,应该是一些具体的、可以行为化的,但也要清楚地认识到,有时具体的东西并非是需要评估的东西,而是与评估对象有关联的某种效应。因此,在评估指标体系简化时,不能因过分强调评估指标具体性,而丧失了指标效应与评估对象的一致性。

(4)评估精度要求相匹配原则。评估的目的和任务不同,评估所要求的精确程度也不相同,对评估指标体系的简化程度也不一样。一般来讲,对于一个规格比较高的、对下一步工作具有指导意义的评估,可能会对评估的可信性与全面性考虑得更多一些,而小范围的、了解情况性质的评估,则可能只要求评估结果反映出被评对象的大概即可。因此,在进行评估指标体系简化时,要依据评估所要求的精确程度,来决定评估指标简化的程度。

3.评估指标体系简化的方式

一般来讲,评估指标体系的简化主要涉及两个方面的内容:一是指标数量的减少;二是组合方式的简化。

(1) 指标数量的减少。设评估模型为

$$p=f(x_1,x_2,\cdots,x_n) \tag{2-3}$$

式中:p 为评估结果;$x_i(i=1,2,\cdots,n)$ 为评估指标;f 为映射关系。

如果在评估过程中，发现指标 x_j 与 x_k 之间有关系

$$x_k = l x_j \quad (l \neq 0) \tag{2-4}$$

或相关系数

$$r(x_j, x_k) \geqslant \alpha \quad (\alpha \geqslant 0.6) \tag{2-5}$$

就可以试着减少一个指标，如去掉指标 x_k，则在出现 x_k 处代以 lx_j（确定型）或 x_j（不确定型）。

(2) 组合方式的简化。设有两个评估模型为

$$p = f(x_1, x_2, \cdots, x_n) \tag{2-6}$$

与

$$p' = g(x_1, x_2, \cdots, x_n) \tag{2-7}$$

如果 g 的组合方式比 f 简单，并在评估过程中发现

$$\frac{|p - p'|}{p} \leqslant \varepsilon \quad (0 < \varepsilon \leqslant 1) \tag{2-8}$$

或

$$r(p, p') \geqslant \alpha \quad (\alpha \geqslant 0.6) \tag{2-9}$$

就可以试着用 p' 替代 p 作为采用的评估模型。

4. 评估指标体系简化的方法

评估指标体系简化方法可分为两大类：以专家经验为主的定性方法、以数据分析为主的定量方法。下面简要对其进行叙述。

(1) 专家调研法。专家调研法是指通过向相关领域专家发函并征求意见进行调研的方法。评估组织者根据评估目标和评估对象的特征，设计包含一系列评估指标的调查表，分别征询专家对所设计的评估指标的意见，然后进行咨询结果的统计处理，并向专家反馈咨询结果，经过几轮的咨询后，如果专家的意见趋于集中，则根据最后一次的咨询结果确定具体的评估指标体系。该方法具有很多的主观性，其结果是否全面和可靠取决于专家的知识结构和实践经验，通常用于对定性指标进行筛选。

(2) 极大不相关法。假设评估指标体系共有 p 个指标 $x_1, x_2, \cdots, x_p$，若有 n 组样本数据，则相应的数据可用矩阵 $\boldsymbol{X}$ 表示为

$$\boldsymbol{X} = \begin{bmatrix} x_{11} & x_{12} & \cdots & x_{1p} \\ x_{21} & x_{22} & \cdots & x_{2p} \\ \vdots & \vdots & & \vdots \\ x_{n1} & x_{n2} & \cdots & x_{np} \end{bmatrix} \tag{2-10}$$

如果 x_1 与 $x_2, \cdots, x_p$ 是独立的，则表明 x_1 无法由其他指标来代替，因此，保留的指标应该是相关性越小越好。

由矩阵 $\boldsymbol{X}$ 可计算指标的均值、方差与协方差：

均值：

$$\bar{x}_i = \frac{1}{n} \sum_{a=1}^{n} x_{ai} \quad (i = 1, 2, \cdots, p)$$

方差：

$$s_{ii} = \frac{1}{n} \sum_{a=1}^{n} (x_{ai} - \bar{x}_i)^2 \quad (i = 1, 2, \cdots, p)$$

协方差：

$$s_{ij}=\frac{1}{n}\sum_{a=1}^{n}(x_{ai}-\bar{x}_i)(x_{aj}-\bar{x}_j)\quad(i\neq j;i,j=1,2,\cdots,p)$$

由方差 s_{ii} 和协方差 s_{ij} 可形成矩阵

$$\boldsymbol{S}_{p\times p}=(s_{ij})\tag{2-11}$$

可求出相关系数矩阵为

$$\boldsymbol{R}=\begin{bmatrix}r_{11} & r_{12} & \cdots & r_{1p}\\ r_{21} & r_{22} & \cdots & r_{2p}\\ \vdots & \vdots & & \vdots\\ r_{n1} & r_{n2} & \cdots & r_{np}\end{bmatrix}\tag{2-12}$$

其中，$r_{ij}=\dfrac{s_{ij}}{\sqrt{s_{ii}s_{jj}}}(i,j=1,2,\cdots,p)$ 为指标 x_i 和 x_j 的相关系数，其反映了 x_i 和 x_j 的线性相关程度。

若要考虑一个指标 x_i 与余下的 $p-1$ 个指标之间的相关性，可用复相关系数 ρ_i 来描述：

$$\rho_i=\sqrt{1-(1-r_{i1}^2)(1-r_{i2\cdot 1}^2)(1-r_{i3\cdot 12}^2)\cdots(1-r_{ip\cdot 12\cdots(p-1)}^2)}\tag{2-13}$$

式中：$r_{i2\cdot 1}$ 为一级偏相关系数；$r_{i3\cdot 12}$ 为二级偏相关系数；依此类推。

$$r_{i2\cdot 1}=\frac{r_{i2}-r_{i1}r_{21}}{\sqrt{(1-r_{i1}^2)(1-r_{i2}^2)}}\tag{2-14}$$

$$r_{i3\cdot 12}=\frac{r_{i3\cdot 1}-r_{i2\cdot 1}r_{32\cdot 1}}{\sqrt{(1-r_{i2\cdot 1}^2)(1-r_{32\cdot 1})}}\tag{2-15}$$

依此类推。

算得 $\rho_1,\rho_2,\cdots,\rho_p$ 后，其中最大的一个表示与其余变量相关性最大，指定临界值 D 之后，当 $\rho_i>D$ 时，就可删去 x_i。

(3) 条件广义方差极小法。条件广义方差极小法的基本思想是：假定要从 N 个指标中选取一个来评估某对象，则应选取其中最具代表性的指标，但一个指标绝不可能把 N 个指标的评估信息都反映出来，反映不完全的部分就是这个指标作为代表而产生的误差。选取的指标越具有代表性，这个误差就越小。重复这一过程，就可以选出若干代表性指标，并使代表误差控制在最小范围内。基本算法如下：

给定 p 个指标 $x_1,x_2,\cdots,x_p$ 的 n 组数据，用矩阵 $\boldsymbol{X}$ 表示，即

$$\boldsymbol{X}=\begin{bmatrix}x_{11} & x_{12} & \cdots & x_{1p}\\ x_{21} & x_{22} & \cdots & x_{2p}\\ \vdots & \vdots & & \vdots\\ x_{n1} & x_{n2} & \cdots & x_{np}\end{bmatrix}\tag{2-16}$$

由矩阵 $\boldsymbol{X}$ 得均值、方差、协方差为

$$\bar{x}_i=\frac{1}{n}\sum_{a=1}^{n}x_{ai}\quad(i=1,2,\cdots,p)\tag{2-17}$$

$$s_{ii}=\frac{1}{n}\sum_{a=1}^{n}(x_{ai}-\bar{x}_i)^2\quad(i=1,2,\cdots,p)\tag{2-18}$$

$$s_{ij}=\frac{1}{n}\sum_{a=1}^{n}(x_{ai}-\bar{x}_i)(x_{ai}-\bar{x}_j)\quad(i=1,2,\cdots,p) \tag{2-19}$$

形成协方差矩阵

$$\boldsymbol{S}_{p\times p}=(s_{ij}) \tag{2-20}$$

将矩阵 $\boldsymbol{X}$ 分块表示，也就是将 $x_1,x_2,\cdots,x_p$ 分成两部分 $(x_1,x_2,\cdots,x_{p_1})$ 和 $(x_{p_1+1},x_{p_1+2},\cdots,x_p)$，分别记为 $x_{(1)}$ 和 $x_{(2)}$，即

$$\boldsymbol{S}=\begin{bmatrix}\boldsymbol{s}_{11} & \boldsymbol{s}_{12}\\ \boldsymbol{s}_{21} & \boldsymbol{s}_{22}\end{bmatrix}\begin{matrix}p_1\\ p_2\end{matrix}\quad(p_1+p_2=p) \tag{2-21}$$

其中，$\boldsymbol{s}_{11}$ 和 $\boldsymbol{s}_{22}$ 分别为 $x_{(1)}$ 和 $x_{(2)}$ 的方差阵。

在正态分布的前提下，可以推导得到 $x_{(2)}$ 对 $x_{(1)}$ 的条件协方差矩阵为

$$\boldsymbol{S}(x_{(2)}\mid x_{(1)})=\boldsymbol{s}_{22}-\boldsymbol{s}_{21}\boldsymbol{s}_{11}^{-1}\boldsymbol{s}_{12} \tag{2-22}$$

若已知 $x_{(1)}$ 后，$x_{(2)}$ 的变化很小，则 $x_{(2)}$ 这部分指标就可以删去，表示 $x_{(2)}$ 所能反映的信息，在 $x_{(1)}$ 中几乎都可得到，因此就产生条件广义方差最小的删去方法：

将 $x_1,x_2,\cdots,x_p$ 分成两部分，$(x_1,x_2,\cdots,x_{p-1})$ 看成 $x_{(1)}$，x_p 看成 $x_{(2)}$，就可算出 $S(x_{(2)}\mid x_{(1)})$，此时是一个数值，它是识别 x_p 是否应删去的量，记为 t_p。类似地，对 x_i，可以将 x_i 看成 $x_{(2)}$，余下的 $p-1$ 个看成 $x_{(1)}$，类似得到 t_i。于是得到 $t_1,t_2,\cdots,t_p$ 这 p 个值。比较它们的大小，最小的一个可以考虑删去，这与所选的临界值有关，这个临界值 C 是自己选定的，认为小于 C 就可删去，大于 C 不需要删去。给定 C 之后，逐个检查 $t_i<C(i=1,2,\cdots,p)$ 是否成立，成立就删去，删去后，对留下的变量重复上面的过程，可以进行到没有可删的为止。这样就选得了既有代表性、又不重复的指标集。

[示例] 设有 $x_1,x_2,\cdots,x_5$ 等 5 个指标的 3 组评估值

$$\begin{bmatrix}9.0 & 1.2 & 4.3 & 14.0 & 22.0\\ 9.5 & 1.7 & 5.4 & 13.0 & 20.0\\ 10.8 & 1.8 & 4.8 & 15.0 & 23.5\end{bmatrix}$$

可得其协方差矩阵为

$$\boldsymbol{S}_{5\times5}=\begin{bmatrix}0.58 & 1.73 & 1.73 & 1.73 & 1.73\\ 0.21 & 0.07 & 0.21 & 0.26 & 0.10\\ 0.61 & 0.26 & 0.20 & 0.61 & -1.18\\ 1.30 & 0.10 & -0.60 & 0.67 & 2.00\\ 6.17 & 6.17 & 3.64 & 6.17 & 2.06\end{bmatrix}$$

若将 5 个指标 $x_1,x_2,\cdots,x_5$ 分成两部分 $(x_1,x_2,\cdots,x_4)$ 和 x_5，分别记为 $x_{(1)}$ 和 $x_{(2)}$，则有

$$t_5=\boldsymbol{S}(x_{(2)}\mid x_{(1)})=\boldsymbol{s}_{22}-\boldsymbol{s}_{21}\boldsymbol{s}_{11}^{-1}\boldsymbol{s}_{12}=$$

$$2.06-\begin{bmatrix}6.17 & 6.17 & 3.64 & 6.17\end{bmatrix}\begin{bmatrix}0.58 & 1.73 & 1.73 & 1.73\\ 0.21 & 0.07 & 0.21 & 0.26\\ 0.61 & 0.26 & 0.20 & 0.61\\ 1.30 & 0.10 & -0.60 & 0.67\end{bmatrix}^{-1}\begin{bmatrix}1.73\\ 0.10\\ -1.18\\ 2.00\end{bmatrix}=$$

$$2.06-376.27=-374.21$$

依此类推，计算出 $t_1,t_2,\cdots,t_4$，比较它们的大小，将最小的一个删去。也可以设定一个临界值 C 后进行删除。

(4) 主分量法。主分量法的基本思路是:由主分量分析可以得到原指标的若干个分量,这些分量包含原指标的信息量,它们是顺序降低的,最后一个分量的信息量很少,由此可将该分量线性式中权系数较大的指标剔除。

原指标向量(成分)$\boldsymbol{X}=(x_1,x_2,\cdots,x_p)$,新指标向量(成分)$\boldsymbol{Y}=(y_1,y_2,\cdots,y_p)^{\mathrm{T}}$,它是$\boldsymbol{X}$的线性组合,即

$$\boldsymbol{Y}=\boldsymbol{C}\boldsymbol{X}^{\mathrm{T}} \tag{2-23}$$

式中:y_1 为线性组合中方差最大者,称为第一主分量;y_2 为方差次大者,称为第二主分量;……;$\boldsymbol{C}$ 为特征方程 $|\boldsymbol{R}-\lambda\boldsymbol{I}|=0$ 中 M 个特征值($\lambda_1>\lambda_2>\cdots>\lambda_M>0$) 所对应的特征向量,其元素数值反映了各原指标属性对相应主分量的大小,即权重;$\boldsymbol{R}$ 是原指标评估样本数据标准化后的相关系数矩阵。

筛选指标的方法是,将最小特征值(其贡献率约为 0,表示该主分量对总体几乎没有什么贡献) 所对应特征向量中具有最大分量相对应的原指标量(贡献最小的成分中起最大作用的指标量) 删除掉。余下 $M-1$ 个指标再作主分量分析,直到筛选出最佳指标子集为止。

(5) 最小均方差法。对于 m 个被评估对象 $A_1,A_2,\cdots,A_m$,每个被评估对象有 n 个指标,指标值为 $x_{ij}(i=1,2,\cdots,m;j=1,2,\cdots,n)$,如果 m 个被评估对象关于某项指标的取值都差不多,那么尽管这个指标非常重要,但是对于 m 个被评估对象的评估结果来说起不了什么作用。因此,为减少计算量就可以删除这个指标。

设 s_j 为评估指标 x_j 按 m 个被评估对象取值构成的样本均方差,即

$$s_j=\left[\frac{1}{m}\sum_{i=1}^{m}(x_{ij}-\bar{x}_j)^2\right]^{1/2}\quad (j=1,2,\cdots,n) \tag{2-24}$$

对于 $k_0(1\leqslant k_0\leqslant n)$,令

$$s_{k_0}=\min_{1\leqslant j\leqslant m}\{s_j\} \tag{2-25}$$

若 $s_{k_0}\approx 0$,则可以删除与 s_{k_0} 相应的评估指标 x_{k_0}。

这种方法只考虑指标差异程度,故容易将重要的指标删除,但是其引用的数据是原始数据,还保持客观的特点。

(6) 极小极大离差法。极小极大离差法原理基本同最小均方差法,其判断标准为指标的离差值。

设评估指标 x_j 的最大离差为

$$r_j=\max_{1\leqslant i,k\leqslant m}\{|x_{ij}-x_{kj}|\} \tag{2-26}$$

令

$$r_0=\min_{1\leqslant j\leqslant n}\{r_j\} \tag{2-27}$$

若 r_0 接近于零,则可以删除与 r_0 相应的评估指标。

(7) 权重判断法。指标的权重是指标在评估问题中相对重要程度的一种主观评估和客观反映的综合度量。因此可以根据指标权重的大小决定指标的取舍,剔除一些权数非常小的指标,一方面有利于评估问题简化,另一方面也避免由于指标体系因素过多,引起评估者判断上的失误和混乱。指标权数取舍的大小标准取决于评估者及评估目标的复杂程度。评估目标涉及因素多,其取舍权数取小一些;如果涉及因素少,其取舍权数取大一些。评估者也可以客观地利用评估权数来适当地简化评估指标体系,其具体步骤如下:

设评估指标体系 $\boldsymbol{X}=\{x_1,x_2,\cdots,x_p\}$，综合考虑每一指标的重要性后，确定各指标的权重（可采用AHP法或熵法等）。设权重集为 $\lambda=\{\lambda_1,\lambda_2,\cdots,\lambda_p\}$，其中 $\lambda_i\in[0,1](i=1,2,\cdots,p)$。设取舍权重为 $\lambda_k\in[0,1]$：当 $\lambda_i\leqslant\lambda_k$ 时，筛选掉指标 x_i；当 $\lambda_i>\lambda_k$ 时，保留指标 x_i。

2.3.2　评估指标体系的检验

评估指标体系经过简化后是否可靠、简化方法是否合理等都需要检验，评估指标体系只有经过检验证明其合理性后才能实际应用。评估指标体系检验主要有内涵检验、保序性检验、保值性检验、公识检验、有效性检验和完整性检验等。

1. 内涵检验

评估指标体系简化是否合理，从分析的角度考虑，就是考察经过简化所得的各个指标的内涵是否符合实际，是否符合评估目标，指标体系系统性、层次性以及各指标间的联系是有机的、科学的，在指标体系内涵上不能产生混乱。

内涵检验是一种概念检验，它主要是看指标体系在逻辑上是否合理。评估指标体系是由各层指标有机组成的，因而具有层次性，检验的内容主要有以下几项。

(1) 考察指标的分层是否合理。看下层指标有否被移到上层与上层指标并列，有否上层指标下移到下层指标。

(2) 检验分类标准是否统一。在评估指标细化为下层指标时，应有统一的分类标准，否则既容易使各指标产生重复，又容易遗漏重要指标。

(3) 指标之间的关系是否正确。看每个指标是否反映了与其直接联系的上层指标的内容，这是合理的层次结构的必然要求。

2. 保序性检验

对于次序性评估的简化模型，检验的标准为保序性，即在评估环境变化时，系统元素有可能增加或减少。一般而言，相对于同一准则，元素的增加或减少将对原来研究对象间的排序产生影响。如果能保证研究对象的排序在一定程度上不发生变化，对简化后的模型代入具体数值计算，如果其结果与原模型计算结果的次序一致，就接受简化后的模型。如果保序性不好，就怀疑简化模型及简化方法的可靠性。

可以用逆序数来表示评估结果的次序变化情况。在一个排列中，如果有一对数的前后位置与大小顺序相反，即有 i_p 和 i_q，当 $p<q$ 时，$i_p>i_q$，那么称它们为一个逆序，一个排列中逆序的总数称为这个排列的逆序数，排列 $i_1,i_2,\cdots,i_n$ 的逆序数记为 $\tau(i_1,i_2,\cdots,i_n)$。

设指标系统为 $P(B,W)$，B 为指标集，W 为权重集，各个被评估对象的得分为 F_i，m 个得分的得分集为 F。由线性代数知识可知，任意一个 n 级排列 $i_1,i_2,\cdots,i_n$ 都可以经过一系列对换互变变换为 $1,2,\cdots,n$。故不妨设 m 个评估对象的排列满足 $F_1\leqslant F_2\leqslant\cdots\leqslant F_m$，即得分值下标按自然数序列排列，则其逆序数为 0，即 $\tau(1,2,\cdots,m)=0$。

经过指标简化，设 $P(B,W)$ 变为 $P'(B',W')$，将数据代入简化后的模型，则被评估对象的得分集变为 F'，其中，$F'_{j1}\leqslant F'_{j2}\leqslant\cdots\leqslant F'_{jm}$。$j_1,j_2,\cdots,j_m$ 为 $1,2,\cdots,m$ 的一个置换，其逆序数为 $\tau(j_1,j_2,\cdots,j_m)$。

一个排列 $j_1,j_2,\cdots,j_m$ 的最大逆序数出现在排列变为 $m,m-1,\cdots,1$ 时，逆序数为

$$\tau(m,m-1,\cdots,1)=\frac{m(m-1)}{2} \tag{2-28}$$

故定义一个排列的逆序数占最大逆序数的百分比为保序检验参数

$$\delta=\frac{\tau(j_1,j_2,\cdots,j_m)}{\tau(m,m-1,\cdots,1)}=\frac{2}{m(m-1)}\tau(j_1,j_2,\cdots,j_m) \tag{2-29}$$

给定百分数 $\Delta(0<\Delta<1)$，如给定 $\Delta=15\%$，当指标系统由 $P(B,W)$ 变为 $P'(B',W')$ 时，如果满足保序原则 $\delta\leqslant\Delta$，就接受简化模型 $P'(B',W')$，认为它是合理的；否则，要对简化模型重新审视。

3. 保值性检验

对于一些关心被评估对象最终得分的评估来说，仅有保序性检验是不够的，还需要考虑被评估对象得分值的变动情况。只有这个变动值在允许范围内，简化模型才是合理的。

设指标系统由 $P(B,W)$ 简化为 $P'(B',W')$，相应的评估结果得分集由 F 变为 F'，各被评估对象得分由 F_i 变为 $F'_i(i=1,2,\cdots,m)$ 时，则指标系统的前后得分差异为

$$S_{\mathrm{d}}^2=\sum_{i=1}^{m}(F_i-F'_i)^2 \tag{2-30}$$

保值检验参数可定义为模型简化前后的得分差异占原模型得分的百分比：

$$\varepsilon=\frac{S_{\mathrm{d}}}{S_{\mathrm{T}}}=\frac{\sqrt{\sum_{i=1}^{m}(F_i-F'_i)^2}}{\sqrt{\sum_{i=1}^{m}F_i^2}} \tag{2-31}$$

给定百分数 $E(0<E<1)$，当指标系统由 $P(B,W)$ 变为 $P'(B',W')$ 时，如果满足保值原则 $\varepsilon\leqslant E$，就接受简化模型；否则，简化模型就是不合理的。

4. 公识检验

公识指的是社会上对特定评估问题能发表独立见解的群体中不少于半数人士所接受的关于该问题的观点。对于公识，有许多人不同意甚至反对也是允许的，只要他们都能独立发表见解，且总数不多于该群体的 1/2。有些公识，在社会上也许只有比例极少的人群同意，因为社会上绝大多数人不具备对相应问题发表独立见解的条件。这就不需要涉及社会上的所有人，因为问题需要有一定的知识背景，许多人对该问题不一定能独立发表见解。

公识检验是简化模型检验的一个非常重要的方面。由于许多问题的复杂性和模糊性，它不可能完全用数学精确表述，各问题间的界限也不是泾渭分明的，故对特定问题的评估，征求这类问题专家的意见显得尤为必要。

给定 $0.5\leqslant\alpha\leqslant1$，考察简化模型

$$F=f(x_1,x_2,\cdots,x_n) \tag{2-32}$$

式中：$x_1,x_2,\cdots,x_n$ 为评估指标变量；F 为评估结果。

如果对于公识信息，有超过 α 的比例接受评估结果，就认为简化模型是合理的。

具体地说，评估结果与公识有两种对照方式：

(1) 将 F 的大小反演为顺序，与公识信息中的顺序相符合。

(2) 将公识信息映射成序数，与 F 的大小顺序相一致。

在实际操作中，有时让人们把各被评估对象排一个优劣次序并不是很容易的，但划分为几大类则比较可行。因此，需要把评估结果分为几类，再与公识中的分类相对照。

把评估结果分类可采用聚类分析法。聚类分析需要先定义两个样本(两个被评估对象)

之间的距离，如采用欧几里得距离，将距离最近的样本分为一类，再定义两个类之间的距离，将距离最近的类合并为一类，逐步进行下去，直至符合实际需求。

5. 有效性检验

要提高评估指标体系的有效性和评估结果的准确性，必须对评估指标体系本身进行有效性检验。设评估指标体系中的某层指标为 $F=\{f_1,f_2,\cdots,f_n\}$，参加评估的专家人数为 S，专家 S_j 对评估对象的评分集为 $X_j=\{x_{1j},x_{2j},\cdots,x_{nj}\}$，定义指标 f_i 的效度系数 β_i 为

$$\beta_i=\sum_{j=1}^{S}\frac{|\bar{x}_i|-x_{ij}}{S\times M} \tag{2-33}$$

式中：M 为指标 f_i 的最大值；$\bar{x}_i=\sum_{j=1}^{S}\frac{x_{ij}}{S}$ 为指标 f_i 的平均值。

定义评估指标体系 F 的效度系数为

$$\beta=\sum_{i=1}^{n}\frac{\beta_i}{n} \tag{2-34}$$

从统计意义上讲，效度系数提供了衡量专家对某一指标评估时产生认识的偏离程度。效度系数的绝对值越小，表明各专家采用该评估指标进行评估时，对该武器系统的认识越趋向一致，该评估指标体系（或指标）的有效性就越高，反之亦然。利用这种方法可以从统计意义上分析该指标体系的有效性。

6. 完整性检验

完整性是指评估指标体系是否已全面地、毫无遗漏地反映了评估目的与任务，即能够全面反映装备效能的状况。一般是通过定性分析进行判断，可以根据指标体系层次结构图的最底层（指标层），检验每个侧面所包括的指标是否全面、完整。主要检查指标体系是否已全面地反映了装备效能的基本特征，有无重要指标被遗漏。

评估指标体系完整性检验主要在流程分析过程中加以解决，或依据装备领域专家的经验确定。如专家进行重要性以及相关度评价的同时，可利用“附加意见”栏搜集有关专家对指标体系完整性的补充意见，成为指标完整性检验的重要信息和依据。

2.3.3　评估指标的重要性分析

评估指标的重要性分析，可采用专家检验法，即首先利用专家咨询表来征求专家意见，然后对咨询获得的数据进行统计分析，主要包括集中度、离散程度、协调程度等。假设将专家评价意见分为 5 级：极重要、很重要、重要、一般、不重要，分别用数值 5,4,3,2,1 来表示。

1. 集中度

集中度主要用算术平均值 $\bar{E}_i$ 表示，即

$$\bar{E}_i=\frac{1}{S}\sum_{j=1}^{5}E_j n_{ij} \tag{2-35}$$

式中：$\bar{E}_i$ 为第 i 个指标专家意见的集中程度；S 为参加咨询的专家人数；E_j 为指标 i 第 j 级重要程度的量值；n_{ij} 为对第 i 个指标评为第 j 级重要程度的专家人数。

2. 离散程度

离散程度主要用标准差 δ 来表示，即

$$\delta_i=\sqrt{\frac{1}{S-1}\sum_{j=1}^{5}n_{ij}\ (E_j-\bar{E}_i)^2} \tag{2-36}$$

式中：δ_i 为专家对第 i 个指标重要程度评价的离散程度，一般若 $\delta_i > 0.63$，则需进行下轮咨询。

3. 协调程度

协调程度主要用变异系数 V 表示，变异系数 V 是评价专家意见相对波动程度的重要指标，该指标越小，专家们的协调程度越大。

$$V_i = \delta_i / \overline{E}_i \tag{2-37}$$

式中：V_i 反映了专家对第 i 个指标评价的相对波动程度。

由 $\overline{E}_i$，δ_i，V_i 综合分析决定是否需要进行下轮咨询。若已满足要求，则以最后一轮获得的各指标的大小作为判断依据。

2.3.4 评估指标的规范化处理

1. 指标数据规范化处理的作用

评估的一般流程是：首先根据实际问题的需要建立评估指标体系，其次根据指标体系确定指标集，再次根据指标集采集基础数据，选用适当方法进行评估。在这个过程中常常遇到底层指标的处理，如定性指标的评定，定量指标的数值确定，定量指标的无量纲化、归一化，等等，因此可以把指标的处理看作研究的起点，帮助建立良好的初始条件。指标数据的处理又称指标值的规范化，主要有以下三个作用。

(1) 指标值有多种类型。有的指标值越大越好，如导弹射程、飞行速度等，称为效益型指标；有些指标值越小越好，如装备的经费、火炮的反应时间等，称为成本型指标。另一些指标既非效益型又非成本型，如在编装备数量既不能太多(经费限制)，又不能太少(没有战斗力)。这几类指标放在同一个表中不便于直接从数值大小判断方案的优劣，因此需要对评估矩阵中的数据进行处理，使表中任一指标下性能越优的方案变换后的指标值越大。

(2) 无量纲化。多目标评估的困难之一是目标间的不可公度性，即不同指标具有不同的单位(量纲)。即使对同一指标，采用不同的计量单位，表中的数值也不同。在评估时，需要排除量纲的选用对评估或评估结果的影响，这就是无量纲化，亦即设法消去(而不是简单删除)量纲，仅用数值的大小来反映属性值的优劣。

(3) 归一化。不同指标的数值大小差别很大，如弹药以发为单位，其数量级往往是万、百万，而装备数量则是个位或百位。为了直观，更为了便于采用各种方法进行评估，需要把指标的数值归一化，即把指标的数值均变换到[0,1]区间上。

此外，还可在数据预处理时用非线性变换或其他办法来解决或部分解决某些目标的达到程度与指标值之间的非线性关系，以及目标间的不完全补偿。

2. 定量指标的无量纲化

由于各指标的评估尺度、量纲、变化范围不一样，不同的指标很难在一起进行比较和综合，因此，必须将指标体系中的指标规范化。指标归一化的目的主要是以统一的价值形式解决指标值(包括指标的量纲、量级和最佳值等)的不可公度问题，它是通过一定的数学变换来消除指标量纲影响的方法，即把性质、量纲各异的指标转化为可以进行综合的一个相对数(“量化值”)。常见的方法有三类——直线型方法、折线型方法和曲线型方法，且通常归一化为无量纲的 0～1 之间的值。

(1) 直线型方法。在将指标原始值转化为不受量纲影响的指标标准值时，假定二者呈线性关系，指标原始值的变化引起指标标准值一个相应的比例变化。线性无量纲化的方法主要有阈值法、Z-Score 法、比重法等。阈值法是将指标原始值 x_i 与该种指标的某个阈值相对比，从而使指标原始值转化成标准值的方法，见表 2-1。阈值往往采用极大值或极小值等实际数据，也可采用满意值、不允许值等专门确定阈值。

表 2-1　几种阈值法参照表

序号	公式	影响评估因素	评估范围	特点
1	$y_i=\dfrac{x_i}{\max\limits_{1\leqslant i\leqslant m}\{x_i\}}$	$x_i,\max\limits_{1\leqslant i\leqslant m}\{x_i\}$	$\left[\dfrac{\min\{x_i\}}{\max\{x_i\}},1\right]$	标准值随指标值增大而增大，标准值不为0，标准值最大为1
2	$y_i=\dfrac{\max\{x_i\}+\min\{x_i\}-x_i}{\max\{x_i\}}$	$x_i,\max\{x_i\},\min\{x_i\}$	$\left[\dfrac{\min\{x_i\}}{\max\{x_i\}},1\right]$	标准值随指标值增大而减小，用于成本型指标的无量纲化
3	$y_i=\dfrac{\max\{x_i\}-x_i}{\max\{x_i\}-\min\{x_i\}}$	$x_i,\max\{x_i\},\min\{x_i\}$	$[0,1]$	标准值随指标值增大而减小，用于成本型指标的无量纲化
4	$y_i=\dfrac{x_i-\min\{x_i\}}{\max\{x_i\}-\min\{x_i\}}$	$x_i,\max\{x_i\},\min\{x_i\}$	$[0,1]$	标准值随指标值增大而增大，标准值最小值为0，最大值为1
5	$y_i=\dfrac{x_i-\min\{x_i\}}{\max\{x_i\}-\min\{x_i\}}k+q$	$x_i,\max\{x_i\},\min\{x_i\},k,q$	$[q,k+q]$	标准值随指标值增大而增大，标准值最小值为 q，最大值为 $k+q$

1）极值法。具体如下：

$$\left.\begin{aligned}
y_i&=\frac{x_i}{\max\{x_i\}}\\
y_i&=\frac{\max\{x_i\}-x_i}{\max\{x_i\}}\\
y_i&=\frac{x_i}{\min\{x_i\}}\\
y_i&=\frac{x_i-\min\{x_i\}}{\max\{x_i\}-\min\{x_i\}}\\
y_i&=\frac{x_i-\min\{x_i\}}{\max\{x_i\}-\min\{x_i\}}k+q
\end{aligned}\right\}\tag{2-38}$$

使用过程中，经常将最后式中的系数变成百分数，这样更符合人们的判断习惯，一般 $0<k<100,q=100-k$。

2）Z-Score 法。假如要对多组不同量纲的数据进行比较，可以按照统计学原理对指标进行标准化，取

$$y_i=\frac{x_i-\bar{x}}{s}\tag{2-39}$$

式中：$\bar{x}$ 为均值；s 为方差。

指标原始值与标准值的关系如图2-5所示。可以看出，无论指标原始值如何，指标的标准值总是分布在零的两侧。指标原始值比平均值大的，其标准值为正，反之为负。

3）比重法。比重法是将指标原始值转化为其在指标值总和中所占的比重，主要公式为

$$y_{ij}=\frac{x_{ij}}{\sum_{i=1}^{n}x_{ij}} \tag{2-40}$$

$$y_{ij}=\frac{x_{ij}}{\sqrt{\sum_{i=1}^{n}x_{ij}^{2}}} \tag{2-41}$$

（2）折线型方法。指标在不同区间内的变化，对被评估事物的综合水平影响是不一样的。例如，当 x_i 小于某个点 x_m 时，x_i 变化对综合水平影响较大，此时标准值 y_i 也有较大变化；当 x_i 大于某个点 x_m 时，x_i 变化对综合水平影响较小，此时标准值 y_i 应变化较小。在此种情况下，应采用折线型的无量纲方法分段处理。可采用极值化方法分段作无量纲处理：

$$y_i=\begin{cases}0 & (x_i=0)\\ \dfrac{x_i}{x_m}y_m & (0<y_m<1,0<x_i\leqslant x_m)\\ y_m+\dfrac{x_i-x_m}{\max\{x_i\}-x_m} & (x_i>x_m)\end{cases} \tag{2-42}$$

折线无量纲化方法的图示如图 2-6 所示。

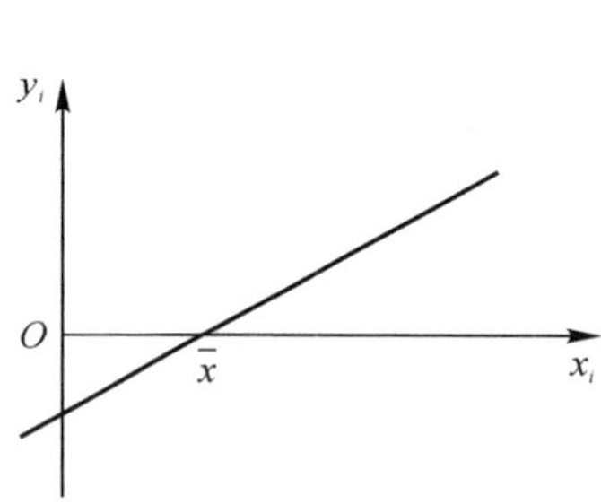

图 2-5　Z-Score 法示意图

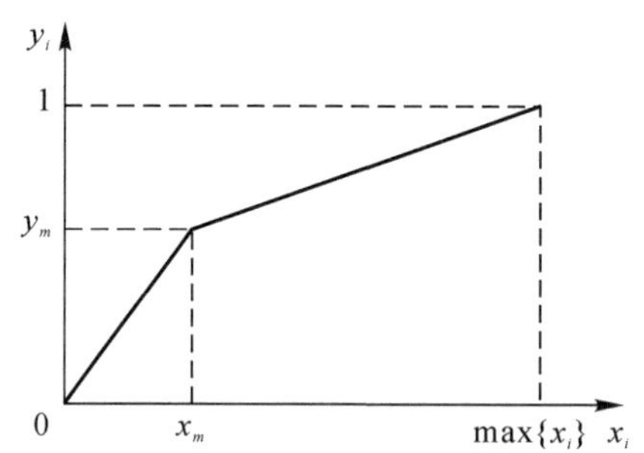

图 2-6　折线无量纲化方法示意图

（3）曲线型方法。曲线型意味着指标实际值对评估值的影响不是等比例的，有升 Γ 型分布、半正态分布、升半柯西分布、升凹(凸) 分布、升半岭分布等。

（4）最优值为给定区间时的变换。设给定的最优区间为$[x^0,x^*]$，x' 为无法容忍下限，x'' 为无法容忍上限，则

$$y_i=\begin{cases}\dfrac{1-(x^0-x_i)}{(x^0-x')} & (x'<x_i<x^0)\\ 1 & (x^0\leqslant x_i\leqslant x^*)\\ \dfrac{1-(x_i-x^*)}{(x_i-x^*)} & (x^*<x_i<x'')\end{cases} \tag{2-43}$$

变换后的指标标准值 y_i 与原指标值 x_i 之间的函数为一般图形。例如，设装备数量最佳比例为[50,60]，$x'=20$，$x''=120$，则函数图形如图 2-7 所示。

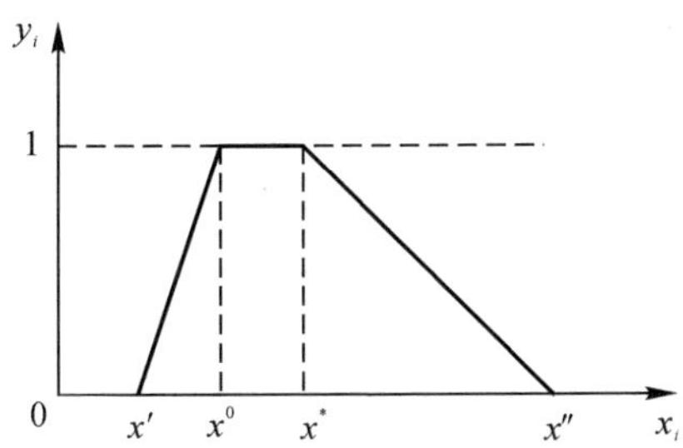

图 2－7　最优指标为区间时的数据处理

3. 定性指标的定量化

定性指标在评估中经常会遇到，为了与定量指标组成一个有机的评估指标体系，也必须对其进行标准化处理。定性指标包括名义指标和顺序指标。名义指标实际上只是一种分类的表示。例如，性别：男、女；装备类别：装甲装备、轻武器、防空武器、陆航武器。这类指标只能有代码，无法真正量化。顺序指标，如优、良、中、劣，甲等、乙等、丙等，等等。这类指标是可以量化的，所以这里主要是指顺序指标量化的方法。

如果将全部对象按某一种性质排出顺序，全部对象共有 n 个，用 $a_1, a_2, \cdots, a_n$ 表示，并且无妨假设 $a_1 < a_2 < \cdots < a_n$。

现在的问题是如何对每一个 a_i 赋予一个数值 x_i，x_i 能反映这一前后的顺序。设想这个顺序是反映了某一个难以测量的量，如一个人感觉到疼痛的程度，从无感觉的痛到有一点痛，到中等疼痛，直到痛得受不了，如分为 n 种，记为 $a_1 < a_2 < \cdots < a_n$。这个疼痛的量是无法测量的，只能比较而排出顺序，设想这个量 x 是客观存在的，可以认为它遵从正态分布 $N(0,1)$，于是 $a_1, a_2, \cdots, a_n$ 分别反映了 x 在不同范围内人的感觉。设 x_i 是相应于 a_i 的值，由于 a_i 在全体 n 个对象中占第 i 位，即小于或等于它的成员有 i/n，因此可以想到，若 y_i 为正态分布 $N(0,1)$ 的 i/n 分位数，即

$$P(x < y_i) = i/n \quad (i = 1, 2, \cdots, n-1) \tag{2-44}$$

那么 $y_1, y_2, \cdots, y_{n-1}$ 将数轴分成了 n 段，如图 2－8 所示。

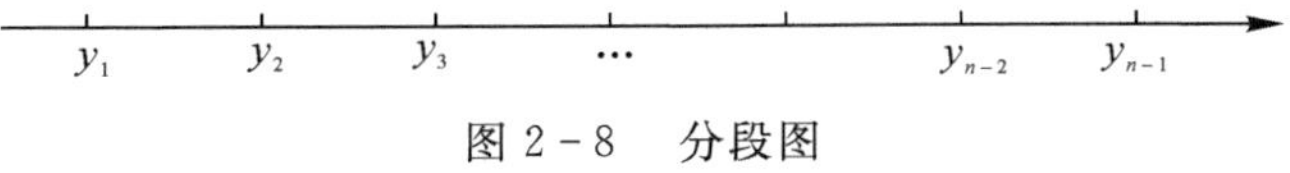

图 2－8　分段图

很明显，a_i 表示它相应的均值应在 (y_{i-1}, y_i) 这个区间内，在 (y_{i-1}, y_i) 中选哪一个为代表才好呢？自然要考虑概率分布，比较简便可以操作的方法就是选中位数，即 x_i 满足

$$P(x < x_i) = \frac{(i-1)}{n} + \frac{1}{2n} = \frac{i-0.5}{n} \quad (i = 1, 2, \cdots, n) \tag{2-45}$$

式中：x_i 为正态分布 $N(0,1)$。于是利用正态概率表，很快就可以查出相应的各个 x_i，这样就把顺序变量定量化了。

［示例］假设评估一个部队优、良、中、差四级的数据见表 2－2，差、中、良、优各自对应的量化值 x_i 该如何确定呢？

表 2-2　评估数据表

等级成绩 y_i	差 y_1	中 y_2	良 y_3	优 y_4
人数 f_i	2	10	28	10
占全部人数的百分比 /(%)	0.04	0.20	0.56	0.20
从差到 y_i 的累积 /(%)	0.04	0.24	0.80	1.00

设想成绩是呈正态分布的，因此可以假设未观察到的成绩为 $x \sim N(0,1)$，例如：

$$y_1:0.04, P(x < x_1) = \frac{1}{2} \times 0.04 = 0.02$$

$$y_2:0.24, P(x < x_2) = 0.04 + \frac{1}{2} \times 0.20 = 0.14$$

$$y_3:0.80, P(x < x_3) = 0.24 + \frac{1}{2} \times 0.56 = 0.52$$

$$y_4:1.00, P(x < x_4) = 0.80 + \frac{1}{2} \times 0.20 = 0.90$$

查正态分布表，就得到：0.02 对应的 $x_1 = -2.055$，0.14 对应的 $x_2 = -1.080$，0.52 对应的 $x_3 = 0.052$，0.90 对应的 $x_4 = 1.283$。这样就把等级改为“标准分”的成绩。

2.3.5　评估指标量化值的综合

指标的综合和装备作战效能评估的需要是分不开的，因为要评估一个装备的作战效能，往往需要从不同的角度予以比较，需要用多种指标来度量其作战效能的情况。这样，对一个装备总的评估就需要把许多考察的指标综合成一个或几个。装备作战效能评估指标的综合有两种情况：一是只对同类型的指标予以综合；二是对不同类型的指标进行综合。前一种情况比较简单，一般采用算术平均法或几何平均法就可以完成；后一种情况就复杂得多，不同类型的指标有不同的度量模型，比较常用的综合方法是广义指标法。广义指标法有多种形式，其中最常用的是加权式指标，它主要有以下几种形式。

1. 加权求和模型

$$E = \sum_{i=1}^{n} w_i p_i \tag{2-46}$$

式中：p_i 为第 i 项效能指标；w_i 为效能指标 p_i 的权重。

该模型适用于各子指标 p_i 相互独立情况；各指标可线性补偿，权重系数作用不明显；合成结果突出了量值较大和权重系数值较大的指标的作用；合成结果难以明确反映各指标之间的差异。任何下层指标值为 1 或 0 都不会使其他指标值的变化失去价值。

2. 几何均值合成模型

$$E = \left(\prod_{i=1}^{n} p_i\right)^{1/n} \tag{2-47}$$

此模型适用于各指标 p_i 相互间强烈关联的情况，强调各评估指标的一致性，权重系数的作用不明显。合成结果突出了评估值较小的指标的作用，对于各子指标的变化较敏感。

3. 串联关系指标的综合模型

$$E=\prod_{i=1}^{n} p_i^{w_i} \tag{2-48}$$

式中：p_i 是经过规范化的[0,1]之间的数。

此模型表示指标 p_i 之间具有串联关系，任何指标 p_i 值的下降都将导致结果不可回升的下降，尤其是任何一个指标的值为 0，都将会导致效能 E 为 0。

4. 并联关系指标的综合模型

$$E=1-\prod_{i=1}^{n}(1-p_i)^{w_i} \tag{2-49}$$

式中：p_i 是经过规范化的[0,1]之间的数。

此模型表示指标 p_i 之间具有并联关系，只要有一个下层指标较为理想，其他指标值即使很低，也不会使效能 E 过低。尤其是当任何一个指标的值为 1 时 E 的值就为 1；某指标值下降引起的损失在一定程度上可由其他指标值的上升而得到补偿，即各子指标之间具有一定的可替换性。

第3章　效能评估指标的权重

3.1　评估指标权重概述

3.1.1　指标权重的概念与分类

1. 指标权重的概念

牵涉评估指标体系，则必然牵涉指标权重问题。对于任何多指标评估，各评估指标的相互重要程度，即指标权重互不相同。

权(Weight)这个词出自数理统计学，在权威的韦氏大词典中对 Weight 的专业解释是："在所考虑的群体(Group)或系列(Series)中赋予某一项目(Item)的相对值""在一频率分布中某一项目的频率""表示某一项目相对重要性所赋予的一个数"。

指标是衡量事物价值的标准或评估系统的参量，是事物对主体有效性的标度。

指标权重是指每项指标对总目标实现的贡献程度，它反映了各指标在评估对象中价值地位的系数。权重是各个指标重要性的度量，也就是各指标对总体目标的贡献大小。这一概念反映了三重因素：

(1)评估主体对目标的重视程度，反映了评估主体的主观差异。

(2)各个指标数值的差异程度，反映了各指标在评估中所起的作用。

(3)各指标值的可靠性，反映了各指标所提供信息的可靠性不同。

如作战方案评估的指标有符合作战目的的程度，作战效益和风险度的大小，与战场情况的相适应程度等。显然，符合作战目的的程度比其他几个指标更重要。因此，赋予符合作战目的程度的权重就比其他指标要大。权重直接影响着评估的结果，权重数值的改变可能引起评估对象优劣顺序的改变。

2. 指标权重的分类

指标权重是表明各个评估指标重要性的权数，表示各个评估指标在总体中所起的不同作用。权重有不同的种类，各种类别的权量有着不同的特点和含义，一般可按以下方式进行分类：

(1)按照表现形式不同，权重可分为绝对数权重和相对数权重。相对数权重也称比重权数，能更加直观地反映权重在评估中的作用。

(2)按照形成方式划分，权重可分为人工权重和自然权重。自然权量是由于变换指标数值的表现形式和统计指标的合成方式而得到的权重，也称为客观权重。人工权重是根据研究目的和评估指标的内涵状况，主观地分析、判断来确定的反映各个指标重要程度的权数，也称为主观权重。

(3)按照形成的数量特点划分,权重可分为定性赋权和定量赋权。如果在综合评估时,采取定性赋权和定量赋权的方法相结合,获得的效果会更好。

(4)按照与待评估的各个指标之间相关程度划分,权重可分为独立权重和相关权重。独立权重是指评估指标的权重与该指标数值的大小无关,在综合评估中较多地使用独立权重,以此权重建立的评估模型称为"定权模型"。相关权重是指评估指标的权重与该指标的数值具有函数关系,例如,当某一评估指标的数值达到一定水平时,该指标的重要性相应减弱,或者当某一评估指标的数值达到一定水平时,该指标的重要性相应地增加。相关权重适用于评估指标的重要性随着指标取值的不同而发生变化的情况下,基于相关权重建立的综合评估模型称为"变权模型"。

3.1.2　指标权重确定的原则与方法

1. 指标权重确定的原则

为了能合理地确定指标体系中各个指标的权重,一般要遵循以下原则。

(1)客观性原则。它是指指标权重的确定应能充分反映出被评估对象的自身特点及其所处的环境。例如,装备作战效能要能反映装备各项特性,而部队的作战效能要能反映作战任务和作战样式特点等。

(2)主观性原则。它是指在确定指标权重时,要尽可能反映出评估主体的意图和策略,要尽可能反映出评估主体的偏好。例如,在坦克作战效能评估时,评估主体特别看重坦克的防护能力,可能赋予防护能力的权重比较大,体现了评估主体对防护能力的重视程度。

2. 指标权重确定的方法

确定指标权重的方法多种多样,根据计算权重时原始数据的来源不同,可将指标权重确定方法分为主观赋权法、客观赋权法和组合赋权法。

(1)主观赋权法。它是主要依靠专家的经验、知识和个人价值观确定权重的方法,即原始数据主要由专家判断得到的,主要有专家咨询法、最小二次方法、特征向量法等。这类方法的特点是能较好地反映评估对象所处的背景条件和评估者的意图,但各个指标权重系数的准确性有赖专家的知识和经验的积累,因而具有较大的主观随意性。

(2)客观赋权法。它的原始数据来源于评估矩阵的实际数据,如熵值法、拉开档次法、逼近理想点法等。这类方法切断了权重系数的主观来源,使权重系数具有绝对的客观性,但容易出现"重要指标的权重系数小而不重要"的不合理现象。赋权的原始信息应当直接来自样本,赋权过程是深入讨论各参数间的相互联系和影响,以及它们对目标的"客观"贡献分。然而,这种方法仅能考虑数据自身的结构特性,不能建立各影响指标与评估目标间所呈现的复杂非线性映射关系,有时还需要用变量变换的方法将非线性问题转化为线性问题,这种变换依赖于建模者的经验。

(3)组合赋权法。它是结合主观赋权法和客观赋权法的各自特点形成的,其做法是:首先分别在主观赋权法和客观赋权法内部找出最合理的主观赋权法和客观赋权法权重系数,其次根据具体情况确定主观赋权法和客观赋权法权重系数所占比例,最后求出综合评估权重系数。这种方法在一定程度上既反映了决策者的主观信息,又可以利用原始数据和数学模型,使权重系数具有客观性。但是其确定有赖于对主观赋权法和客观赋权法权重系数所占比例的确定。

3.2 指标权重的主观赋权法

3.2.1 德尔菲法

德尔菲法即组织若干对评估系统熟悉的专家，通过一定方式对指标权重独立地发表见解，并用统计方法做适当处理。其具体做法如下：

(1) 组织 r 个专家，对每个指标 $X_j(j=1,2,\cdots,n)$ 的权量进行估计，得到指标权重估计值 $w_{k1},w_{k2},\cdots,w_{kn}(k=1,2,\cdots,r)$；

(2) 计算 r 个专家给出的权重估计值的平均估计值 $\overline{w}_j=\frac{1}{r}\sum\limits_{k=1}^{r}w_{kj}(j=1,2,\cdots,n)$；

(3) 计算估计值和平均值的偏差 $\Delta_{kj}=|w_{kj}-\overline{w}_j|(k=1,2,\cdots,r;j=1,2,\cdots,n)$；

(4) 对于偏差 Δ_{kj} 较大的第 j 指标权重估计值，再请第 k 个专家重新估计 w_{kj}，经过几轮反复，直到偏差满足一定的要求为止，最后得到一组指标权重的平均估计修正值 $\overline{w}_j(j=1,2,\cdots,n)$。

3.2.2 相对比较法

相对比较法赋权的过程是：将所有的评估指标 $X_j(j=1,2,\cdots,n)$ 分别按行和列排列，构成一个正方形的表；再根据三级比例标度（或 0～1 打分，0～4 打分，0～10 打分等）对任意两个指标的相对重要关系进行分析，并将评分值记入表中相应的位置；将各个指标评分值按行求和，得到各个指标的评分总和；最后做归一化处理，求得指标的权重系数。

三级比例标度两两相对比较评分的分值为 q_{ij}，则标度值及其含义如下：

$$q_{ij}=\begin{cases}1 & (\text{当 } X_i \text{ 比 } X_j \text{ 重要时})\\ 0.5 & (\text{当 } X_i \text{ 与 } X_j \text{ 同等重要时})\\ 0 & (\text{当 } X_i \text{ 比 } X_j \text{ 不等重要时})\end{cases} \tag{3-1}$$

评分构成的矩阵 $\boldsymbol{Q}=(q_{ij})_{n\times n}$，显然 $q_{ii}=0.5$，$q_{ij}+q_{ji}=1$，则评估指标 X_i 的权重系数为

$$w_i=\frac{\sum\limits_{j=1}^{n}q_{ij}}{\sum\limits_{i=1}^{n}\sum\limits_{j=1}^{n}q_{ij}} \tag{3-2}$$

使用该方法确定指标权重时，任意两个指标之间的相对重要程度要有可比性，这种可比性在主观判断评分时，应满足比较的传递性，即 X_1 比 X_2 重要，X_2 比 X_3 重要，则 X_1 比 X_3 重要。

[示例] 设有 6 个评估指标，用相对比较法确定的评分矩阵为

$$\boldsymbol{Q}=\begin{bmatrix}0.5 & 1 & 1 & 1 & 0.5 & 0\\ 0 & 0.5 & 0.5 & 0.5 & 0 & 0\\ 0 & 0.5 & 0.5 & 0.5 & 0 & 0\\ 0 & 0.5 & 0.5 & 0.5 & 0 & 0\\ 0.5 & 1 & 1 & 1 & 0.5 & 0\\ 1 & 1 & 1 & 1 & 1 & 0.5\end{bmatrix}$$

则指标权重的计算过程为

$$\begin{bmatrix} 0.5 & 1 & 1 & 1 & 0.5 & 0 \\ 0 & 0.5 & 0.5 & 0.5 & 0 & 0 \\ 0 & 0.5 & 0.5 & 0.5 & 0 & 0 \\ 0 & 0.5 & 0.5 & 0.5 & 0 & 0 \\ 0.5 & 1 & 1 & 1 & 0.5 & 0 \\ 1 & 1 & 1 & 1 & 1 & 0.5 \end{bmatrix} \xrightarrow{\text{按行相加}} \begin{bmatrix} 4 \\ 1.5 \\ 1.5 \\ 1.5 \\ 4 \\ 5.5 \end{bmatrix} \xrightarrow{\text{归一化}} \begin{bmatrix} 0.22 \\ 0.08 \\ 0.08 \\ 0.08 \\ 0.22 \\ 0.31 \end{bmatrix} = \{w_i\}$$

3.2.3 连环比率法

连环比率法也称为柯隶(A. J. Klee)法。采用其确定指标权重，是将 $X_1, X_2, \cdots, X_n$ 等 n 个指标以任意顺序排列，从前到后，依次赋予两个指标相对重要性比率 λ_j，然后根据最后一个指标的修正评分值计算各个指标的修正评分值，并做归一化处理，求出各个指标的权重系数值 w_j。比率值 λ_i；以三标度赋值如下：

$$\lambda_j = \begin{cases} 3(\text{或 } 1/3) & [\text{当 } X_j \text{ 比 } X_{j+1} \text{ 重要(或相反)时}] \\ 2(\text{或 } 0.5) & [\text{当 } X_j \text{ 比 } X_{j+1} \text{ 较为重要(或相反)时}] \\ 0 & [\text{当 } X_j \text{ 比 } X_{j+1} \text{ 不同样重要时}] \end{cases} \tag{3-3}$$

连环比率法的计算步骤如下：

(1) 将评估指标以任意顺序排列。

(2) 从评估指标的上方依次以其邻近的下方指标为基础在数量上进行重要度的判断(λ_j 列)。

(3) 把最下一指标的基准值定为 1，从下至上顺序对各指标的 λ_j 值进行基准化，得 $\sigma_j = \lambda_j \sigma_{j+1} (j = 1, 2, \cdots, n-1)$。

(4) 将 σ_j 值进行归一化得

$$w_j = \frac{\sigma_j}{\sum_{j=1}^{n} \sigma_j} \tag{3-4}$$

连环比率法相对比较简单，但是由于赋权结果依赖于相邻指标的比率值，比率值的主观判断误差会在逐步计算中产生传递，影响指标权重的精度。当指标间的重要性可以在数量上做出判断时，该方法比比较打分法更有优越性。

3.2.4 PATTERN 法

PATIERN 法是一种关联树法，是哈奈沃尔公司开发的，特别适合于确定从属层的权重计算。其基本步骤如下：

(1)将评估指标层(目的属性层)排列成树形图，并选定评估基准项目。

(2)在树形图的各水平上，为了评估其重要性，要设立每个水平的基准项目，要求各基准项目的权数和为 1。

(3)将属于此水平的各个分项目(从属层指标)的权数包括基准在内合计定为 1。

(4)分别求出各项目的权与相应基准权之积，然后相加，得各项目的重要度。

[示例]在军事训练事故评估中，防止事故目的属性层的下属属性为战士安全意识的提高、

装备操纵功能的提高、训练设施的改善等三个。假定评估基准有死亡者的减少、负伤者的减少、装备损失的减少三个，则三个从属层属性相对上级属性的重要度计算见表 3-1。

表 3-1　从属层评估指标相对上级属性的重要度计算

基　准	死亡者的减少	负伤者的减少	装备损失的减少	权重计算
基准的权	0.7	0.2	0.1	1.0
战士安全意识的提高	0.3	0.4	0.5	0.7×0.3+0.2×0.4+0.1×0.5=0.34
装备操纵功能的提高	0.1	0.2	0.3	0.7×0.1+0.2×0.2+0.1×0.3=0.14
训练设施的改善	0.6	0.4	0.2	0.7×0.6+0.2×0.4+0.1×0.2=0.52
合计	1.0	1.0	1.0	1.0

3.2.5　集值迭代法

采用集值迭代法确定指标权重的过程如下：

(1) 选取 $L(L\geqslant 1)$ 位专家，让每一位专家在指标集 $X=\{X_j\}(j=1,2,\cdots,n)$ 中任意选取其认为最重要的 $s(1\leqslant s\leqslant n)$ 个指标，即第 $k(1\leqslant k\leqslant L)$ 位专家选取的结果是指标集 X 的一个子集 $X^{(k)}=\{X_1^{(k)},X_2^{(k)},\cdots,X_s^{(k)}\}(k=1,2,\cdots,L)$。

(2) 作函数 $\mu_i(j)$：

$$\mu_i(j)=\begin{cases}1 & (X_j\in X^{(k)})\\ 0 & (X_j\notin X^{(k)})\end{cases} \tag{3-5}$$

令

$$g_j=\sum_{k=1}^{L}\mu_k(j)\quad (j=1,2,\cdots,n) \tag{3-6}$$

(3) 确定各个指标权重 w_j：

$$w_j=\frac{g_j}{\sum\limits_{j=1}^{n}g_j} \tag{3-7}$$

[示例] 请 4 位专家相互独立地在 5 个评估指标组成的指标集 $X=\{X_1,X_2,X_3,X_4,X_5\}$ 中选取自认为重要的 3 个指标构成 4 个指标子集，依次记为

$$X^{(1)}=\{X_1,X_2,X_4\}$$
$$X^{(2)}=\{X_1,X_3,X_4\}$$
$$X^{(3)}=\{X_1,X_2,X_5\}$$
$$X^{(4)}=\{X_1,X_2,X_4\}$$

则指标 X_1 被选中的次数为：$g_1=1+1+1+1=4$；指标 X_2 被选中的次数为：$g_2=1+0+1+1=3$；指标 X_3 被选中的次数为：$g_3=0+1+0+0=1$；指标 X_4 被选中的次数为：$g_4=1+1+0+1=3$；指标 X_5 被选中的次数为：$g_5=0+0+1+0=1$。

于是，根据式 $w_j=\frac{g_j}{\sum\limits_{j=1}^{n}g_j}$ 可求得各个指标的权重为：$w_1=1/3$，$w_2=1/4$，$w_3=1/12$，$w_4=$

1/4，$w_5=1/12$。

3.2.6　最小二次方法

最小二次方法首先将 n 个评估指标 $X=\{X_j\}(j=1,2,\cdots,n)$ 关于某个评估目标的重要程度按照表 3-2 所列的比例标度做两两比较判断获得矩阵 $\boldsymbol{A}$。

表 3-2　评估指标相对重要程度关系

标　度	含　义
1	表示两个指标 X_i 与 X_j 相比，具有同等重要性
3	表示两个指标 X_i 与 X_j 相比，X_i 比 X_j 稍微重要
5	表示两个指标 X_i 与 X_j 相比，X_i 比 X_j 明显重要
7	表示两个指标 X_i 与 X_j 相比，X_i 比 X_j 强烈重要
9	表示两个指标 X_i 与 X_j 相比，X_i 比 X_j 极端重要
2,4,6,8	介于以上两相邻状况的标度值
倒数	指标 X_i 与 X_j 相比得到 a_{ij}，则 X_j 与 X_i 比较得 $a_{ji}=1/a_{ij}$

这种方法把指标的重要性作成对比较时，如指标有 n 个，共需比较 $C_n^2=n(n-1)/2$ 次。把指标 X_i 对指标 X_j 的相对重要性的估计值记作 a_{ij}，并近似地认为是指标 X_i 的权 w_i 和指标 X_j 的权 w_j 的比 w_i/w_j。n 个指标成对比较的结果用矩阵 $\boldsymbol{A}$ 表示，得

$$\boldsymbol{A}=\begin{bmatrix} a_{11} & a_{12} & \cdots & a_{1n} \\ a_{21} & a_{22} & \cdots & a_{2n} \\ \vdots & \vdots & \vdots & \vdots \\ a_{n1} & a_{n2} & \cdots & a_{nn} \end{bmatrix} \approx \begin{bmatrix} w_1/w_1 & w_1/w_2 & \cdots & w_1/w_n \\ w_2/w_1 & w_2/w_2 & \cdots & w_2/w_n \\ \vdots & \vdots & \vdots & \vdots \\ w_n/w_1 & w_n/w_2 & \cdots & w_n/w_n \end{bmatrix} \tag{3-8}$$

如果评估主体对 $a_{ij}(i,j=1,2,\cdots,n)$ 的估计是一致的，则有：$a_{ij}=1/a_{ji}$，$a_{ij}=a_{ik}a_{kj}$。此外，评估主体总会估计 $a_{ii}=1(i=1,2,\cdots,n)$。如果评估主体对 $a_{ij}(i,j=1,2,\cdots,n)$ 的估计并不一致，则只会有：$a_{ij}\approx w_i/w_j$。因此，一般 $a_{ij}w_j-w_i$ 的值并不为 0，但可以选择一组权 $\{w_1,w_2,\cdots,w_n\}$ 使二次方误差的和为最小，即

$$\min\{z=\sum_{i=1}^{n}\sum_{j=1}^{n}(a_{ij}w_j-w_i)^2\} \tag{3-9}$$

式中的权 $\{w_1,w_2,\cdots,w_n\}$ 受约束于：$\sum\limits_{i=1}^{n}w_i=1$，$w_i>0(i=1,2,\cdots,n)$。

如果用拉格朗日乘子法解此有约束的优化问题，则拉格朗日函数为

$$L=\sum_{i=1}^{n}\sum_{j=1}^{n}(a_{ij}w_j-w_i)^2+2\lambda(\sum_{i=1}^{n}w_i-1) \tag{3-10}$$

式(3-10)两边对 w_i 进行微分得

$$\frac{\partial L}{\partial w_i}=\sum_{i=1}^{n}(a_{il}w_l-w_i)a_{il}-\sum_{j=1}^{n}(a_{lj}w_j-w_l)^2+\lambda=0 \quad (l=1,2,\cdots,n) \tag{3-11}$$

式(3-10)和式(3-11)构成了 $n+1$ 个非齐次线性方程组，有 $n+1$ 个未知数 $w_1,w_2,\cdots,w_n$ 和 λ，可求得一组唯一的解。式(3-11)也可写成矩阵形式：

$$\boldsymbol{B}\boldsymbol{w}=\boldsymbol{M} \tag{3-12}$$

式中：$\boldsymbol{w}=[w_1,w_2,\cdots,w_n]^{\mathrm{T}}$；

$\boldsymbol{M}=[-\lambda,-\lambda,\cdots,-\lambda]^{\mathrm{T}}$；

$$\boldsymbol{B}=\begin{bmatrix} \sum_n a_{i1}^2 & -(a_{12}+a_{21}) & \cdots & -(a_{1n}+a_{n1}) \\ -(a_{21}+a_{12}) & \sum_n a_{i2}^2+1 & \cdots & -(a_{2n}+a_{n2}) \\ \vdots & \vdots & & \vdots \\ -(a_{n1}+a_{1n}) & -(a_{n2}+a_{2n}) & \cdots & \sum_n a_{in}^2+n-1 \end{bmatrix}。$$

3.2.7 特征向量法

特征向量法与最小二次方法一样，也是借助比较矩阵 $\boldsymbol{A}$，得

$$\boldsymbol{A}\boldsymbol{w}=\begin{bmatrix} w_1/w_1 & w_1/w_2 & \cdots & w_1/w_n \\ w_2/w_1 & w_2/w_2 & \cdots & w_2/w_n \\ \vdots & \vdots & & \vdots \\ w_n/w_1 & w_n/w_2 & \cdots & w_n/w_n \end{bmatrix}\begin{bmatrix} w_1 \\ w_2 \\ \vdots \\ w_n \end{bmatrix}=n\begin{bmatrix} w_1 \\ w_2 \\ \vdots \\ w_n \end{bmatrix} \tag{3-13}$$

因此有

$$(\boldsymbol{A}-n\boldsymbol{I})\boldsymbol{w}\approx 0 \tag{3-14}$$

式中：$\boldsymbol{I}$ 为单位矩阵。如果 $\boldsymbol{A}$ 的估计准确，式(3－14)严格等于零，则齐次方程组对于未知数 $\boldsymbol{w}$ 只有平凡解。如果 $\boldsymbol{A}$ 的估计不能准确为零，则矩阵 $\boldsymbol{A}$ 有这样的性质：它的元素小的摄动意味着本征值的小的摄动，从而有

$$\boldsymbol{A}\boldsymbol{w}=\lambda_{\max}\boldsymbol{w} \tag{3-15}$$

式中：$\lambda_{\max}$ 为矩阵 $\boldsymbol{A}$ 的最大特征值。$\boldsymbol{w}$ 能从式(3－14)求得，这种方法称为本征向量法。

3.3 指标权重的客观赋权法

3.3.1 熵值法

熵是信息论中测定不确定性的量。一个系统有序程度越高，则熵就越小，所含信息量就越大；反之，无序程度越高，则熵就越大，信息含量就越低。信息量和熵是互补的，信息量是负熵。熵值法就是用指标熵值来确定权重。一般地，将评估对象集记为 $\{x_i\}(i=1,2,\cdots,n)$，评估指标集记为 $\{f_j\}(j=1,2,\cdots,m)$，则指标值相对强度的熵为

$$e(f_j)=-K\sum_{i=1}^{n}\frac{f_j(x_i)}{E_j}\lg\frac{f_j(x_i)}{E_j} \tag{3-16}$$

式中：$E_j=\sum_{i=1}^{n}f_j(x_i)$；$f_j(x_i)$ 为第 i 个方案 x_i 的第 j 个指标值。

如果各方案的第 j 个指标值 $f_j(x_i)$ 全相等，则相对强度 $f_j(x_i)/\sum_{i=1}^{n}f_j(x_i)=1/n$，此时，熵 $e(f_j)$ 取最大值(信息量最小)，即 $e(f_j)_{\max}=K\lg n$，若取 $K=1/\lg n$，则定义指标集 F 的总熵为

$$E=\sum_{j=1}^{m}e(f_j) \tag{3-17}$$

由于指标信息量与熵成反比关系，因此可用下式表征指标权重：

$$w_j^2=\frac{[1-e(f_j)]}{n-E}\quad(j=1,2,\cdots,m) \tag{3-18}$$

熵值法突出局部差异的权重计算方法，是根据同一指标观测值之间的差异程度来反映其重要程度的。当各个指标权重系数的大小应根据各个方案中该指标属性值的大小来确定时，指标观测值差异越大，则该指标的权重系数越大，反之越小。如果最重要的指标不一定使所有评估方案的属性值具有较大差异，而最不重要的指标可能使所有评估方案的属性值具有最大差异，则这样确定的权重系数就会出现这样的情况：重要指标的权重系数小而不重要指标的权重系数大，显然是不合理的。

3.3.2　拉开档次法

如果从几何角度看，m 个被评估对象可以看成由 n 个评估指标构成的 n 维评估空间中的 m 个点(或向量)。寻求 m 个被评估对象的评估指标量，就相当于把这 m 个点向某一维空间做投影。选择指标权系数，使得各评估对象之间的差异尽量拉大，也就是根据 n 维评估空间构造一个最佳的一维空间，使得各点在一维空间上的投影点最为分散，即分散程度最大。

取极大型评估指标 $x_1,x_2,\cdots,x_n$ 线性函数 $y=w_1x_1+w_2x_2+\cdots+w_nx_n=\boldsymbol{W}^{\mathrm{T}}\boldsymbol{X}$ 为系统综合评估函数。$\boldsymbol{W}=(w_1,w_2,\cdots,w_n)^{\mathrm{T}}$ 是 n 维待定正向量(其作用相当于权系数向量)$\boldsymbol{X}=(x_1,x_2,\cdots,x_n)^{\mathrm{T}}$ 为评估对象的状态向量。

如果将第 i 个系统的 n 个标准观测值 $x_{i1},x_{i2},\cdots,x_{in}$ 代入，即得

$$\boldsymbol{Y}=\begin{bmatrix}y_1\\y_2\\\vdots\\y_n\end{bmatrix}=\boldsymbol{AW}=\begin{bmatrix}x_{11}&x_{12}&\cdots&x_{1n}\\x_{21}&x_{22}&\cdots&x_{2n}\\\vdots&\vdots&&\vdots\\x_{n1}&x_{n2}&\cdots&x_{nn}\end{bmatrix}\begin{bmatrix}w_1\\w_2\\\vdots\\w_n\end{bmatrix} \tag{3-19}$$

确定权系数向量 $\boldsymbol{W}=(w_1,w_2,\cdots,w_n)^{\mathrm{T}}$ 的准则是最大限度地体现出各个系统的差异，即使指标向量 $\boldsymbol{X}=(x_1,x_2,\cdots,x_n)^{\mathrm{T}}$ 的线性函数 y_i 的取值分散程度或方差尽可能大。因此，m 个评估对象取值构成样本的方差为

$$s^2=\frac{1}{m}\sum_{i=1}^{m}(y_i-\bar{y})^2=\frac{\boldsymbol{Y}^{\mathrm{T}}\boldsymbol{Y}}{m}-\bar{y}^2 \tag{3-20}$$

得到 $ms^2=\boldsymbol{W}^{\mathrm{T}}\boldsymbol{A}^{\mathrm{T}}\boldsymbol{AW}=\boldsymbol{W}^{\mathrm{T}}\boldsymbol{HW}$，限定 $\boldsymbol{W}^{\mathrm{T}}\boldsymbol{W}=1$，由此得到“拉开档次法”的权重模型：

$$\left.\begin{aligned}&\max\ \boldsymbol{W}^{\mathrm{T}}\boldsymbol{HW}\\&\mathrm{s.t.}\ \boldsymbol{W}^{\mathrm{T}}\boldsymbol{W}=1\\&\boldsymbol{W}>0\end{aligned}\right\} \tag{3-21}$$

与熵值法不同，拉开档次法是突出整体差异的权重确定方法，即从整体上尽量体现各系统之间的差异，是一类“求大同存小异”的方法，具有客观、评估过程透明和保序性好的特点。

3.3.3　逼近理想点法

设理想系统为 $\boldsymbol{S}^*=(x_1^*,x_2^*,\cdots,x_n^*)^{\mathrm{T}}$，任一系统(即评估对象)$\boldsymbol{S}=(x_1,x_2,\cdots,x_n)^{\mathrm{T}}$ 与 $\boldsymbol{S}^*$

间的加权欧几里得距离为

$$h_i = \sum_{j=1}^{n} [w_j(x_{ij} - x_j^*)]^2 \quad (i=1,2,\cdots,m) \tag{3-22}$$

现求使所有的 h_i 之和取最小值的权重系数 w_j，即求优化问题

$$\left.\begin{aligned} &\min \sum_{i=1}^{m} h_i = \sum_{i=1}^{m}\sum_{j=1}^{n} [w_j(x_{ij} - x_j^*)]^2 \\ &\text{s. t.} \sum_{j=1}^{n} w_j = 1 \\ &\quad w_j > 0 \end{aligned}\right\} \tag{3-23}$$

用拉格朗日函数求解，得

$$w_j = \frac{\dfrac{1}{\sum_{i=1}^{m}(x_{ij} - x_j^*)^2}}{\sum_{j=1}^{n}\dfrac{1}{\sum_{i=1}^{m}(x_{ij} - x_j^*)^2}} \quad (j=1,2,\cdots,n) \tag{3-24}$$

逼近理想点法与拉开档次法具有共同的特点。

3.3.4 变异系数法

变异系数法(Coefficient of Variation Method，CVM)是直接利用各项指标所包含的信息，通过计算得到指标的权重。此方法的基本做法是，在评估指标体系中，指标取值差异越大的指标，也就是越难以实现的指标，这样的指标更能反映被评估对象的差距。由于评估指标体系中的各项指标的量纲不同，不宜直接比较其差别程度。为了消除各项评估指标的量纲不同的影响，需要用各项指标的变异系数来衡量各项指标取值的差异程度。各项指标的变异系数公式为

$$V_i = \frac{\sigma_i}{\bar{x}_i} \quad (i=1,2,\cdots,n) \tag{3-25}$$

式中：V_i 为第 i 项指标的变异系数，也称为标准差系数；σ_i 为第 i 项指标的标准差；$\bar{x}_i$ 为第 i 项指标的平均数。

各项指标的权重为

$$W_i = \frac{V_i}{\sum_{i=1}^{n} V_i} \tag{3-26}$$

3.4 指标权重的组合赋权法

3.4.1 指标权重的基本属性

一般来讲，指标权重具有以下属性：

(1) 指标权重代表指标的重要程度，即最通常使用的权重，称之为重要性权。

(2) 各个指标包含的信息量的多少，即对于同一个指标如果其各个评估对象的指标值相同，则此项指标的信息量极小，甚至可以从评估指标体系中删除掉。

(3) 各个指标之间如果存在相关性，即指标间独立性不强，则评估结果就不会特别准确，称之为独立性权。

(4) 从评估指标的可信性方面可以赋予权重不同的大小，从而影响最终的评估结果。

因此可以定义，综合权重就是从评估的根本目的出发，从评估作用的不同方面综合考虑各指标对于总体目标的影响程度，从指标集的相对重要性、信息量、独立性和可信性四个方面，通过算法综合为最终权重，称为综合权重。

3.4.2 综合权重的数学表达

综合权重的数学表达为

$$w=f(w^i) \tag{3-27}$$

式中：$w^i(i=1,2,3,4)$ 为重要性权重、信息量权重、独立性权重和可信性权重；f 为综合算法。

1. 重要性权重 w^1

在评估指标体系的同一个层次的指标集的相对重要性中，包括指标的相对地位、作用等客体本身的或客观环境条件的因素，亦包含主体的期望性因素。常用定性定量相结合的方法来诱导出评估主体(专家)的相对重要性信息并量化。一般采用相邻比较法、两两赋值法、层次分析法等。

2. 信息量权重 w^2

由于各指标值所包含的信息量不同，对被评估方案的分辨能力也不相同，根据作用大小所赋予的量化值，称为信息量权重。当某些指标在个别评估方案之间差异较大时，其分辨能力较强，包含信息量较多，它们在综合评估、最终决策中的作用就大，其信息量权重也应较大。

3. 独立性权重 w^3

在理想评估指标体系中，要求指标无冗余性，希望指标之间具有独立性。但由于多指标决策问题的复杂性，指标体系中各指标之间难免有部分重复信息存在，使它们在综合评估中过多地发挥作用，因此，需用独立性权重来减小这种作用。独立性权重还可以通过相关系数法进行确定。

若 m 个指标间的相关系数矩阵 $\boldsymbol{R}=[r_{ij}]_{m\times m}$，则可以求得

$$r_{ij}=\frac{\mathrm{Cov}(f_i,f_j)}{\sigma_{f_i}\times\sigma_{f_j}} \tag{3-28}$$

式中：$\mathrm{Cov}(f_i,f_j)=E([f_i-E(f_i)][f_j-E(f_j)])$ 为指标 f_i 和 f_j 的协方差；$\sigma_{f_i}=\left[\sum_{k=1}^{n}f_i(x_k)-E(f_i(x_k))P(f_i(x_k))\right]^{1/2}$ 和 $\sigma_{f_j}=\left[\sum_{k=1}^{n}f_j(x_k)-E(f_j(x_k))P(f_j(x_k))\right]^{1/2}$ 分别为指标 f_i 和 f_j 的均方差；$E(f_i(x_k))=\sum_{k=1}^{n}f_i(x_k)P(f_i(x_k))$ 和 $E(f_j(x_k))=\sum_{k=1}^{n}f_j(x_k)P(f_j(x_k))$ 为指标 f_i 和 f_j 的期望值。

若 $r_{ij}<0$，则取 $r_{ij}=0$。对 $[r_{ij}]_{\min}$ 按列求和得

$$\sum_{i=1}^{m}r_{ij}=r_j\quad(j=1,2,\cdots,m) \tag{3-29}$$

类似地，r_j 表示其他各个指标在第 j 个指标值中信息的重复程度，即相关性程度，同理可得独立性权重系数为

$$w_j^3 = \frac{r_j^{-1}}{\sum_{j=1}^{m} r_j^{-1}} \quad (j=1,2,\cdots,m) \tag{3-30}$$

此方法要求知道各个指标值的概率分布 $P(f_i(x))(j=1,2,\cdots,m)$。

4. 可信性权重 w^4

可信性权重是从评估指标数值的可信程度大小来判定其重要程度而确定的权重，如果指标数据可靠性高，则应在评估中多起作用，权重就较大。在集值统计中，利用方差表征样本离散度的概念，因此，可以利用集值统计法求得属性可信性权重。

(1) 当指标 Z 可以准确定量时，$P(Z)$ 除在 $\bar{Z}=c$ 点($\bar{Z}$ 为指标 Z 的估计值) 等于 1 外，其他点均为 0，说明评估者对指标的取值完全有把握，指标值很可靠。

(2) 对于较难准确定量确定的指标，可以定量，只是准确性较差，相当于一个估计区间有一定分布，但比较集中，此时 $P(Z)$ 的形状比较“尖瘦”，说明评估者对指标值的把握较高，则该指标值的可靠性较高。

(3) 对于定性指标的量化估计，一个估计区间相对分散，$P(Z)$ 的形状较“扁平”，说明评估者的把握较小，即该定性属性量化值的可靠性较低。

设 $x_{ij}(i=1,2,\cdots,n;j=1,2,\cdots,m)$ 为系统在第 i 种方案的第 j 个指标的数值。应用统计学中方差表征样本离散性的概念可以定义：

$$d(f_j) = \frac{\sigma_j}{\sum_{j=1}^{m} \sigma_j} \quad (j=1,2,\cdots,m) \tag{3-31}$$

式中：$\sigma_j = \sqrt{\frac{1}{n}\sum_{i=1}^{n}(x_{ij}-\bar{x}_j)^2}$；$\bar{x}_j = \frac{1}{n}\sum_{i=1}^{n} x_{ij}$。

由于 $d(f_j)$ 与可信性成反比，所以可用下式作为可信性权重：

$$w_j^4 = \frac{\frac{1}{1+d(f_j)}}{\sum_{j=1}^{m} \frac{1}{1+d(f_j)}} \quad (j=1,2,\cdots,m) \tag{3-32}$$

3.4.3 综合权重的确定方法

根据综合评估的实际需求和可能，综合上述四个方面的权重，可以弥补主客观赋权法的不足。但是存在一个如何综合的问题，常用下述两种算法求综合权重 W。

1. 乘法

$$w_j = \frac{\prod_{k=1}^{4} w_j^k}{\sum_{j=1}^{m} \prod_{k=1}^{4} w_j^k} \quad (j=1,2,\cdots,m) \tag{3-33}$$

乘法的特点是对各权重作用一视同仁，只要某权重作用小(若 $\forall k$ 有 $w_j^k \to 0$)，则组合权系数亦小($w_j^k \to 0$)。此种综合方法适合于各权重没有明显的特别小的值。

2. 加法

$$w_j=\frac{\sum_{k=1}^{4}\lambda_k w_j^k}{\sum_{j=1}^{m}\sum_{k=1}^{4}\lambda_k w_j^k}\quad (j=1,2,\cdots,m) \tag{3-34}$$

式中：$\lambda_k(k=1,2,3,4)$ 为四种权重的权系数，有 $\sum_{k=1}^{4}\lambda_k=1$。

加法的特点是各种权重之间有线性补偿作用，一般可取 $\lambda_1=\lambda_2=\lambda_3=\lambda_4=1/4$，也可根据需要由专家确定四种权重的权系数。

第4章 装备效能评估的典型解析方法

4.1 ADC方法

4.1.1 ADC方法的基本原理

ADC方法是由美国工业界武器系统效能咨询委员会于20世纪60年代中期为美国空军建立的效能模型，其以系统状态划分及其条件转移概率为建模思想，其目的在于根据有效性(Availability，即战备状态)(**A**)、可依赖性(Dependability，即可靠性)(**D**)和能力(Capacity)(**C**)三大要素评价武器系统，这三者之间有着相互依赖关系，把三个要素组合成一个表示武器装备总性能的单一效能度量。

1. ADC效能模型

按照咨询委员会的模型，系统效能是可用度向量**A**、可信度矩阵**D**和能力矩阵**C**的乘积，即

$$\boldsymbol{E}=\boldsymbol{ADC} \tag{4-1}$$

式中：**A**表示待评估武器装备的可用度指标，是对装备在开始执行任务时处于可工作状态或可承担任务状态程度的量度；**D**表示待评估武器装备的可信度指标，是对装备在开始执行任务时处于某一状态而结束时处于另一状态的系统状态转移性指标的表达；**C**表示待评估武器装备的固有能力，是对装备在各种不同状态条件下完成所赋予使命任务能力的量度。

ADC效能模型还可以用向量形式表示，即

$$\boldsymbol{E}=[e_1,e_2,\cdots,e_n] \tag{4-2}$$

其中的任何一个元素e_k为

$$e_k=\sum_{i=1}^{n}\sum_{j=1}^{n}a_i d_{ij} c_{jk} \tag{4-3}$$

式中：e_k为第k个效能指标或品质因素；a_i为在开始执行任务时系统处在i状态中的概率；d_{ij}为已知系统在i状态中开始执行任务，该系统在执行任务过程中处于j状态(有效状态)的概率；c_{jk}与为已知系统在执行任务过程中处于j状态中，该系统的第k个效能指标或品质因数。

2. 可用度向量

可用度向量**A**是一个行向量

$$\boldsymbol{A}=[a_1,a_2,\cdots,a_n] \tag{4-4}$$

式中：a_i是系统在开始执行任务时处于第i种状态的概率。由于在开始执行任务时，系统只能处于n个可能状态中的一个状态中，故行向量的全部概率值之和一定等于1，即

$$\sum_{i=1}^{n}a_i=1 \tag{4-5}$$

3. 可信赖度矩阵

可信度矩阵是一个 $n \times n$ 方阵，即

$$\boldsymbol{D}=\begin{bmatrix} d_{11} & d_{12} & \cdots & d_{1n} \\ d_{21} & d_{22} & \cdots & d_{2n} \\ \vdots & \vdots & & \vdots \\ d_{n1} & d_{n2} & \cdots & d_{nn} \end{bmatrix} \tag{4-6}$$

式中：d_{ij} 为已知系统在 i 状态中开始执行任务，该系统在执行任务过程中处在 j 状态中的概率。

很显然有

$$\sum_{i=1}^{n} d_{ij}=1 \tag{4-7}$$

4. 能力矩阵

一般情况下，能力矩阵是一个 $n \times m$ 矩阵，即

$$\boldsymbol{C}=\begin{bmatrix} c_{11} & c_{12} & \cdots & c_{1m} \\ c_{21} & c_{22} & \cdots & c_{2m} \\ \vdots & \vdots & & \vdots \\ c_{n1} & c_{n2} & \cdots & c_{nm} \end{bmatrix} \tag{4-8}$$

式中：c_{jk} 为表示系统在可能状态 j 下达到第 k 项要求的概率。

4.1.2　ADC 方法的一般过程

用 ADC 模型进行实际问题分析时，首先要辨别与描述在开始执行任务时或在执行任务过程中系统可能呈现的各种不同的状态，然后把可用度和可信度同系统的可能状态联系起来，并用能力的量度把系统的可能状态与执行任务的结果联系起来。武器系统效能求解过程如图 4-1 所示。

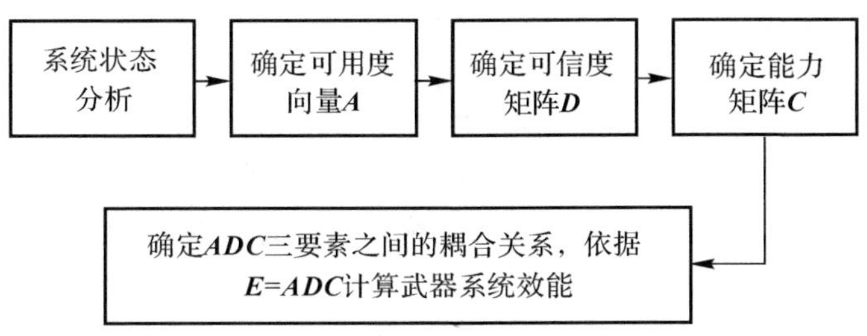

图 4-1　ADC 求解武器系统效能流程图

1. 确定可用度向量

对于实际的武器系统往往只考虑工作状态和故障状态两种情况，此时，可用度向量 **A** 只有两个分量 a_1 和 a_2，即

$$\boldsymbol{A}=[a_1, a_2] \tag{4-9}$$

式中：a_1 表示系统在任意时刻处于可工作状态的概率；a_2 表示系统在任意时刻处于故障状态的概率。

若已知系统的故障率和修复率为 λ 和 μ，则有

$$a_1=\frac{\text{MTBF}}{\text{MTBF}+\text{MTTR}}=\frac{\mu}{\lambda+\mu} \tag{4-10}$$

$$a_2=\frac{\text{MTTR}}{\text{MTBF}+\text{MTTR}}=\frac{\lambda}{\lambda+\mu} \tag{4-11}$$

一般来说，计算可用度向量各个元素时，必须考虑以下三点：

(1)故障与修理时间分布；

(2)预防性保养时间与其他的停机状态；

(3)检修程序、人员配备、配件、补给工具以及运输和各种保障措施等。

2. 确定可信度矩阵

若系统只有两个状态，可信度矩阵则由四个元素构成：

$$\boldsymbol{D}=\begin{bmatrix} d_{11} & d_{12} \\ d_{21} & d_{22} \end{bmatrix} \tag{4-12}$$

式中：d_{11}为在开始执行任务时系统处于可工作状态，在完成任务时系统处于可工作状态的概率；d_{12}为在开始执行任务时系统处于可工作状态，在完成任务时系统处于故障状态的概率；d_{21}为在开始执行任务时系统处于故障状态，在完成任务时系统处于可工作状态的概率；d_{22}在开始执行任务时系统处于故障状态，在完成任务时系统处于故障状态的概率。

对于可修理的武器系统，当平均无故障工作时间和平均修复时间都服从指数分布时，故障率λ和修复率μ均为常数，T为任务持续时间，则可信度矩阵的元素为

$$\left.\begin{aligned} d_{11}&=\frac{\mu}{\lambda+\mu}+\frac{\lambda}{\lambda+\mu}\mathrm{e}^{-(\lambda+\mu)T} \\ d_{12}&=\frac{\lambda}{\lambda+\mu}\left[1-\mathrm{e}^{-(\lambda+\mu)T}\right] \\ d_{21}&=\frac{\mu}{\lambda+\mu}\left[1-\mathrm{e}^{-(\lambda+\mu)T}\right] \\ d_{22}&=\frac{\lambda}{\lambda+\mu}+\frac{\mu}{\lambda+\mu}\mathrm{e}^{-(\lambda+\mu)T} \end{aligned}\right\} \tag{4-13}$$

3. 确定固有能力矩阵

能力矩阵$\boldsymbol{C}$是确定系统性能的依据，又是系统性能的集中体现。确定系统的能力是一个比较复杂的问题，建立能力矩阵(向量)是建立效能评价模型的最后一步，它一般由最初设计论证确定，在某些情况下可以查表获得，但有时必须通过具体计算得出结果。

4. 计算武器系统效能

根据以上分析，利用效能模型$\boldsymbol{E}=\boldsymbol{ADC}$进行求解。此时尤其要注意根据能力矩阵$\boldsymbol{C}$的形式来确定$\boldsymbol{A}$,$\boldsymbol{D}$,$\boldsymbol{C}$三者之间的结合方式。

4.1.3 ADC方法的特点和适用范围

1. ADC方法的主要特点

(1)把武器系统效能表示为可用度、可信度和固有能力的相关函数，即$\boldsymbol{E}=\boldsymbol{ADC}$。这表明，该评估方法考虑了武器系统结构和战技术特性之间的相关性，强调了武器系统的整体性。

(2)该方法概念清晰，易于理解与表达，应用范围广，是在同内外得到广泛应用的效能评估方法之一。

(3)该评估模型提供了一个评估武器系统效能的基本框架,可以很容易地对 ADC 模型加以扩展使用,如添加环境、人为因素等影响子向量。

(4)该评估模型中能力矩阵的确定直接关系到评估结果的准确性,如何确定能力矩阵是该算法的关键点,也是难点。

(5)部分研究人员认为该方法过于粗糙,不能很好地反映装备系统要素之间的复杂联系及其对指标系统效能的影响。

2. ADC 方法的适用范围

ADC 方法在武器系统效能评估中具有相当广泛的适用性,通过算法扩展,可用于大部分武器系统的效能评估。但纵观其评价过程可以发现,该评估算法实际上是用于评估武器系统单项效能的,武器系统效能的评估还需要最终的运算,因此,若将其用于复杂武器系统评估时,需与其他评估方法配合使用。

4.1.4　ADC 方法应用实例分析

1. 通信装备效能评估

[例 4-1]　某通信团同时使用两套通信系统 X 和 Y 来传输信息,只要有一套系统正常即可完成信息传输,假定在信息传输期间不对故障的通信系统进行修复。若系统 X 和 Y 的平均故障间隔时间、平均修理时间和传输速度见表 4-1。

表 4-1　通信系统的性能参数

系　统	平均故障间隔时间(T)/h	平均修理时间(R)/h	传输速度(V)/(位 · h^{-1})
X	12	8	120 000
Y	24	6	100 000

若将连续传输 3 h 算为一个标准传输周期,定义装备效能为在一个标准周期内至少传输 300 000 位的概率,求通信系统 X 和 Y 的组合效能。

解:若以 X,Y 表示正常状态,$\bar{X}$,$\bar{Y}$ 表示故障状态,则通信系统的各种状态表示见表 4-2。

表 4-2　通信系统的状态表示

状态编号	系统的状态
1	$X \cdot Y$
2	$X \cdot \bar{Y}$
3	$\bar{X} \cdot Y$
4	$\bar{X} \cdot \bar{Y}$

(1) 可用度向量 $\boldsymbol{A}$ 的计算。设 X 和 Y 的可用度分别为 A_X、A_Y,则有

$$A_X = \frac{T}{T+R} = \frac{12}{12+8} = 0.6$$

$$A_Y = \frac{T}{T+R} = \frac{24}{24+6} = 0.8$$

设系统在开始执行任务时处于状态 1、2、3、4 的概率分别为 a_1、a_2、a_3、a_4,则有

$$a_1 = A_X A_Y = 0.6 \times 0.8 = 0.48$$
$$a_2 = A_X(1 - A_Y) = 0.6 \times (1 - 0.8) = 0.12$$
$$a_3 = (1 - A_X)A_Y = (1 - 0.6) \times 0.8 = 0.32$$
$$a_4 = (1 - A_X)(1 - A_Y) = (1 - 0.6) \times (1 - 0.8) = 0.08$$

因此系统的可用度向量为

$$\boldsymbol{A} = [a_1 \quad a_2 \quad a_3 \quad a_4] = [0.48 \quad 0.12 \quad 0.32 \quad 0.08]$$

(2) 可信度矩阵 $\boldsymbol{D}$ 的计算。假定可信度函数为指数函数，且服从指数分布，可表示为

$$R(t) = \mathrm{e}^{-t/T}$$

式中：t 为执行任务时间；$R(t)$ 为系统在一定时间内可靠完成规定任务的概率。
故系统 X 和 Y 的可信度分别为

$$X(3) = R_X(t) = \mathrm{e}^{-t/T} = \mathrm{e}^{-3/12} = \mathrm{e}^{-0.25} = 0.78$$
$$Y(3) = R_Y(t) = \mathrm{e}^{-t/T} = \mathrm{e}^{-3/24} = \mathrm{e}^{-0.125} = 0.88$$

对于系统 X 而言，基本的转移概率为

$$\begin{cases} P(X \rightarrow X) = 0.78 \\ P(X \rightarrow \overline{X}) = 1 - 0.78 = 0.22 \\ P(\overline{X} \rightarrow X) = 0 \\ P(\overline{X} \rightarrow \overline{X}) = 1 \end{cases}$$

对于系统 Y 而言，基本的转移概率为

$$\begin{cases} P(Y \rightarrow Y) = 0.88 \\ P(Y \rightarrow \overline{Y}) = 1 - 0.88 = 0.12 \\ P(\overline{Y} \rightarrow Y) = 0 \\ P(\overline{Y} \rightarrow \overline{Y}) = 1 \end{cases}$$

因此，可得到整个通信系统的可信度矩阵为

$$\boldsymbol{D} = \begin{bmatrix} 0.69 & 0.09 & 0.19 & 0.03 \\ 0 & 0.78 & 0 & 0.22 \\ 0 & 0 & 0.88 & 0.12 \\ 0 & 0 & 0 & 1 \end{bmatrix}$$

(3) 能力矩阵 $\boldsymbol{C}$ 的计算。设 c_{ij} 表示在 3 h 内由状态 i 转到状态 j 的过程中信息传输量 $\geqslant$ 300 000 位的概率。由已知条件，在无故障情况下 3 h 内系统 X 和 Y 的传输量分别为 360 000 位和 300 000 位，所以有

$$\begin{cases} c_{11} = c_{12} = c_{13} = c_{22} = c_{33} = 1 \\ c_{21} = c_{23} = c_{31} = c_{32} = c_{34} = c_{41} = c_{42} = c_{43} = c_{44} = 0 \end{cases}$$

根据已知条件，可计算得 $c_{14} = 0.55$，$c_{24} = 0.15$，从而可得到系统的能力矩阵为

$$\boldsymbol{C} = \begin{bmatrix} 1 & 1 & 1 & 0.55 \\ 0 & 1 & 0 & 0.15 \\ 0 & 0 & 1 & 0 \\ 0 & 0 & 0 & 0 \end{bmatrix}$$

(4) 系统效能 E 的计算。

$$E = \boldsymbol{ADC} = \sum_{i=1}^{4}\sum_{j=1}^{4} a_i d_{ij} c_{ij} = \left(\sum_{i=1}^{4} a_i\right)\left(\sum_{j=1}^{4} d_{ij} c_{ij}\right)$$

该方程还可以改写为

$$E = \boldsymbol{A} \times \begin{bmatrix} \sum_{j=1}^{4} d_{1j} c_{1j} \\ \sum_{j=1}^{4} d_{2j} c_{2j} \\ \sum_{j=1}^{4} d_{3j} c_{3j} \\ \sum_{j=1}^{4} d_{4j} c_{4j} \end{bmatrix} = [0.48 \quad 0.12 \quad 0.32 \quad 0.08] \begin{bmatrix} 0.99 \\ 0.81 \\ 0.88 \\ 0 \end{bmatrix} = 0.86$$

2. 地空导弹武器系统效能评估

[例 4-2]　某地空导弹武器系统的 MTBF=100 h，MTTR=2 h，各性能指标的效用值数据见表 4-3。

表 4-3　某地空导弹武器系统性能指标的效用值

探测性能	跟踪性能	指控性能	火力性能	机动性能	生存能力
0.85	0.80	0.85	0.90	0.75	0.60

已知各指标因素的权重向量为 $\boldsymbol{W}=(0.2, 0.2, 0.2, 0.2, 0.1, 0.1)^{\mathrm{T}}$，计算该装备作战 10 h 时的装备效能。

解：(1) 可用度向量 $\boldsymbol{A}$ 的计算：

$$\begin{cases} a_1 = \dfrac{\text{MTBF}}{\text{MTBF}+\text{MTTR}} = \dfrac{100}{100+2} = 0.98 \\ a_2 = 1 - a_1 = 0.02 \end{cases}$$

故可用度向量为

$$\boldsymbol{A} = [0.98 \quad 0.02]$$

(2) 可信度矩阵 $\boldsymbol{D}$ 的计算：设执行任务时间 $t=10$ h，且假定装备在执行任务过程中，对发生的故障不能修复，故障状态不能向工作状态转移，所以有

$$\begin{cases} d_{11} = \mathrm{e}^{-t/\text{MTBF}} = \mathrm{e}^{-10/100} = 0.9 \\ d_{12} = 1 - d_{11} = 0.1 \\ d_{21} = 0 \\ d_{22} = 1 \end{cases}$$

故可信度矩阵为

$$\boldsymbol{D} = \begin{bmatrix} 0.9 & 0.1 \\ 0 & 1 \end{bmatrix}$$

(3) 能力矩阵 $\boldsymbol{C}$ 的计算：假定地空导弹武器系统在故障状态下不能执行任务，只有在正常状态下才能执行任务，则显然有

$$\begin{cases} c_1 = \sum_{k=1}^{6} w_k \mu_k = 0.815 \\ c_2 = 0 \end{cases}$$

故能力矩阵为

$$\boldsymbol{C} = \begin{bmatrix} 0.815 \\ 0 \end{bmatrix}$$

(4) 装备效能 E 的计算：

$$E = \boldsymbol{ADC} = [0.98 \quad 0.02] \begin{bmatrix} 0.9 & 0.1 \\ 0 & 1 \end{bmatrix} \begin{bmatrix} 0.815 \\ 0 \end{bmatrix} = 0.72$$

4.2 SEA 方法

4.2.1 SEA 方法的基本原理

系统效能分析方法(System Effectiveness Analysis,SEA)是由美国麻省理工学院信息与决策系统实验室的 A. H. Levis 等人于 20 世纪 80 年代中期提出的。该方法的实质是把系统的运行与系统要完成的使命联系起来,观察系统的运行轨迹和使命要求的轨迹相符合的程度,根据轨迹重合率的高低,来判断系统的效能高低。

1. SEA 概念体系

SEA 方法作为经典的装备效能评估方法,自身提供了一套基本概念和操作流程,SEA 方法提供的概念语言共包括 6 个基本概念,即系统(System)、域(Context)、使命(Mission)、本原(Primitive)、属性(Attribute)和效能指标(Measure of Effectiveness,MOE),它们共同构成了支撑 SEA 方法进行效能分析的概念体系。

(1)系统(System)。系统是由相互关联的各个部分组成并协同动作的有机整体,如地空导弹武器系统、指挥控制系统、高功率微波武器系统等都是典型的系统。

(2)域(Context)。域表示一组条件或假设,是描述系统和环境存在的条件和假设。一般来讲,域能够影响系统,但系统不能影响域。要注意的是,域和环境是不同的,环境是由与系统有关但又不属于系统的资源组成,系统可以影响环境,反过来,环境也能影响系统。

(3)使命(Mission)。使命是赋予系统必须完成的任务。通常由一组目标和任务组成,对使命描述应尽量明确,以便能构造细致模型。

(4)本原(Primitive)。本原是描述系统及其使命的变量和参数,一般可分为:系统本原,如地空导弹武器系统的系统反应时间、单发杀伤概率、最大拦截距离等;使命本原,如要求系统完成任务的时间、完成任务的程度等。

(5)属性(Attribute)。属性是一组描述系统特性及使命要求的量,一般可分为:系统属性,如通信系统中的可靠性、平均时延和生存能力等;使命属性,如通信系统中的最高可靠性、最大生存能力和最大时延等。

(6)效能指标(MOE)。效能指标是系统属性与使命属性比较得到的量,是系统效能的量化表示,反映系统与使命的匹配程度。系统效能是系统、域、使命的结合体,系统、域、使命中任何一个要求的变化都会引起系统效能的变化。

2. 系统描述方法

从 SEA 概念体系可以看出，系统、域和使命描述了要研究的问题，本原、属性和效能指标定义了分析该问题所需的关键量，系统的本原、属性和状态的关系如图 4-2 所示。从系统论的角度来看，对于要评价的装备系统，域定义了系统的“边界”，使命规定了系统的“目的”性，本原描述了系统的元素以及相应度量，属性则反映了系统的功能，这样就形成了一套完整的系统描述方法。

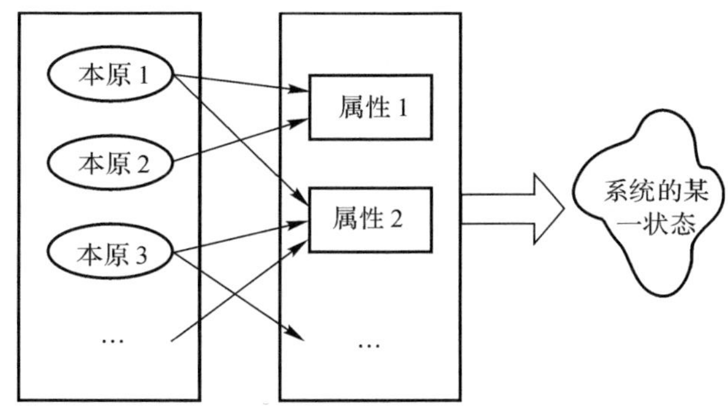

图 4-2　系统的本原、属性和状态的关系

3. SEA 基本思想

SEA 方法的基本思想如下：

(1)当系统在一定环境下运行时，系统运行状态可以由一组系统原始参数的表现值来描述。

(2)对于一个实际的系统，由于系统运行不确定因素的影响，系统运行状态可能有多个(甚至无数个)。那么，在这些状态组成的集合中，如果某一状态所呈现的系统完成预定任务的情况满足使命要求，就可以说系统在这一状态下能完成预定任务。

(3)由于系统在运行时落入何种状态是随机的，因此，在系统运行状态集中，系统落入可完成预定任务的状态的“概率”大小，就反映了系统完成预定任务的可能性，即系统效能。

(4)为了能对系统在任一状态下完成预定任务的情况与使命要求进行比较，必须把它们放在同一空间内，这一空间恰好可采用性能量度空间(Measure of Performance，MOP)。

4.2.2　SEA 方法的一般过程

1. SEA 方法的实施步骤

运用 SEA 方法分析装备系统效能，一般分为以下 7 个步骤：

(1)确定效能评估对象。定义装备系统、域和背景，并确定系统的本原，通常要求本原是相互独立的。

(2)确定装备系统属性。属性通常可表示为本原的函数，属性的值可以通过函数的计算，或通过模型、计算机仿真或实验数据得到。一个属性通常是由本原的一个子集确定的，即

$$A_s = f_s(X_1, X_2, \cdots, X_k) \tag{4-14}$$

属性可以是独立的，也可以是相关的。若属性间有公共本原，那么它们相关。系统的一种实现也就是对于取得特定值的本原集合$\{X_i\}$，由本原的值进而得到属性集合$\{A_s\}$的值。

(3) 联系系统属性分析使命属性,并检查系统属性的正确性。

(4) 联系使命属性选择描述使命的本原,并确定它的要求。使命属性为

$$A_{\mathrm{m}}=f_{\mathrm{m}}(Y_1,Y_2,\cdots,Y_k) \tag{4-15}$$

使命本原的值对应使命属性空间上的一个点或一个区域。

(5) 将系统属性空间和使命属性空间变换成一组由公共属性空间规定的公共等量属性。由于系统属性空间 A_{s} 和使命属性空间 A_{m} 是由不同属性或不同比例的属性定义的,需要将其变换到一个公共属性空间,使它们成为具有相同单位的属性。如某个装备系统的属性是易毁性,与之对应的使命属性是生存能力,这两个属性反映的是同一个概念,所以选择其中的一个作为公共属性,若选择生存能力作为公共属性,那么只需将系统属性易毁性映射为生存能力。

(6) 对装备系统进行效能分析。核心是通过比较系统属件和使命属性,评价装备系统完成使命的情况。根据系统在特定情况下本原的取值范围,计算属性空间 A_{s} 和 A_{m} 的两条轨迹 L_{s} 和 L_{m},最后利用得到的这两条轨迹来评价装备系统的有效性。一般来讲,两条轨迹 L_{s} 和 L_{m} 有以下几种几何关系:

1) 两条轨迹无交点,即

$$L_{\mathrm{s}}\cap L_{\mathrm{m}}=\Phi \tag{4-16}$$

表示装备系统的有效性为 0,因为系统属性不满足使命属性。

2) 两条轨迹有公共点,但相互不包含,即

$$L_{\mathrm{s}}\cap L_{\mathrm{m}}\neq\Phi \quad \text{且} \quad L_{\mathrm{s}}\cap L_{\mathrm{m}}<L_{\mathrm{s}} \quad \text{且} \quad L_{\mathrm{s}}\cap L_{\mathrm{m}}<L_{\mathrm{m}} \tag{4-17}$$

3) 使命轨迹包含在系统轨迹内,即

$$L_{\mathrm{s}}\cap L_{\mathrm{m}}=L_{\mathrm{m}} \tag{4-18}$$

表示系统属性满足使命属性,但系统本身的能力要超过使命属性要求,在给定的使命属性中,只利用了系统的部分资源,说明系统是低效率的。

4) 系统轨迹包含在使命轨迹内,即

$$L_{\mathrm{s}}\cap L_{\mathrm{m}}=L_{\mathrm{s}} \tag{4-19}$$

表示系统属性只能满足部分使命属性,也就是说系统本身的能力低于使命属性要求,在给定的使命属性中,系统仅满足其中的一部分。

5) 系统轨迹和使命轨迹完全重合,即

$$L_{\mathrm{s}}\cap L_{\mathrm{m}}=L_{\mathrm{s}}=L_{\mathrm{m}} \tag{4-20}$$

表示系统属性刚好满足使命属性,也就是说系统本身的能力等于使命属性要求,在给定的使命属性中,系统资源得到了充分利用,系统的有效性为 1。

(7) 计算装备系统效能指标。根据前面得到的有效性分指标,设使用 k 个分指标 E_1,E_2,…,E_k 来度量装备系统的有效性,若 u 为效能函数,通过选择不同的分指标和效能函数,最后可得到装备系统总体效能指标:

$$E=u(E_1,E_2,\cdots,E_k) \tag{4-21}$$

2. SEA 方法的评估流程

SEA 方法把系统的能力与使命要求放在同一个公共属性空间进行比较,从系统运行的动态过程中去考察和分析装备系统效能,能够比较全面地描述装备系统、域及使命对装备系统效能的影响,但该方法强调系统和使命应独立地构造模型和分析。利用 SEA 方法进行装备效能评估的流程如图 4-3 所示。

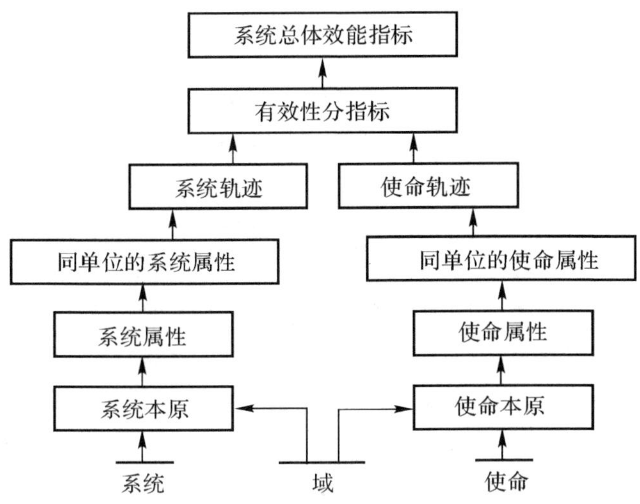

图 4－3　基于 SEA 方法的装备效能评估流程

4.2.3　SEA 方法的特点和适应范围

1. SEA 方法的特点

SEA 方法把系统能力和使命要求在同一公共属性空间进行比较，得到有效性评定的若干分量，适当地组合这些分量，最终获得对系统的总评价。SEA 法的主要特点如下：

(1)贴近效能评估的基本含义，能充分体现出系统构件、组织和战术的变化对系统效能的影响；

(2)把系统能力与使命要求放在同一个公共属性空间进行比较，从而实现对系统完成使命程度的评价，系统效能表明了系统完成使命的可能性大小；

(3)该方法实际上是一种方法论，系统效能分析建模需要根据具体的系统、环境和使命等进行具体分析。

2. SEA 方法的适应范围

SEA 法可灵活地应用于装备寿命周期的各个阶段和各种作战环境中的效能评估，具有很强的综合性和广泛的适用性，较为适合对具有使命任务的装备系统进行效能评估。但在具体的效能评估过程中，对于属性的选取和映射的建立具有很强的主观性，需要建模者对装备系统、使用环境和建模方法等有深刻的理解。

4.2.4　SEA 方法应用实例分析

1. 远程相控阵雷达探测弹道导弹效能评估

基于 SEA 方法的远程相控阵雷达探测弹道导弹效能评估，就是将远程相控阵雷达内各组成部分技术参数，在特定的外部环境下，映射到同一个评价探测能力的坐标空间中，在此坐标空间中，通过比较系统能力和使命要求，得出远程相控阵雷达探测弹道导弹的效能。

(1)确定系统、域和使命。

1)系统。系统即远程相控阵雷达，其阵面有几千个辐射单元，平均功率能达上百千瓦，具有波束捷变能力，可以满足对多目标的搜索、识别、捕获和跟踪等多种功能。系统本原即系统原始参数主要有雷达平均功率、天线有效面积、天线增益、方位搜索空域、仰角搜索空域、搜索时间、跟踪时间、波束宽度、波束驻留时间等。

2)域。域即系统所处的地理、电磁和目标特性等条件和假设。域本原即域原始参数主要有地理信息数据、电磁干扰参数、目标雷达截面积以及卫星或天波超视距雷达提供弹道导弹的情报信息等。

3)使命。使命即远程相控阵雷达采用适宜的工作模式,合理分配雷达搜索和跟踪时间,在责任区范围内搜索、发现并跟踪弹道导弹目标,预测弹道导弹落点位置。使命本原即使命原始参数主要有:远程相控阵雷达能在弹道导弹飞出地平线时及时搜索发现目标;远程相控阵雷达应该具备同时跟踪多批目标的能力;远程相控阵雷达必须具备一定探测目标距离、方位和速度精度能力,能够反推弹道导弹落点位置,为弹道导弹拦截系统提供情报支持。

(2)联系系统本原确定系统属性。

1) 远距离搜索发现弹道导弹目标能力指标。为了在尽可能远的距离上发现目标,远程相控阵雷达通常在 3° 左右的仰角上设置搜索屏,假设速度为 v 的弹道导弹以角度 α 飞入雷达搜索屏,搜索屏仰角为 $\Delta\theta$,则探测弹道导弹目标的时间(即弹道导弹在搜索屏内飞行的时间)为

$$\Delta t=\frac{R\tan\Delta\theta}{v\cos\alpha(\tan\Delta\theta+\tan\alpha)} \tag{4-22}$$

假设相控阵雷达在某种工作模式下,搜索目标的间隔时间为 T_{si},目标被搜索次数为 $n=\Delta t/T_{si}$,若在特定的气象和干扰条件下,相控阵雷达每次搜索时对目标的发现概率为 P_d,搜索累积检测概率为 $P_c=1-(1-P_d)^n$,则远程相控阵雷达搜索发现弹道导弹能力指标可表示为

$$P_{1s}=1-(1-P_d)^{\Delta t/T_{si}} \tag{4-23}$$

2) 同时跟踪多批弹道导弹目标能力指标。相控阵雷达由于其灵活的波束捷变能力,在搜索弹道导弹目标时,可以适时转换成跟踪模式,因此,搜索目标的间隔时间 T_{si} 可由 2 个时间段组成,一个是扫描一次方位范围时间 T_s,另一个是对目标跟踪时间 T_{tt},且 $T_{si}=T_s+T_{tt}$。若相控阵雷达应完成搜索空域的方位角范围为 φ,雷达天线波束宽度的方位角为 $\Delta\varphi$,发射天线波束在每个波束位置的驻留时间为 t_{dw},搜索时步进为 1.0,则搜索方位角空域范围所需时间为

$$T_s=\frac{\varphi}{\Delta\varphi}\cdot t_{dw} \tag{4-24}$$

假定卫星和天波超视距雷达传递给相控阵雷达弹道导弹的大概飞行轨迹,相控阵雷达确定搜索空域的方位角范围为 φ,若对所有被跟踪目标采用同样的跟踪采样间隔 T_{ti} 和波束驻留时间 t_{dw},则相控阵雷达在一次搜索间隔时间 T_{si} 内,可同时跟踪弹道目标数为 $(T_{si}-T_s)\dfrac{T_{ti}}{T_{si}}\times\dfrac{1}{t_{dw}}$,则远程相控阵雷达同时跟踪多批弹道导弹目标能力指标可表示为

$$P_{2s}=(T_{si}-\frac{\varphi}{\Delta\varphi}t_{dw})\frac{T_{ti}}{T_{si}}\frac{1}{t_{dw}} \tag{4-25}$$

3) 推算弹道导弹落点圆概率误差能力指标。通常弹道导弹有其固定的飞行轨迹,远程相控阵雷达通过探测弹道导弹目标,能提供一定精度的目标距离、角度和速度信息,从而可预测弹道导弹的落点位置。相控阵雷达测量弹道导弹目标的测距精度、测角精度和测速精度可表示为

$$\left.\begin{aligned}\delta_{\mathrm{R}}&=\frac{c\tau}{4\sqrt{S/N}}\\ \delta_{\theta}&=\frac{0.627\theta_{\mathrm{B}}}{\sqrt{S/N}}\\ \delta_{v}&=\frac{\lambda\Delta f}{4\sqrt{S/N}}\end{aligned}\right\}\tag{4-26}$$

式中：c 为光速；τ 为脉冲重复周期；θ_{B} 为雷达波束宽度 ；λ 为雷达工作波长；Δf 为目标的多普勒频移；S/N 为接收机信噪比。

远程相控阵雷达推算弹道导弹落点圆概率误差精度为$\frac{\partial\beta}{\partial r}\delta_{R}+\frac{\partial\beta}{\partial v}\delta_{v}+\frac{\partial\beta}{\partial_{\theta}}\delta_{\theta}$，根据式(4－26)，远程相控阵雷达推算弹道导弹落点圆概率误差能力指标可表示为

$$P_{3s}=\frac{\partial\beta}{\partial r}\frac{c\tau}{4\sqrt{S/N}}+\frac{\partial\beta}{\partial v}\frac{\lambda\Delta f}{4\sqrt{S/N}}+\frac{\partial\beta}{\partial_{\theta}}\frac{0.627\theta_{\mathrm{B}}}{\sqrt{S/N}}\tag{4-27}$$

(3) 联系使命本原确定使命属性。使命属性就是在一定背景下把使命本原的值域要求转化为对性能指标的值域要求，它完全脱离了装备系统技术上的指标和性能，仅从装备系统的使命要求来考虑属性。

1) 搜索发现弹道导弹能力指标。对搜索发现弹道导弹能力指标的使命要求是，在一定的作战背景下，远程相控阵雷达搜索发现弹道导弹目标概率不能低于某一个下限 $P_{\min}$，则使命要求远程相控阵雷达搜索发现弹道导弹的能力指标 $P_{1\mathrm{m}}$ 的值域范围为

$$P_{1\mathrm{m}}=[P_{\min},1]\tag{4-28}$$

2) 跟踪弹道导弹目标能力指标。对跟踪弹道导弹目标能力指标的使命要求是，在一定的战场环境下，远程相控阵雷达同时跟踪目标数量要达到 $N_{\max}$，则使命要求远程相控阵雷达同时跟踪多批弹道导弹目标的能力指标 $P_{2\mathrm{m}}$ 的值域范围为

$$P_{2\mathrm{m}}=[0,N_{\max}]\tag{4-29}$$

3) 推算弹道导弹落点位置能力指标。对推算弹道导弹落点位置能力指标的使命要求是，在一定的战场环境下，远程相控阵雷达推算弹道导弹落点的圆概率误差不大于 $\sigma_{\max}$，则使命要求远程相控阵雷达推算弹道导弹落点位置的能力指标 $P_{3\mathrm{m}}$ 的值域范围为

$$P_{3\mathrm{m}}=[0,\sigma_{\max}]\tag{4-30}$$

(4) 进行装备系统效能分析。由于系统属件和使命属性为同一公共属性空间，故直接根据系统轨迹和使命轨迹进行效能分析。

1) 相控阵雷达搜索目标能力指标。相控阵雷达搜索目标能力指标的系统轨迹为 $L_{\mathrm{s1}}=P_{1\mathrm{s}}$、使命轨迹为 $L_{\mathrm{m1}}=P_{1\mathrm{m}}$，两者的交集为

$$L_{\mathrm{s1}}\cap L_{\mathrm{m1}}=\begin{cases}0 & (P_{1\mathrm{s}}<P_{\min})\\ P_{1\mathrm{s}}-P_{\min} & (P_{\min}<P_{1\mathrm{s}}<1)\\ 1-P_{\min} & (P_{1\mathrm{s}}=1)\end{cases}\tag{4-31}$$

2) 相控阵雷达跟踪目标能力指标。相控阵雷达跟踪目标能力指标的系统轨迹为 $L_{\mathrm{s2}}=P_{2\mathrm{s}}$，使命轨迹为 $L_{\mathrm{m2}}=P_{2\mathrm{m}}$，两者的交集为

$$L_{\mathrm{s2}}\cap L_{\mathrm{m2}}=\begin{cases}0 & (P_{2\mathrm{s}}=0)\\ P_{2\mathrm{s}} & (0<P_{2\mathrm{s}}<N_{\max})\\ N_{\max} & (P_{2\mathrm{s}}\geqslant N_{\max})\end{cases}\tag{4-32}$$

3）雷达预测弹道导弹落点圆概率误差能力指标。相控阵雷达预测弹道导弹落点圆概率误差能力指标的系统轨迹为 $L_{s3}=P_{3s}$，使命轨迹为 $L_{m3}=P_{3m}$，两者的交集为

$$L_{s3}\cap L_{m3}=\begin{cases}0 & (P_{3s}>\sigma_{max})\\ \sigma_{max}-P_{3s} & (0<P_{3s}<\sigma_{max})\\ \sigma_{max} & (P_{3s}=0)\end{cases} \tag{4-33}$$

于是可得，远程相控阵雷达探测弹道导弹的效能为

$$E=\frac{(L_{s1}\cap L_{m1})(L_{s2}\cap L_{m2})(L_{s3}\cap L_{m3})}{L_{m1}L_{m2}L_{m3}} \tag{4-34}$$

（5）算例分析。

1）正常工作模式下远程相控阵雷达探测弹道导弹目标效能分析。在正常工作模式下，取弹道导弹飞行速度为 7 km/s，导弹飞入角为 80°，相控阵雷达搜索间隔时间为 35 s，天线波束驻留时间为 0.3 s，跟踪间隔时间为 15 s，天线波束宽度为 2.2°，扫描方位空域为 100°，测方位角误差为 0.28°，测距误差为 1.2 km，测速误差为 20 m/s。

在小规模局部战争中，敌方可能对我战略要地发射少量弹道导弹，此时使命要求的相控阵雷达搜索概率 $P_{min}=0.998$、跟踪批数 $N_{max}=20$ 批、落点预报误差 $\sigma_{max}=6$ km，计算得到远程相控阵雷达探测弹道导弹目标的效能 $E=0.828\ 1$。

在大规模作战中，敌方可能对我发射大量弹道导弹进行先期打击，此时使命要求的搜索概率降低到 $P_{min}=0.85$、跟踪批数可增加到 $N_{max}=40$ 批、落点预报误差 $\sigma_{max}=10$ km，计算得到远程相控阵雷达探测弹道导弹目标的效能 $E=0.677\ 4$。

由此可见，单部远程相控阵雷达在正常工作模式下难以完成大规模作战下的任务需求。

2）不同工作模式下远程相控阵雷达探测弹道导弹目标效能分析。当相控阵雷达处于弹道导弹加临近空间工作模式下，由于相控阵雷达搜索空域范围很大，可设搜索方位空域为 120°，搜索时间为 45 s，其他的参数设置同上，可计算得到远程相控阵雷达探测弹道导弹目标的效能 $E=0.732\ 0$。

当相控阵雷达处于弹道导弹增程工作模式下时，由于红外卫星或天波超视距雷达事先提供了弹道导弹目标情报信息，可设搜索方位空域为 10°，搜索时间为 25 s，其他的参数设置同上，可计算得到远程相控阵雷达探测弹道导弹目标的效能 $E=0.900\ 1$。

可见在卫星和天波超视距提供弹道导弹情报信息的情况下，相控阵雷达可采用弹道导弹增程工作模式，此时其效能最优。

3）影响远程相控阵雷达探测弹道导弹目标效能的敏感性分析。通过改变远程相控阵雷达某个原始参数值，来观察相控阵雷达探测效能的变化，可得出天线波束驻留时间的细微变化对雷达探测效能有很大的影响。

若采用前面的参数设置，当天线波束驻留时间为 0.3 s 时，远程相控阵雷达探测弹道导弹目标的效能 $E=0.867\ 9$；当天线波束驻留时间为 0.35 s 时，远程相控阵雷达探测弹道导弹目标的效能 $E=0.766\ 6$；当天线波束驻留时间为 0.4 s 时，远程相控阵雷达探测弹道导弹目标的效能 $E=0.520\ 7$；当天线波束驻留时间为 0.45 s 时，远程相控阵雷达探测弹道导弹目标的效能 $E=0.433\ 3$。

由此可见，在远程相控阵雷达探测弹道导弹效能影响因素中，天线波束驻留时间是影响效能的敏感因素，在以后的远程相控阵雷达改进研制过程中，首先要考虑的是如何降低天线波束

驻留时间。

2. 反导预警系统作战效能评估

(1)反导预警系统作战流程分析。反导预警系统主要由预警卫星、天波超视距雷达、远程预警雷达、地基多功能雷达和预警中心组成。系统通过对来袭弹道导弹的搜索、检测、跟踪和识别,及时准确地预报导弹来袭,并提供来袭导弹的精确弹道数据,测定其速度、位置,识别其类型,为反导拦截作战提供足够的准备时间和精确的目标情报保障。反导预警系统具体的作战流程如下:

1)弹道导弹发射后若干秒,预警卫星首先探测到弹道导弹,并将信息上报至预警中心,天波超视距雷达作为另一种探测手段验证预警卫星的探测信息;

2)预警中心确认弹道导弹目标后,将弹道导弹目标信息发给远程预警雷达;

3)远程预警雷达对可能来袭区域进行重点探测,截获弹道导弹目标后,进行粗识别和跟踪,发出弹道导弹来袭首次警报和落点预报,为地基多功能雷达提供引导信息并实现交接;

4)地基多功能雷达探测到弹道导弹目标后,对弹道导弹目标进行准确识别和连续跟踪,同时将弹道导弹飞行实时数据传送到预警中心;

5)地基拦截弹在地基多功能雷达的引导下对弹道导弹目标进行拦截,地基多功能雷达对拦截效果进行评估,发布评估结果,如没有拦截成功,则进行二次拦截。

(2)确定系统性能度量指标。针对反导预警系统保障反导拦截的作战样式,反导拦截武器系统对反导预警系统提出的使命要求有以下几条:

1)提供足够的预警时间,为反导拦截武器战备等级转进争取时间,创造多次拦截机会,从而提高反导拦截概率。

2)提供弹道导弹目标的精确位置和真假目标识别等信息,为拦截序列解算、作战空间计算、拦截任务分配和目标指示提供预警信息支撑。

3)提供拦截毁伤效果评估结果,为是否开展二次拦截提供信息支持。

4)全过程连续跟踪目标,尽可能减少出现漏报的情况。

根据反导预警系统的作战使命要求,定义反导预警系统作战效能度量指标如下:

1)反映预警系统为拦截武器系统提供预警时间的量度 MOP_1,定义 MOP_1 为反导预警系统跟踪目标达到拦截武器系统精度要求到目标飞到杀伤区近界的时间,该时间越长,留给拦截武器系统的时间就越多,从而可以创造更多拦截机会,拦截成功的概率就越高。

2)反映弹道导弹目标在距离、方位和仰角上探测精度的性能量度 MOP_2、MOP_3 和 MOP_4,定义 MOP_2、MOP_3 和 MOP_4 分别为地基预警雷达在弹道导弹目标的距离、方位和仰角上的探测误差。

3)反映预警系统对目标识别准确程度的性能量度 MOP_5,定义 MOP_5 为反导预警系统经过融合处理后,能正确识别出的弹道导弹目标在总目标中所占的比例。

4)反映预警系统对被拦截的目标进行正确判断的性能量度 MOP_6,MOP_6 定义为反导预警系统正确判断出被拦截弹道导弹目标的数量占总目标数量的比例。

5)反映预警系统中不同雷达对目标成功交接的性能量度 MOP_7,MOP_7 可以反映反导预警系统对弹道导弹目标的漏报程度,定义 MOP_7 为成功交接之后的弹道导弹目标数和交接之前的弹道导弹目标数之比。

(3)联系系统本原确定系统属性。确定系统属性就是借助一定的量化方法,把反导预警系统的组成、结构、行为及性能参数等，在系统运行过程中对系统性能度量指标的影响描述出来。现以对弹道导弹进行末端高层拦截为例，且不考虑信息处理时间和通信时延。

1）设弹道导弹飞行总时间为 T_m，导弹发射时刻到反导预警系统向拦截武器系统提供满足要求的目标指示信息的时间为 T_z，拦截武器系统从接到目标指示信息，经过火控雷达搜索、跟踪，解算出射击诸元，到拦截弹发射的反应时间为 T_w。同时，假定拦截武器部署在弹道导弹落点附近，进行弹道导弹的逆轨拦截，拦截弹的平均飞行速度为 v_d，杀伤区近界斜距为 R_j，弹道导弹的飞行速度为 v_m。则从拦截弹发射到弹道导弹飞出杀伤区近界的时间为

$$T_s = T_m - T_j - T_z - T_w \tag{4-35}$$

其中，

$$T_j = R_j / v_m \tag{4-36}$$

拦截弹飞到杀伤区近界的时间为

$$T_l = R_j / v_d \tag{4-37}$$

从预警及时性方面考虑，应满足 $T_s < T_l$。因此，取系统性能度量指标 $\mathrm{MOP}_1 = T_s - T_l$。

2）地基预警雷达可以探测弹道导弹目标的距离、方位和仰角，但是探测的值均存在测量误差，将其分别设为 σ_r、σ_α、σ_β，定义 $\mathrm{MOP}_2 = \sigma_r^2$、$\mathrm{MOP}_3 = \sigma_\alpha^2$、$\mathrm{MOP}_4 = \sigma_\beta^2$。

3）设 N_a 为反导预测系统发现的弹道导弹目标数，N_{sb} 为正确识别出的弹道导弹目标数，定义 $\mathrm{MOP}_5 = N_{sb} / N_a$。

4）设 N_p 为进行拦截评估的弹道导弹目标数，N_z 为判断正确的弹道导弹目标数，定义 $\mathrm{MOP}_6 = N_z / N_p$。

5）设 N_q 为交接前的弹道导弹目标数，N_h 为交接后的弹道弹道目标数，定义 $\mathrm{MOP}_7 = N_h / N_q$。

（4）联系使命本原确定使命属性。确定使命属性就是把对使命原始参数的值域要求转化为对性能度量指标值域要求的一种映射。

1）对反映反导预警系统预警时间的 MOP_1，要求拦截弹在弹道导弹飞出杀伤区近界之前将其摧毁，即其值域范围为 $\mathrm{MOP}_{s1} = [0, T_m]$。

2）根据拦截武器系统的性能，给出目标指示信息在距离、方位和仰角上所能容忍的最大误差值，设为 $\sigma_{r\max}$、$\sigma_{\alpha\max}$、$\sigma_{\beta\max}$。只有当目标指示精度在此范围内，拦截武器系统才能以一定的概率成功地拦截来袭的弹道导弹，即 $\mathrm{MOP}_{s2} = [0, \sigma_{r\max}]$、$\mathrm{MOP}_{s3} = [0, \sigma_{\alpha\max}]$，$\mathrm{MOP}_{s4} = [0, \sigma_{\beta\max}]$。

3）作战指挥中心综合考虑各种情况，定出在某种作战样式和任务下，目标识别准确率、毁伤评估正确率和交接成功率分别不能低于 P_{sb}、P_{hs} 和 P_{jj}，则有 $\mathrm{MOP}_{s5} = [P_{sb}, 1]$、$\mathrm{MOP}_{s6} = [P_{hs}, 1]$ 和 $\mathrm{MOP}_{s7} = [P_{jj}, 1]$。

（5）系统作战效能计算模型。综合反导预警系统的系统性能量度和使命量度，反导预警系统作战效能可以表示为

$$E = \prod_{i=1}^{7} E_i^{w_i} \tag{4-38}$$

式中：w_i 为权重系数，且 $\sum_{i=1}^{7} w_i = 1$。

（6）仿真计算实例分析。以反导预警系统对某射程 950 km 的弹道导弹预警作战为例，弹

道导弹全程飞行时间为 $T_m=504$ s，反导预警系统对作战过程进行多次仿真，具体的仿真过程和数据如下：

1）红外预警卫星发现目标，经过信息处理后报至反导预警中心，时间为弹道导弹发射后 28 s；

2）地基预警雷达发现弹道导弹目标，并连续跟踪弹道导弹约 80 s，达到满足拦截武器系统需求的目标位置精度。

3）拦截器以某拦截武器系统为例，取

$$R_j=200\ \text{km},\quad v_d=2\ \text{km/s},\quad t_w=10\ \text{s},\quad v_m=2.9\ \text{km/s}$$

可得

$$T_s-T_l=217\ \text{s}$$

于是计算得

$$E_1=\frac{T_s-T_l}{T_m}=\frac{217}{504}=0.4306$$

4）地基预警雷达的测量精度为

$$\sigma_r=1.2\ \text{km},\quad \sigma_\alpha=0.23^\circ,\quad \sigma_\beta=0.13^\circ$$

取

$$\sigma_{r\max}=5\ \text{km},\quad \sigma_{\alpha\max}=0.5^\circ,\quad \sigma_{\beta\max}=0.5^\circ$$

则

$$E_2=\frac{\sigma_{r\max}^2-\sigma_r^2}{\sigma_{r\max}^2}=\frac{5^2-1.2^2}{5^2}=0.9424$$

$$E_3=\frac{\sigma_{\alpha\max}^2-\sigma_\alpha^2}{\sigma_{\alpha\max}^2}=\frac{0.5^2-0.23^2}{0.5^2}=0.7884$$

$$E_4=\frac{\sigma_{\beta\max}^2-\sigma_\beta^2}{\sigma_{\beta\max}^2}=\frac{0.5^2-0.13^2}{0.5^2}=0.9324$$

5）结合该弹道导弹的射程和落点估计，作战指挥中心给出目标识别准确率、毁伤评估正确率和交接成功率的下限值分别为

$$P_{sb\min}=0.98,\quad P_{hs\min}=0.95,\quad P_{jj\min}=0.99$$

根据多次仿真得到目标识别准确率、毁伤评估正确率和交接成功率分别为

$$P_{sb}=0.992,\quad P_{hs}=0.984,\quad P_{jj}=0.9999$$

于是

$$E_5=\frac{P_{sb}-P_{sb\min}}{1-P_{sb\min}}=\frac{0.992-0.98}{1-0.98}=0.6$$

$$E_6=\frac{P_{hs}-P_{hs\min}}{1-P_{hs\min}}=\frac{0.984-0.95}{1-0.95}=0.68$$

$$E_7=\frac{P_{jj}-P_{jj\min}}{1-P_{jj\min}}=\frac{0.9999-0.99}{1-0.99}=0.90$$

6）取性能量度的权重向量为

$$\boldsymbol{W}=(0.30\quad 0.10\quad 0.10\quad 0.10\quad 0.15\quad 0.10\quad 0.15)$$

于是可计算得到反导预警系统的作战效能为

$$E=\prod_{i=1}^{7}E_i^{w_i}=0.6567$$

4.3 指 数 法

4.3.1 指数法的基本原理

指数法是效能评估的一种常用方法，最初是用于国民经济统计的一种方法，20 世纪 50 年代末军事分析人员将其引申用来度量武器系统的战斗效能。指数法的实质是用相对数值简明地反映分析对象特性的一种量化方法，用来反映诸多人员和武器在一定条件下相对平均的能力，用于在不同武器之间、军事力量之间建立一种比例关系，以便统一衡量其作战效能。

1. 基本思想

指数法的基本思想是将参与作战的各种武器系统参数按照一定的算法转换成可比较的值，然后将这些参数值按照一定的算法进行计算，最后得到一个用以表示装备作战效能的值。指数法的主要优点是作为一种简明的统计度量方法，可以从相对值和绝对值上全面说明、描述对象的内涵，一目了然。国内外用于研究装备作战效能的指数方法很多，主要有杜派指数法、邓尼根指数法、泰勒指数法、相对指数法和幂指数法等。

2. 指数类型

指数原本是统计学中的反映某一社会现象在一段时间内变动的指标，指某一社会现象的比较群体的报告值相对基准值之比。指数是多种指标的平均综合反映，且指数的量是相对的，可以用来衡量武器装备的效能，常用的指数有火力指数、武器指数、作战能力指数和综合战斗力指数等。

火力指数是指某种武器在特定条件下发射弹药所产生的毁伤效果与指定的基本武器在同样条件下发射弹药所产生的毁伤效果之比值。

武器指数除了考虑武器本身的火力毁伤外，还应考虑使用时的机动能力和生存能力对毁伤的影响。

作战能力指数是指武器装备本身在设计制造过程中所确定的内在作战能力，在求取作战能力指数时，将人的因素对作战能力的影响看作常量，或者说都是正常发挥，战场环境条件设定为标准情况。

综合战斗力指数是指除了考虑武器的战斗效能外，还要考虑作战对象、作战样式、使用武器的战斗人员与指挥人员的素质、作战环境及战略战术等诸多因素的综合影响。综合战斗力指数通常以火力指数或武器指数为基础，乘以各种反映自然或人力因素的一系列修正系数来求得。修正系数一般来自三个方面：理论分析；战争经验；实兵演习或靶场试验。

武器系统作战能力指数是度量武器系统作战能力的一种相对指标，也是其作战效能的一种量度。其主要用于以下几个领域：①评价国家（地区）与国家（地区）作战能力；②研究兵力结构以求取较优的兵力结构方案；③宏观高层大系统论证；④定量对比兵力作战能力；⑤武器作战效能费用分析。

3. 基本原理

幂指数法作为一种重要的指数方法在装备效能评估领域得到了广泛的应用，下面重点讨论幂指数法的基本原理。

（1）基本假设。武器装备效能与其各项战术技术性能指标之间存在某种数量关系，即武器装备效能是其战术技术性能的函数。假设用向量 $\boldsymbol{X}=(x_1,x_2,\cdots,x_i,\cdots,x_N)$ 表示某武器装备的 N 项战术技术性能指标，I 表示该武器装备的效能指数，则有

$$I=F(\boldsymbol{X}) \tag{4-39}$$

(2) 度量一致性要求。武器装备的战术技术性能由多种指标组成，具有不同的量纲，而装备效能指数是无量纲的。对于同一个效能指数，在不同的性能量纲下会有不同的效能指数值，因此，需要有一个度量一致性指标，以保持效能指数的一致性。

设 Ω_1 是某武器装备战术技术性能指标的一个 K 维线性度量空间，Ω_2 是某武器装备战术技术性能指标的另一个 K 维线性度量空间，且有 $E=(\varepsilon_1,\varepsilon_2,\cdots,\varepsilon_K)$，使得 $\Omega_2=E\Omega_1$。$X=(x_1,x_2,\cdots,x_K)$ 和 $X^*=(x_1^*,x_2^*,\cdots,x_K^*)$ 是该武器装备在度量空间 Ω_1 中的两个不同的战术技术性能指标，那么它们在度量空间 Ω_2 中的战术技术性能指标分别为

$$\left.\begin{aligned}Y&=(y_1,y_2,\cdots,y_K)=(\varepsilon_1x_1,\varepsilon_2x_2,\cdots,\varepsilon_Kx_K)\\Y^*&=(y_1^*,y_2^*,\cdots,y_K^*)=(\varepsilon_1x_1^*,\varepsilon_2x_2^*,\cdots,\varepsilon_Kx_K^*)\end{aligned}\right\} \tag{4-40}$$

如果该武器装备的效能指数函数 $F(X)$ 对任意

$$E=(\varepsilon_1,\varepsilon_2,\cdots,\varepsilon_K)\in K^+$$

满足$\dfrac{F(X)}{F(X^*)}=\dfrac{F(Y)}{F(Y^*)}$，则称武器装备效能函数满足度量一致性要求。

(3) 连续性假设。武器装备效能的变化是随武器装备战术技术性能变化而连续变化的，即武器装备战术技术性能变化越小，引起武器装备效能的变化也越小，即效能指数函数 $F(X)$ 是连续函数。

(4) 边际效益递减假设。随着武器装备战术技术性能的不断增加，武器装备效能也不断增加，把由武器装备战术技术性能增加 ΔX 引起武器装备效能的增加 $\Delta F(X)$ 称为该武器装备的边际效益，把边际效益与性能增加量的比$\dfrac{\Delta F(X)}{\Delta X}$称为该武器装备的边际效益率。武器装备的效能不可能无限增加，武器装备效能增加到一定程度后，在同样数量的性能增加量 ΔX 下，武器装备效能的增加量 $\Delta F(X)$ 将越来越小，边际效益不断减小，即

$$F(X)-F(X^*)\leqslant\Delta F(X)(X-X^*) \tag{4-41}$$

(5) 装备效能幂指数形式。满足边际效益递减率的武器装备效能指数是武器装备战术技术性能指标的幂指数函数，即

$$F(X)=\mu x_1^{w_1}x_2^{w_2}\cdots x_i^{w_i}\cdots x_N^{w_N} \tag{4-42}$$

式中：$F(X)$ 是武器装备效能指数；x_i 是影响武器装备效能的战术技术性能指标；w_i 为第i 个战术技术性能指标在武器装备效能指数中的权，其为幂指数且有 $\sum\limits_{i=1}^{N}w_i=1$，分别表示武器装备相应的战术技术性能指标对武器装备效能指数的贡献率；μ 为调整系数，在比较不同武器装备之间的指数值或者统计由多种武器装备组成的战斗单位的指数值时，为达到不同武器装备之间效能指数的一致性起着量级的调整作用，也称之为一致性调整系数。

4.3.2　指数法的一般过程

1. 总体思路

武器装备效能评估指数方法的总体思路是：先确定武器装备效能评估指标体系，用幂指数

函数乘积方法计算最底层即武器装备战术技术性能指数。考虑到作战指挥、环境效应及体系构成，可分层次构造作战能力指数，用定性定量综合集成方法得到武器装备效能指数。

2.装备效能指数模型构建过程

一般来讲，武器装备系统是由各种装(设)备构成的，装(设)备战术技术性能指标参数，是计算各种武器装备效能指数的基础。用指数法进行武器装备效能评估的关键在于如何建立效能指数模型，建立武器装备效能指数模型的一般步骤如下：

(1)分析武器装备的组成结构和作战使用特点，找出影响武器装备效能的基本性能参数，并分离出有量纲的参数和无量纲的参数。

(2)对于有量纲的性能参数，确定其度量单位，写出量纲表达式。建立并求解无量纲的参数方程组，得到独立解。

(3)分析独立解，并结合问题的背景，给出无量纲参数的表达式。

(4)根据结构简单、意义明确的原则，利用解出的无量纲参数、原来的无量纲参数和未无量纲化的参数，构造武器装备效能指数模型。

3.装备效能指数计算过程

从本质上讲，指数法是一种基于经验的效能评估方法，对于给定的某个武器装备系统，其效能指数的计算过程如图 4-4 所示。

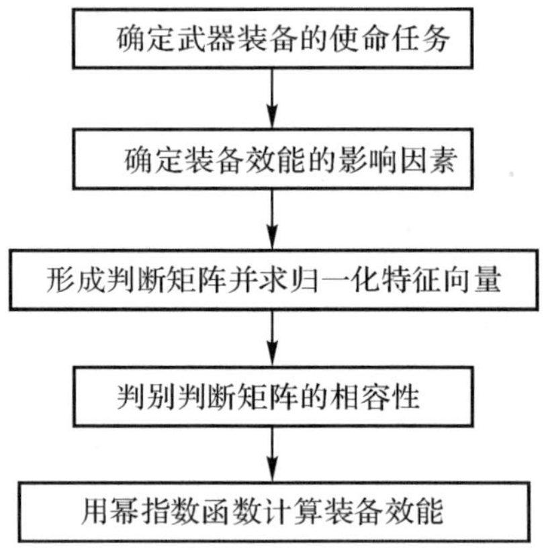

图 4-4　装备效能指数的计算过程

(1)确定武器装备的使命任务。从武器装备的类型、组成、结构和功能出发，分析武器装备的作战使用特点，确定武器装备在现代战争中的地位作用和使命任务。

(2)确定装备效能的影响因素。从武器装备的战术技术性能和作战使用要求出发，确定影响装备效能的基本因素即战术技术性能指标，从而形成装备效能影响因素集或性能指标向量。

(3)形成判断矩阵并求归一化特征向量。根据专家经验、实验数据等，对确定的性能指标向量进行重要性两两比较得到判断矩阵，对判断矩阵进行归一化处理并求特征向量。

(4)判别判断矩阵的相容性。对判断矩阵进行相容性判断，若不符合相容性要求，则重新形成判断矩阵。

(5)用幂指数函数计算装备效能。采用方根法或和积法等方法计算幂指数，即各性能指标的影响指数，然后利用装备效能指数模型计算武器装备的效能值。

4.3.3　指数法中的数据处理方法

1. *参数无量纲化方法*

由于武器装备的各个战术技术性能参数的物理意义不同，数据的量纲也不一定相同，如地空导弹武器装备的射程的单位为 m 或 km、反应时间的单位为 s、目标容量的单位为批等，而且各参数数值的数量级相差悬殊，如武器装备射程为几十到几百千米、反应时间为几秒等。因此，为了保证各个性能参数具有等效性和同序性，需要对原始数据进行无量纲化处理。

无量纲化或归一化，是指在参数中选取一个特征值或基准值，经过恰当的数学处理，将量纲不同的参数的量纲消除。常用的参数无量纲化方法有直线型无量化纲化方法、折线型无量纲化方法和曲线型无量纲化方法。

(1)直线型无量纲化方法。直线型无量纲化方法是最常用的参数无量纲化方法，主要有特征值法、标准化法和比重法等。

1)特征值法。特征值有时也称为阈值或临界值，是衡量数据发展变化的一些特征指标值，如极大值、极小值、平均值等。特征值无量纲化的典型公式的有

$$\left.\begin{aligned}
&y_i=\frac{x_i}{\bar{x}} && \left(y_i\in\left[\frac{\min x_i}{\bar{x}},\frac{\max x_i}{\bar{x}}\right]\right)\\
&y_i=\frac{x_i}{\max x_i} && \left(y_i\in\left[\frac{\min x_i}{\max x_i},1\right]\right)\\
&y_i=\frac{\max x_i-x_i}{\max x_i-\min x_i} && (y_i\in[0,1])\\
&y_i=\frac{x_i-\min x_i}{\max x_i-\min x_i} && (y_i\in[0,1])\\
&y_i=a\cdot\frac{x_i-\min x_i}{\max x_i-\min x_i}+b && (y_i\in[a,a+b])
\end{aligned}\right\}\tag{4-43}$$

式中：x_i 为有量纲参数的第 i 个样本值；$\bar{x}$ 为参数的平均值；y_i 为无量纲化处理后的参数的第 i 个样本值；a,b 为根据需要选取的参数。

2) 标准化法。标准化法是指当对多组不同量纲的数据进行比较时，可以将它们分别标准化，转化成无量纲的标准化数据。标准化法的公式为

$$y_i=\frac{x_i-\bar{x}}{s}\tag{4-44}$$

式中：$\bar{x}$ 为参数平均值，$\bar{x}=\dfrac{1}{n}\sum\limits_{i=1}^{n}x_i$；$s$ 为标准差，$s=\sqrt{\dfrac{1}{n-1}\sum\limits_{i=1}^{n}(x_i-\bar{x})^2}$。

3) 比重法。比重法是把参数的实际数值转化为它在总和中所占的比例。比重法的公式为

$$y_i=\frac{x_i}{\sum\limits_{i=1}^{n}x_i}\tag{4-45}$$

(2) 折线型无量纲化方法。折线型无量纲化方法主要用于数据发展呈现阶段性的情况，构造折线型无量纲化方法就是找出数据发展的转折点，然后确定转折点的无量纲参数。常用的公式为

$$y_i=\begin{cases}\dfrac{x_i}{x_m}y_m & (0\leqslant x_i\leqslant x_m)\\ y_m+\dfrac{x_i-x_m}{\max x_i-x_m}(1-y_m) & (x_i>x_m)\end{cases} \tag{4-46}$$

式中：x_m 为转折点的有量纲参数；y_m 为转折点的无量纲参数。

(3) 曲线型无量纲化方法。曲线型无量纲化方法主要用于数据发展的阶段性不明显情况，典型的曲线型无量纲化方法有升半正态型、升半柯西型等。

2. 指数聚合方法

通过无量纲化方法对原始数据进行处理后，可以得到各种无量纲的性能指数，接下来就可以进行指数聚合分析。指数聚合方法主要有“和”方法、“积”方法、逻辑“门”方法等。

(1)“和”方法。“和”方法是指效能的代数和、加权和。“和”方法一般以最小作战单元效能为基本效能单位，然后以代数和或者加权和的方式进行综合。

该方法适用于多种装备效能的综合，其思路是将各种不同作战装备通过效能指数进行综合，即用加权和的办法，依据各种装备效能在整体效能中的位置或者任务量比例，选取恰当的加权系数。

(2)“积”方法。“积”方法是指效能的乘积。该方法适用于单种武器装备按作战阶段过程进行效能的综合，其思路是对单种武器装备通过各作战阶段过程，综合整个作战过程的作战效能。如歼击机空战一般分为搜索发现、占位、攻击、毁伤四个主要阶段，假如其发现概率为 P_{fx}、占位概率为 P_{zw}、对目标的命中概率为 P_{mz}、对目标的击毁概率为 P_{hs}，则歼击机的空战效能为

$$E=P_{fx}P_{zw}P_{mz}P_{hs} \tag{4-47}$$

(3)逻辑“门”方法。

1)用“或”关系来描述加权和模型。用“或”关系来描述的下层性能参数指标以不同的权重合作(互补)聚合到上层作战能力或作战效能指标。该方法主要用于各评价指标间相互独立的情况，此时，各评价指标对综合评价水平的贡献彼此是没有影响的，由“或”运算并采用“和”的方式，其现实关系应是“部分之和等于总体”。

2)用“与”关系来描述加权积模型。用“与”关系来描述加权积模型，其主要用于对上层作战能力或作战效能指标而言，每个下层性能参数或作战能力指标的权重虽然不同，只要有一个下层性能参数或作战能力指标为零，则上层作战能力或作战效能指标为零。

3)指标体系结构中的逻辑门。可通过引入逻辑门来描述装备效能评估指标体系结构，常用的逻辑门有“或”门和“与”门。

a.“或”门：表示下层作战能力或参数性能指标以“或”的关系聚合到上层作战效能或作战能力指标。用加权和的方法进行作战效能或作战能力指标聚合。

b.“与”门：表示下层作战能力或参数性能指标以“与”的关系聚合到上层作战效能或作战能力指标。用加权积的方法进行作战效能或作战能力指标聚合。

4.3.4 指数法的特点和适用范围

1. 指数法的特点

(1)指数法的结构简单、使用方便，适合于描述高层次、低分辨率、约束条件少的装备效能评估问题研究。

(2)基于指数法的装备效能评估，是以武器装备自身的战术技术性能指标为基础，避开了大量不确定因素的影响，从而增强了装备效能评估的准确性。

(3)由于指数法效能评估不是基于作战环境和作战任务的，所以在某种条件下求得的装备效能指数在其他条件下可能完全失效。

(4)指数法是一种经验性方法，其缺乏深刻的理论基础，基于同一概念的模型算出的不向对象的效能指数难以比较，用不同模型算出的效能指数就更难进行比较。

2. 指数法的适用范围

指数法适用于不考虑对抗条件下的装备系统效能评估和简化条件下的宏观作战效能评估，通常用于结构简单的宏观模型，适用于宏观分析和快速评估，如进行单一武器装备、人员的战斗效能分析。

4.3.5 指数法应用实例分析

1. 防空反导武器系统作战能力指数模型构建

(1)确定作战能力构成要素。作战能力是武器系统在已知执行任务过程中的状态，其达到作战任务要求能力的量度，通常可用性能参数中的概率指标(如发现概率、跟踪概率、导弹杀伤概率等)或性能指标(品质因数)来表示。防空反导武器系统作战能力是其多种战术技术性能指标的集中体现，是武器系统基本性能、作战范围、战场环境等的综合反映，基于防空反导武器系统的组成结构和作战使用特点，可确立防空反导武器系统作战能力的构成要素如图 4-5 所示。

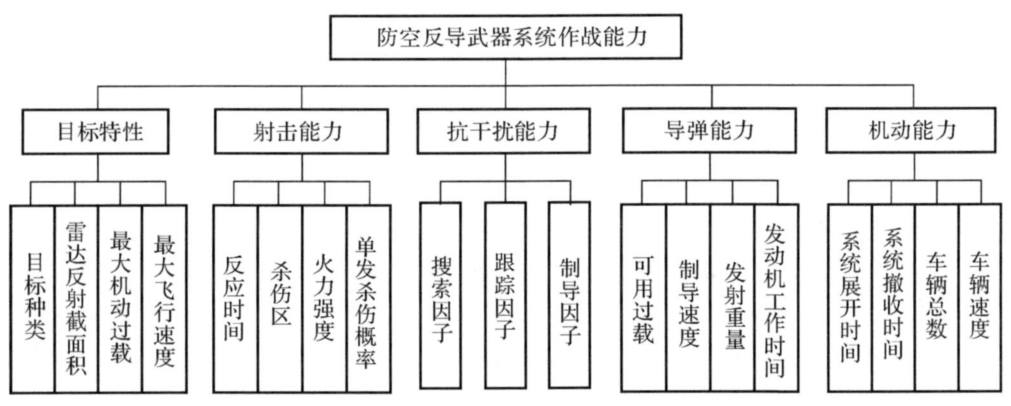

图 4-5　防空反导武器系统作战能力评估指标体系

1) 目标特性(T_A)。目标特性(T_A)是指防空反导武器系统能够拦截的目标种类(K_0)、目标雷达反射截面积(RCS)、目标最大机动过载($n_{T\max}$)、目标最大速度($v_{T\max}$)及目标的易损性等。防空反导武器系统拦截目标的特性，是由武器系统设计制造给定的，随着防空反导武器装备的发展，其拦截目标的种类越来越多、目标的速度和机动过载越来越大。

2) 射击能力(F_A)。射击能力(F_A)是指防空反导武器系统的反应时间(T_r)、杀伤区(K_L)、火力强度(F_R)和单发杀伤概率(P_0)等。

反应时间(T_r)是指防空反导武器系统的探测设备从发现目标到第一发导弹弹动的时间间隔。它对武器系统性能的发挥产生重要的影响，其限制了武器系统对低空或暴露时间短的目标做出反应的能力，或在作战行动中首先击毁目标的能力。

杀伤区(K_L)是指防空反导武器系统以不低于给定概率杀伤空中目标的区域，是表征武器系统作战能力的主要综合指标之一，它决定了地空导弹拦截的目标高度、遭遇点斜距和航路捷径。为避免作战能力结构中某些因素的重复，杀伤区主要选择高界(H_{max})、低界(H_{min})、远界(R_{max})、近界(R_{min})、最大高低角(ε_{max})和最大航路角(q_{max})等参数来表示。

火力强度(F_R)是指防空反导武器系统对付多方向、多批次、多目标的能力和连续射击能力。反映火力强度的主要因素是目标容量(N)、发射车数量(N_F)、每个发射车装弹数量(N_m)、拦截一批目标需要的导弹数量(n_m)和导弹装填时间(T_F)等。一般来讲，目标容量越大，武器系统同时拦截的目标数量越多，发射车和每个发射车上的导弹越多，则每次装满导弹后，拦截的目标数量就越多；导弹装填的时间越长，则武器系统的连续射击能力就越差。

单发杀伤概率(P_0)综合反映了制导精度、引信启动概率、引战配合效率及目标要害分布等因素。一般来讲，导弹的单发杀伤概率越大，拦截一定数量的目标需要发射的导弹数量就越少，因此，其是武器系统作战能力的重要因素。

3) 抗干扰能力(E_A)。抗干扰能力(E_A)是指防空反导武器系统在搜索、跟踪目标和制导导弹时的抗干扰能力。根据防空反导武器系统的工作过程和结构特点，可把与抗干扰有关的工作分为三个阶段，每个阶段可能有四种互相区别的抗干扰能力，见表 4-4。

表 4-4　防空反导装备抗干扰阶段及抗干扰能力

阶　段	基本抗干扰因子	增强抗干扰因子	工作体制因子	制导体制因子
搜索	√	√	√	
跟踪	√	√	√	
制导				√

搜索阶段的主要任务是探测发现目标，对边扫描边跟踪系统，搜索和跟踪交替进行，但对每个目标搜索和跟踪是有明显阶段划分的；跟踪阶段的主要任务是测量目标的参数，选择跟踪目标，当目标被选定后，跟踪过程一直持续到目标被击中为止；制导阶段的主要任务是向导弹传递控制、导引信息，制导体制不同，抗干扰能力也不相同，如无线电指令制导的抗干扰能力比半主动、主动寻的制导的抗干扰能力要弱。

基本抗干扰因子(BE)是指探测、跟踪系统的发射功率和分辨力等。增强抗干扰因子(AE)是指对某类或一、二类干扰采取措施引起系统抗干扰能力的增量。工作体制因子(RE)是指对武器系统的探测、跟踪、制导装备采用不同工作体制时抗干扰能力的评价值。制导体制因子(GE)是指采用不同制导体制时制导阶段抗干扰能力的基本增加量。制导雷达系统工作特征、抗干扰措施及其赋值见表 4-5。

表 4-5　制导雷达系统抗干扰措施(性能)及其赋值

编　号	抗干扰因子分类	抗干扰措施(性能)	抗干扰能力赋值
1	基本抗干扰因子	发射功率	计算
2		综合分辨力	计算

续表

编　号	抗干扰因子分类	抗干扰措施(性能)	抗干扰能力赋值
3	增强抗干扰因子	频率捷变	6
4		副瓣抑制	2
5		动目标检测(MTD)	4
6		恒虚警	4
7		宽限窄	2
8		变重复频率	2
9		频率分集	2
10		可变极化	2
11		脉冲压缩	4
12		单脉冲	3
13		诱偏	4
14		复杂信号处理	2
15	工作体制因子	相控阵	8
16		单脉冲	7
17		相参	6
18		线扫收发	2
19		照射线扫接收	4
20		连续波	4
21		圆锥扫	1
22		红外	5
23		电视	4
24		激光	5
25	制导体制因子	程序	2
26		无线电指令	2
27		雷达驾束	3
28		激光驾束	3
29		红外被动	3
30		跟踪干扰源	4
31		半主动	4
32		主动	6

4）导弹能力(M_A)。导弹能力(M_A)是指导弹的可用过载(n_K)、最大速度(M_{max})、发射质量(W)和发动机工作时间(t_0)等。导弹最大速度高、发动机工作时间长，则导弹飞到遭遇点所用的时间短，有利于武器系统连续拦截目标能力的提高；导弹可用过载大，则武器系统能够攻击机动飞行和大航路捷径的目标，使杀伤区内导弹单发杀伤概率分布均匀；导弹发射质量大、可用过载大，则导弹结构强度大，能产生大的侧向控制力。

5）机动能力(MO_A)。机动能力(MO_A)是指武器系统展开时间、撤收时间、车辆总数、车辆速度和车辆机动性等。它集中反映了防空反导武器系统从一个阵地向另一个阵地的运动能力。

(2) 建立作战能力指数模型。依据防空反导武器系统作战能力的构成要素及结构关系，可得防空反导武器系统的作战能力指数模型为

$$E=(T_A F_A E_A M_A)^{\mu_1}+MO_A \tag{4-48}$$

式中：T_A 为目标特性指数；F_A 为射击能力指数；E_A 为抗干扰能力指数；M_A 为导弹能力指数；MO_A 为机动性指数；μ_1 为常数。

1）目标特性指数(T_A)：

$$T_A=\left[\left(\frac{K_3}{\mathrm{RCS}}\right)^{\mu_3}\left(\frac{v_{T\max}}{340}\right)^{\mu_4} n_{T\max} K_0^{\mu_5}\right]^{\mu_2} \tag{4-49}$$

式中：RCS为目标的雷达反射截面积(m^2)；$v_{T\max}$ 为目标最大飞行速度(m/s)；$n_{T\max}$ 为目标最大机动过载(g)；K_0 为拦截的目标种类数；K_3，μ_2，μ_3，μ_4，μ_5 为常数。

2）射击能力指数(F_A)：

$$F_A=\left[\left(K_1\,\frac{10}{T_r}\right)K_L F_R p\right]^{\mu_6} \tag{4-50}$$

式中：T_r 为武器系统的反应时间(s)；K_L 为杀伤区因子；F_R 为火力强度因子；p 为单发杀伤概率因子；K_1，μ_6 为常数。

a. 杀伤区因子(K_L)：

$$K_L=\left\{\left[\left(\frac{H_{\max}}{3}+\frac{0.5}{H_{\min}}\right)\left(\frac{R_{\max}}{4}+\frac{5}{R_{\min}}\right)\right]^{\mu_7}\left(\frac{\varepsilon_{\max}}{45}\right)\left(\frac{q_{\max}}{45}\right)\right\}^{\mu_8} \tag{4-51}$$

式中：$H_{\max}$ 为杀伤区高界(km)；$H_{\min}$ 为杀伤区低界(km)；$R_{\max}$ 为杀伤区远界(km)；$R_{\min}$ 为杀伤区近界(km)；$\varepsilon_{\max}$ 为最大高低角(°)；$q_{\max}$ 为最大航路角(°)；μ_7，μ_8 为常数。

b. 火力强度因子(F_R)：

$$F_R=\left(N\,\frac{N_F N_m}{n_m}\,\frac{15}{T_F}\right)^{\mu_9} \tag{4-52}$$

式中：N 为目标容量；N_F 为发射车(架)数量；N_m 为每个发射(车)架的装弹数；n_m 为对一批目标要求最多发射的导弹数；T_F 为导弹装填时间(min)；μ_9 为常数。

c. 单发杀伤概率因子(p)：

$$p=p_0 K_2 \tag{4-53}$$

式中：p_0 为单发杀伤概率；K_2 为常数。

3）抗干扰能力指数(E_A)：

$$E_A=(STG)^{\mu_{10}} \tag{4-54}$$

式中：S 为搜索因子；T 为跟踪因子；G 为制导因子；μ_{10} 为常数。

a. 搜索因子(S)

$$S=(\mathrm{BE}\cdot\mathrm{AE}\cdot\mathrm{RE})^{\mu_{11}} \tag{4-55}$$

式中：BE为基本抗干扰因子；AE为技术措施抗干扰因子；RE为工作体制抗干扰因子；μ_{11} 为常数。

基本抗干扰因子 BE：

$$\mathrm{BE}=\mathrm{PP}\cdot\mathrm{BS}\cdot\mathrm{TC}\cdot\mathrm{TG}/10 \tag{4-56}$$

式中：PP为雷达发射功率(kW)；BS为信号带宽(MHz)；TC为雷达信号照射时间(s)；TG为天线增益(dB)。

技术措施抗干扰因子 AE：

$$\mathrm{AE}=\sum_{i=1}^{12}w_i u_i \tag{4-57}$$

式中：w_i 取值为 0 或 1，当防空反导武器系统采用了第 i 种抗干扰措施时，$w_i=1$，否则 $w_i=0$；u_i 为第 i 种抗干扰措施对制导雷达抗干扰能力的贡献度。

工作体制抗干扰因子 RE：

$$\mathrm{RE}=\sum_{j=1}^{10}w_j u_j \tag{4-58}$$

式中：w_j 取值为 0 或 1，当防空反导武器系统采用了第 j 种制导体制时，$w_j=1$，否则 $w_j=0$；u_j 为第 j 种制导体制对制导雷达抗干扰能力的贡献度。

b. 跟踪因子(T)

$$T=(\mathrm{BE}\cdot\mathrm{AE}\cdot\mathrm{RE})^{\mu_{12}} \tag{4-59}$$

c. 制导因子(G)

$$G=\sum_{k=1}^{10}w_k u_k \tag{4-60}$$

式中：w_k 取值为 0 或 1，当防空反导武器系统采用了第 k 种制导体制时，$w_k=1$，否则 $w_k=0$；u_k 为第 k 种制导体制对制导雷达抗干扰能力的贡献度。

4) 导弹能力指数(M_A)：

$$M_A=[(n_k/10)^{\mu_{14}}M_{\max}(W/50)^{\mu_{15}}(t_0/5)^{\mu_{16}}]^{\mu_{13}} \tag{4-61}$$

式中：n_k 为可用过载(g)；$M_{\max}$ 为导弹最大速度(Ma)；W 为导弹发射质量(kg)；t_0 为发动机工作时间(s)；μ_{13}，μ_{14}，μ_{15}，μ_{16} 为常数。

5) 机动性指数($\mathrm{MO_A}$)：

$$\mathrm{MO_A}=\left(\frac{15}{T_{\mathrm{ZK}}}+\frac{6}{T_{\mathrm{CS}}}\right)^{\mu_{17}}\left(\frac{\mathrm{MV}^{\mu_{18}}}{25}\ \frac{1}{\sqrt{\mathrm{MR}}}\right)^{\mu_{19}} \tag{4-62}$$

式中：T_{ZK} 为武器系统展开时间(min)；T_{CS} 为武器系统撤收时间(min)；MV 为车辆行驶平均速度(km/h)；MR 为车辆总数；μ_{17}，$\mu_{18}\mu_{19}$ 为常数。

2. 基于指数法的巡航导弹作战效能评估

(1)建立作战效能评估指标体系。从巡航导弹的作战目标与作战任务可知，其作战效能主要体现在 6 个方面：打击能力、毁伤能力、突防能力、射前生存能力、整体可靠性和保障能力。结合巡航导弹的自身特点，可将上述能力进一步分解成战术技术性能要求，据此可建立巡航导弹作战效能评估指标体系如图 4－6 所示。

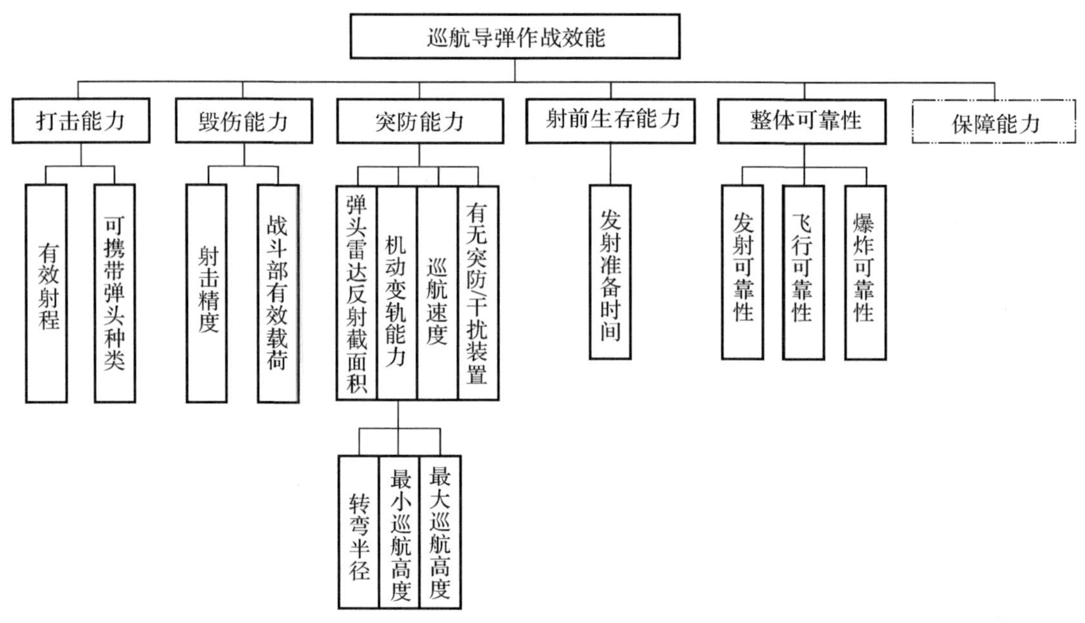

图 4-6　巡航导弹作战效能评估指标体系

说明如下：

1)巡航导弹的射程理论上应有最大射程、最小射程之分，但考虑到巡航导弹可以通过不断转弯，最终沿原射向的反方向飞行，这样，最小射程对武器作战运用没有实际意义。因此，这里只考虑最大射程，也称有效射程。

2)转弯半径描述巡航导弹横向变轨能力，最小巡航高度和最大巡航高度描述巡航导弹法向变轨能力，为了增强相互之间的可比性，这里的巡航高度统一取巡航导弹在平原地区的巡航飞行高度。

3)射前生存能力指巡航导弹在发射前不被敌人发现和摧毁的能力，这里用发射准备时间表示。巡航导弹发射的准备时间越短，导弹的生存能力也就越强。

4)发射可靠性、飞行可靠性与爆炸可靠性三者的乘积即为巡航导弹的整体可靠概率。在实际计算时可用巡航导弹武器系统整体可靠概率表示整体可靠性。

5)巡航速度用马赫数来表示，一般来讲，导弹的巡航速度越大，导弹的飞行时间越短，被敌方发现和摧毁的可能性也就越小。

6)巡航导弹武器系统的保障能力与武器装备的配套性、导弹部队的生存防护对策、指挥决策能力，以及与友邻部队的协同关系有关，评估时存在大量主观因素。结合可测性与客观性等评估准则要求，在建立作战效能评估指数模型时，可暂不考虑巡航导弹武器系统的综合保障能力。

(2)构建作战效能评估指数模型。由于在巡航导弹的诸多战术技术性能指标中，有一些指标或因数不便于量化，如有无突防/干扰装置，而这些指标所产生的影响往往又处在某一确定的范围或区间内，不会无休止地增大或减小对效能指标值的影响程度。因此，可在效能评估模型中通过加入影响因子的方式来对巡航导弹的固有作战能力进行修正，即

$$F(X)=\mu x_1^{w_1}x_2^{w_2}\cdots x_i^{w_i}\cdots x_N^{w_N}\varepsilon \tag{4-63}$$

式中：$F(X)$ 是巡航导弹作战效能指数；x_i 是影响巡航导弹作战效能的战术技术性能指标；w_i

为第 i 个战术技术性能指标在巡航导弹作战效能指数中的权，其为幂指数且有 $\sum_{i=1}^{N} w_i = 1$；μ 为一致性调整系数；ε 为影响因子。

在影响巡航导弹作战效能的性能指标中，某些指标越大越好属于效益型指标，某些指标越小越好属于成本型指标，为使模型求解的最终结果统一为越大越好，可将效益型指标作为分子、成本型指标作为分母，则式(4－63) 变为

$$F(X) = \mu \frac{x_1^{w_1} x_2^{w_2} \cdots x_i^{w_i} \cdots x_n^{w_n}}{x_{n+1}^{w_{n+1}} x_{n+2}^{w_{n+2}} \cdots x_N^{w_N}} \varepsilon \tag{4-64}$$

式中：$x_i(i=1,2,\cdots,n)$ 为效益型指标；$x_i(i=n+1,n+2,\cdots,N)$ 为成本型指标。

对于巡航导弹，有效射程(L)、可携带弹头种类(N)、战斗部有效载荷(G)、最大巡航高度($H_{\max}$)、巡航速度(Ma)、整体可靠性(P) 为效益型指标；射击精度(CEP)、弹头雷达反射截面积(σ)、转弯半径(R)、最小巡航高度($H_{\min}$)、发射准备时间(T) 为成本型指标；令 $w_i(i=1,2,\cdots,11)$ 分别表示上述战术技术性能指标的权重，将有无突防 / 干扰装置作为影响因子并用 ε 表示；对于整体可靠性中的发射可靠性用 P_1 表示、飞行可靠性用 P_2 表示、爆炸可靠性用 P_3 表示，则整体可靠性可表示为 $P=P_1P_2P_3$。于是可得巡航导弹作战效能的指数模型为

$$E = \mu \frac{L^{w_1} N^{w_2} G^{w_3} H_{\max}^{w_4} M_a^{w_5} P^{w_6}}{\mathrm{CEP}^{w_7} \sigma^{w_8} R^{w_9} H_{\min}^{w_{10}} T^{w_{11}}} \varepsilon \tag{4-65}$$

(3) 评估示例及分析。

1) 条件假设。假设有 A、B、C 三种类型的巡航导弹，其战术技术性能指标见表 4－6。同时假设有无突防 / 干扰装置的影响因子 ε 为：当有突防 / 干扰装置时，$\varepsilon=1.1$；当无突防 / 干扰装置时，$\varepsilon=1.0$，且假定一致性调整系数取 $\mu=1$。

表 4－6　巡航导弹的战术技术性能指标

战技指标	导弹 A	导弹 B	导弹 C
有效射程/km	1 200	900	1 500
战斗部有效载荷/kg	300	500	400
弹头种类数	2	3	5
最大巡航高度/m	150	100	120
巡航速度/Ma	0.7	1.5	2.0
射击精度/m	10	6	5
弹头 RCS/m^2	0.2	0.1	0.05
转弯半径/km	10	8	6
最小巡航高度/m	30	20	25
发射准备时间/min	60	30	15
有无突防/干扰装置	无	有	有
发射可靠度	0.92	0.97	0.95
飞行可靠度	0.92	0.97	0.95
爆炸可靠度	0.92	0.97	0.95

2)确定权重。这里采用层次分析法来确定各性能指标的权重,其具体步骤如下:

a. 确定判断矩阵。对影响巡航导弹作战效能的 11 个性能指标,通过专家咨询方法,将各性能指标进行两两比较,得到判断矩阵为

$$\boldsymbol{A}=\begin{bmatrix}1 & 5 & 5 & 5 & 3 & 3 & 1 & 3 & 3 & 5 & 3\\ 1/5 & 1 & 1 & 1 & 1/3 & 1/3 & 1/5 & 1/3 & 1/3 & 1 & 1/3\\ 1/5 & 1 & 1 & 1 & 1/3 & 1/3 & 1/5 & 1/3 & 1/3 & 1 & 1/3\\ 1/5 & 1 & 1 & 1 & 1/3 & 1/3 & 1/5 & 1/3 & 1/3 & 1 & 1/3\\ 1/3 & 3 & 3 & 3 & 1 & 1 & 1/3 & 1 & 1 & 3 & 1\\ 1/3 & 3 & 3 & 3 & 1 & 1 & 1/3 & 1 & 1 & 3 & 1\\ 1 & 5 & 5 & 5 & 3 & 3 & 1 & 3 & 3 & 5 & 3\\ 1/3 & 3 & 3 & 3 & 1 & 1 & 1/3 & 1 & 1 & 3 & 1\\ 1/3 & 3 & 3 & 3 & 1 & 1 & 1/3 & 1 & 1 & 3 & 1\\ 1/5 & 3 & 3 & 3 & 1/3 & 1/3 & 1/5 & 1/3 & 1/3 & 1 & 1/3\\ 1/3 & 3 & 3 & 3 & 1 & 1 & 1/3 & 1 & 1 & 3 & 1\end{bmatrix}$$

b. 求解最大特征值及其对应的特征向量。采用幂法进行求解,得到判断矩阵 $\boldsymbol{A}$ 的最大特征值为 $\lambda_{\max}=11.151$,对应的特征向量为 $\boldsymbol{u}=[0.215\,8,0.032\,6,0.032\,6,0.032\,6,0.087\,6,0.087\,6,0.215\,8,0.087\,6,0.087\,6,0.032\,6,0.087\,6]$,则相应的权重为 $\{w_i(i=1,2,\cdots,11)\}=\{u_i(i=1,2,\cdots,11)\}$。

c. 进行一致性检验。一致性指标 $\mathrm{CI}=\dfrac{\lambda_{\max}-n}{n-1}=\dfrac{11.511-11}{11-1}=0.051\,1$,根据表 4-7 可知平均随机一致性指标 $\mathrm{RI}=1.51$,于是可得随机一致性比率 $\mathrm{CR}=\dfrac{\mathrm{CI}}{\mathrm{RI}}=\dfrac{0.051\,1}{1.51}=0.033\,8<0.1$,表明判断矩阵 $\boldsymbol{A}$ 满足一致性要求。

表 4-7　平均随机一致性指标

维　数	1	2	3	4	5	6	7	8	9	10	11
RI	0	0	0.58	0.90	1.12	1.24	1.32	1.41	1.45	1.19	1.51

3) 效能计算。根据巡航导弹的战技指标和确定的权重,可计算得到三种巡航导弹的作战效能指数分别为:$E_{\mathrm{A}}=2.274\,7$;$E_{\mathrm{B}}=3.376\,5$;$E_{\mathrm{C}}=4.668\,2$。

第5章 装备效能评估的综合评价方法

5.1 AHP方法

5.1.1 AHP的基本原理

层次分析法(Analytic Hierarchy Process,AHP)是美国运筹学家T. L. Saaty教授于20世纪70年代初期提出的一种简便、灵活而又实用的多准则决策方法,该方法以其定性与定量相结合处理各种决策因素的特点,以及系统、灵活、简洁的优点,在很多领域内得到了广泛的重视和应用。

所谓层次分析法,是根据问题的性质和要达到的目标分解出问题的组成因素,按因素间的相互关系及隶属关系,将因素层次化,组成一个层次结构模型,然后按层分析,最终获得最低层因素对最高层(总目标)的重要性权值,或进行优劣性排序。

层次分析法是对一些较为复杂、较为模糊的问题做出决策的简易方法,它特别适用于那些难于完全定量分析的问题。人们在进行军事、社会、经济、管理领域问题的系统分析中,面临的常常是一个由相互关联、相互制约的众多因素构成的复杂而往往缺少定量数据的系统,诸如装备作战效能分析、装备寿命周期分析、经济系统运行效益分析等,层次分析法能为这类问题的决策和排序提供了一种新的、简洁而实用的建模方法。

5.1.2 AHP的一般过程

AHP进行装备效能评估,其一般包含以下四个步骤。

1. 建立层次结构模型

确定评估的总指标,即应用该武器装备所要达到的目标要求,据此找出影响该目标达到的各种因素或分指标,再将分指标分解直到系统最低层的性能参数,并按照因素之间的相互影响和隶属关系将其分层聚类组合,形成一个递阶的、有序的影响因素层次体系。

因素层次体系的层次数决定于问题的复杂程度和问题的分析深度,通常分为目标层、准则层和措施/方案层等3个层次,如图5-1所示。

(1)目标层(最高层):通常只有一个元素,一般它是分析问题的预定目标或理想结果。

(2)准则层(中间层):包含了为实现目标所涉及的中间环节,它可以由若干个层次组成,包括所需考虑的准则和子准则等。

(3)方案层(最底层):包含了为实现目标可供选择的各种措施、决策方案等。

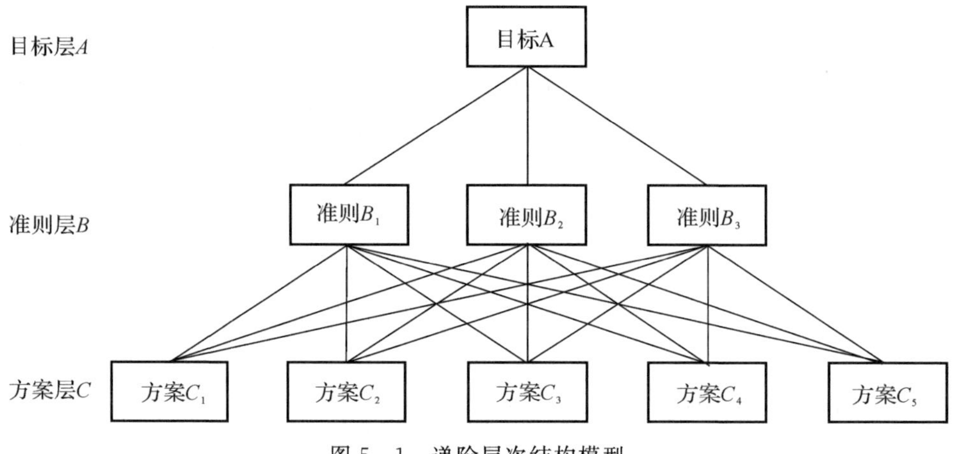

图 5-1　递阶层次结构模型

2. 构造判断矩阵

递阶层次结构反映了评价因素之间的关系，但准则层中的各准则在目标衡量中所占的比重并不一定相同，在决策者的心目中，它们各占有一定的比例，因此需要构建判断矩阵来描述各个因素之间的重要程度。判断矩阵表示针对上一层次某因素而言，本层次与之有关的各因素之间的相对重要性。假设目标层 A 中因素 A_k 与下一层次中的因素 $B_1, B_2, \cdots, B_n$ 有联系，则构造的判断矩阵见表 5-1。

表 5-1　判断矩阵

A_k	B_1	B_2	…	B_n
B_1	b_{11}	b_{12}	…	b_{1n}
B_2	b_{21}	b_{22}	…	b_{2n}
⋮	⋮	⋮	⋮	⋮
B_n	b_{n1}	b_{n2}	…	b_{nn}

表中，b_{ij} 是对于 A_k 而言，B_i 对 B_j 的相对重要性的数值表示，Saaty 建议取数字 1～9 及其倒数，具体含义，见表 5-2。

表 5-2　1～9 标度的含义

标　度	含　义
1	表示因素 B_i 与 B_j 相比，具有相同重要性
3	表示因素 B_i 与 B_j 相比，B_i 比 B_j 稍微重要
5	表示因素 B_i 与 B_j 相比，B_i 比 B_j 明显重要
7	表示因素 B_i 与 B_j 相比，B_i 比 B_j 强烈重要
9	表示因素 B_i 与 B_j 相比，B_i 比 B_j 极端重要
2,4,6,8	表示上述相邻判断的中间值
倒数	若因素 B_i 与因素 B_j 的重要性之比为 b_{ij}，那么因素 B_j 与因素 B_i 重要性之比为 $b_{ji}=\frac{1}{b_{ij}}$

之所以采用 1 ～ 9 的比例标度，其主要的依据有：一是心理学实验表明，大多数人对不同事物在相同属性上差别的分辨能力在 5 ～ 9 级，采用 1 ～ 9 的标度反映了大多数人的判断能力；二是大量的社会调查表明，1 ～ 9 的比例标度早已为人们所熟悉和采用；三是科学考察和实践表明，1 ～ 9 的比例标度已完全能区分引起人们感觉差别的事物的各种属性。

3. 层次单排序和一致性检验

层次单排序是指根据判断矩阵计算对于上一层某因素而言，本层次与之有联系的因素的重要性次序的权值，如方案层对准则层的权值、准则层对目标层的权值。

层次单排序可归结为计算判断矩阵的特征根和特征向量问题，即对判断矩阵 $\boldsymbol{B}$，计算满足下式的特征根和特征向量：

$$\boldsymbol{BW} = \lambda_{\max}\boldsymbol{W} \tag{5-1}$$

式中：$\lambda_{\max}$ 为判断矩阵 $\boldsymbol{B}$ 的最大特征根；$\boldsymbol{W}$ 为对应于 $\lambda_{\max}$ 的正规化特征向量，$\boldsymbol{W}$ 的分量 W_i 即是相应因素单排序的权值。

为了检验判断矩阵的一致性，需要计算它的一致性指标：

$$\mathrm{CI} = \frac{\lambda_{\max} - n}{n - 1} \tag{5-2}$$

显然，当判断矩阵具有完全一致性时，CI=0。$\lambda_{\max} - n$ 越大，CI 越大，判断矩阵的一致性越差。为了检验判断矩是否具有满意的一致性，需要将一致性指标 CI 与平均随机一致性指标 RI 进行比较。对于 1 ～ 9 阶矩阵，平均随机一致性指标 RI 的值见表 5 - 3。

表 5 - 3　1 ～ 9 阶矩阵的平均随机一致性指标

n	1	2	3	4	5	6	7	8	9
RI	0.00	0.00	0.58	0.90	1.12	1.24	1.32	1.41	1.45

按照判断矩阵的定义，1 阶与 2 阶判断矩阵总是完全一致的，当阶数大于 2 时，判断矩阵的一致性指标 CI，与同阶平均随机一致性指标 RI 之比称为判断矩阵的随机一致性比例，记为 CR，当 $\mathrm{CR} = \frac{\mathrm{CI}}{\mathrm{RI}} < 0.10$ 时，判断矩阵具有满意的一致性，否则就需要对判断矩阵进行调整。

4. 层次总排序及一致性检验

层次总排序是指利用同一层次中所有层次单排序的结果，计算针对上一层次而言本层次所有因素重要性的权值，即通过综合得到方案层对目标层的权重。假定上一层次所有因素 $A_1, A_2, \cdots, A_m$ 的总排序已经完成，得到的权值分别为 $a_1, a_2, \cdots, a_m$，与 A_i 对应的本层次因素 $B_1, B_2, \cdots, B_n$ 单排序的结果为 $b_1^i, b_2^i, \cdots, b_n^i$。若 B_j 与 A_i 无关，则层次总排序见表 5 - 4。

表 5 - 4　层次总排序

层次 A	A_1	A_2	$\cdots$	A_m	层次 B 的总排序
	a_1	a_2	$\cdots$	a_m	
B_1	b_1^1	b_1^2	$\cdots$	b_1^m	$w_1 = \sum_{i=1}^{m} a_i b_1^i$
B_2	b_2^1	b_2^2	$\cdots$	b_2^m	$w_2 = \sum_{i=1}^{m} a_i b_2^i$

续表

层次 A	A_1	A_2	…	A_m	层次 B 的总排序
	a_1	a_2	…	a_m	
⋮	⋮	⋮	⋮	⋮	⋮
B_n	b_n^1	b_n^2	…	b_n^m	$w_n = \sum_{i=1}^{m} a_i b_n^i$

显然有

$$\sum_{j=1}^{n}\sum_{i=1}^{m} a_i b_j^i = 1 \tag{5-3}$$

即层次总排序仍然是归一化正规向量。

为评价层次总排序的计算结果的一致性，同样需要计算与单排序类似的检验量。

层次总排序一致性指标：

$$\mathrm{CI} = \sum_{i=1}^{m} a_i \mathrm{CI}_i \tag{5-4}$$

式中：CI_i 为与 a_i 对应的层次 B 中判断矩阵的一致性指标。

层次总排序平均随机一致性指标：

$$\mathrm{RI} = \sum_{i=1}^{m} a_i \mathrm{RI}_i \tag{5-5}$$

式中：RI_i 为与 a_i 对应的层次 B 中判断矩阵的平均随机一致性指标。

层次总排序随机一致性比例：

$$\mathrm{CR} = \frac{\mathrm{CI}}{\mathrm{RI}} \tag{5-6}$$

同样，当 $\mathrm{CR} < 0.10$ 时，认为层次总排序的计算结果具有满意的一致性。

5.1.3 AHP 的计算方法

AHP 计算的根本问题是如何计算判断矩阵的最大特征根 $\lambda_{\max}$ 及其对应的特征向量 $\boldsymbol{W}$，常用的计算方法有幂法、和积法和方根法三种。

1. 幂法

幂法是一种可计算得到任意精度的最大特征根 $\lambda_{\max}$ 及其对应的特征向量 $\boldsymbol{W}$ 的方法，其计算步骤如下：

(1) 任取与判断矩阵 $\boldsymbol{B}$ 同阶的正规化初始向量 $\boldsymbol{W}^0$。

(2) 计算：

$$\overline{\boldsymbol{W}}^{k+1} = \boldsymbol{B}\boldsymbol{W}^k \quad (k = 0,1,2,\cdots) \tag{5-7}$$

(3) 令 $\beta = \sum_{i=1}^{n} \overline{\boldsymbol{W}}^{k+1}$，计算：

$$\boldsymbol{W}^{k+1} = \frac{1}{\beta}\overline{\boldsymbol{W}}^{k+1} \quad (k = 0,1,2,\cdots) \tag{5-8}$$

(4) 对于预先给定的精度 ε，当

$$|\overline{W}_i^{k+1}-W_i^k|<\varepsilon \tag{5-9}$$

对所有的 $i=1,2,\cdots,n$ 成立时，则 $\boldsymbol{W}=W_i^{k+1}$ 为所求特征向量，相应的最大特征根 $\lambda_{\max}$ 为

$$\lambda_{\max}=\sum_{i=1}^{n}\frac{W_i^{k+1}}{nW_i^k} \tag{5-10}$$

式中：n 为判断矩阵阶数；W_i^k 为向量 $\boldsymbol{W}^k$ 的第 i 个分量。

2. 和积法

和积法是一种近似方法，其可以在保证足够精度的条件下计算最大特征根 $\lambda_{\max}$ 及其对应的特征向量 $\boldsymbol{W}$，具体计算步骤如下：

(1) 将判断矩阵每一列正规化：

$$\bar{b}_{ij}=\frac{b_{ij}}{\sum_{k=1}^{n}b_{kj}}\quad(i,j=1,2,\cdots,n) \tag{5-11}$$

(2) 每一列经正规化后的判断矩阵按行相加：

$$\overline{W}_i=\sum_{j=1}^{n}b_{ij}\quad(i=1,2,\cdots,n) \tag{5-12}$$

(3) 对向量 $\overline{\boldsymbol{W}}=[\overline{W}_1,\overline{W}_2,\cdots,\overline{W}_n]^{\mathrm{T}}$ 正规化：

$$W_i=\frac{\overline{W}_i}{\sum_{j=1}^{n}\overline{W}_j}\quad(i=1,2,\cdots,n) \tag{5-13}$$

所得的 $\boldsymbol{W}=[W_1,W_2,\cdots,W_n]^{\mathrm{T}}$ 即为所求特征向量。

(4) 计算判断矩阵最大特征根：

$$\lambda_{\max}=\sum_{i=1}^{n}\frac{AW_i}{nW_i} \tag{5-14}$$

式中：$(AW)_i$ 表示向量 AW 的第 i 个分量。

3. 方根法

方根法是计算判断矩阵最大特征根 $\lambda_{\max}$ 及其对应的特征向量的另一种近似方法，其计算步骤如下：

(1) 将判断矩阵 $\boldsymbol{B}$ 的元素按行相乘：

$$M_i=\prod_{j=1}^{n}b_{ij}\quad(i,j=1,2,\cdots,n) \tag{5-15}$$

(2) 对所得的乘积分别开 n 次方：

$$\overline{W}_i=\sqrt[n]{M_i}\quad(i,j=1,2,\cdots,n) \tag{5-16}$$

(3) 将方根向量正规化，即得特征向量 $\boldsymbol{W}$：

$$W_i=\frac{\overline{W}_i}{\sum_{j=1}^{n}\overline{W}_j}\quad(i=1,2,\cdots,n) \tag{5-17}$$

(4) 计算判断矩阵最大特征根：

$$\lambda_{\max}=\sum_{i=1}^{n}\frac{(AW)_i}{nW_i} \tag{5-18}$$

式中：$(AW)_i$ 表示向量 $\boldsymbol{AW}$ 的第 i 个分量。

［**示例5-1**］ 分别用和积法和方根法计算表5-5所示判断矩阵的最大特征根及其特征向量，并检验其一致性。

表5-5 判断矩阵

$\boldsymbol{B}$	C_1	C_2	C_2
C_1	1	1/5	1/3
C_2	5	1	3
C_3	3	1/3	1

解：1.按和积法进行计算

(1) 将判断矩阵每一列正规化：

$$\bar{b}_{11}=\frac{b_{11}}{b_{11}+b_{21}+b_{31}}=\frac{1}{1+5+3}=0.111$$

$$\bar{b}_{21}=\frac{b_{21}}{b_{11}+b_{21}+b_{31}}=\frac{5}{1+5+3}=0.556$$

$$\bar{b}_{31}=\frac{b_{31}}{b_{11}+b_{21}+b_{31}}=\frac{3}{1+5+3}=0.333$$

同理可求得

$$\bar{b}_{12}=0.130,\quad \bar{b}_{22}=0.652,\quad \bar{b}_{32}=0.217$$
$$\bar{b}_{13}=0.077,\quad \bar{b}_{23}=0.692,\quad \bar{b}_{33}=0.231$$

得到按列正规化后的判断矩阵为

$$\bar{\boldsymbol{B}}=\begin{bmatrix}0.111 & 0.130 & 0.077\\ 0.556 & 0.652 & 0.692\\ 0.333 & 0.217 & 0.231\end{bmatrix}$$

(2) 对正规化后的判断矩阵按行相加：

$$\overline{W}_1=\sum_{j=1}^{3}b_{1j}=0.111+0.130+0.077=0.318$$

$$\overline{W}_2=\sum_{j=1}^{3}b_{2j}=0.556+0.652+0.692=1.900$$

$$\overline{W}_3=\sum_{j=1}^{3}b_{3j}=0.333+0.217+0.231=0.781$$

(3) 对向量 $\overline{\boldsymbol{W}}=[\overline{W}_1,\overline{W}_2,\overline{W}_3]^{\mathrm{T}}$ 正规化：

$$W_1=\frac{\overline{W}_1}{\sum_{j=1}^{3}\overline{W}_j}=\frac{0.318}{0.318+1.900+0.781}=0.106$$

$$W_2=\frac{\overline{W}_2}{\sum_{j=1}^{3}\overline{W}_j}=\frac{1.900}{0.318+1.900+0.781}=0.634$$

$$W_3=\frac{\overline{W}_3}{\sum_{j=1}^{3}\overline{W}_j}=\frac{0.781}{0.318+1.900+0.781}=0.260$$

则所求特征向量为

$$\boldsymbol{W}=[W_1,W_2,\cdots,W_n]^{\mathrm{T}}=[0.106,0.634,0.260]^{\mathrm{T}}$$

（4）计算判断矩阵的最大特征根：

$$\boldsymbol{AW}=\begin{bmatrix}1 & 1/5 & 1/3\\ 5 & 1 & 3\\ 3 & 1/3 & 1\end{bmatrix}\begin{bmatrix}0.106\\ 0.634\\ 0.260\end{bmatrix}=\begin{bmatrix}0.320\\ 1.941\\ 0.785\end{bmatrix}$$

$$\lambda_{\max}=\sum_{i=1}^{n}\frac{(AW)_i}{nW_i}=\frac{(AW)_1}{3W_1}+\frac{(AW)_2}{3W_2}+\frac{(AW)_3}{3W_3}=3.036$$

（5）进行一致性检验：

$$\mathrm{CI}=\frac{\lambda_{\max}-n}{n-1}=\frac{3.036-3}{3-1}=0.018$$

查表得 RI＝0.58，则

$$\mathrm{CR}=\frac{\mathrm{CI}}{\mathrm{RI}}=\frac{0.018}{0.58}=0.031\,03<0.1$$

故判断矩阵具有满意的一致性。

2. 按方根法进行计算

（1）将判断矩阵的元素按行相乘：

$$M_1=\prod_{j=1}^{3}b_{1j}=b_{11}\times b_{12}\times b_{13}=1\times\frac{1}{5}\times\frac{1}{3}=\frac{1}{15}$$

$$M_2=\prod_{j=1}^{3}b_{2j}=b_{21}\times b_{22}\times b_{23}=5\times 1\times 3=15$$

$$M_3=\prod_{j=1}^{3}b_{3j}=b_{31}\times b_{32}\times b_{33}=3\times\frac{1}{3}\times 1=1$$

（2）对所得的乘积分别开 n 次方：

$$\overline{W}_1=\sqrt[3]{M_1}=\sqrt[3]{\frac{1}{15}}=0.405$$

$$\overline{W}_2=\sqrt[3]{M_2}=\sqrt[3]{15}=2.467$$

$$\overline{W}_3=\sqrt[3]{M_3}=\sqrt[3]{1}=1.000$$

（3）将方根向量正规化：

$$W_1=\frac{\overline{W}_1}{\sum_{j=1}^{3}\overline{W}_j}=\frac{0.405}{0.405+2.467+1.000}=0.105$$

$$W_2=\frac{\overline{W}_2}{\sum_{j=1}^{3}\overline{W}_j}=\frac{2.467}{0.405+2.467+1.000}=0.637$$

$$W_3=\frac{\overline{W}_2}{\sum_{j=1}^{3}\overline{W}_j}=\frac{1.000}{0.405+2.467+1.000}=0.258$$

则所求特征向量为

$$\boldsymbol{W}=[W_1,W_2,\cdots,W_n]^{\mathrm{T}}=[0.105,0.637,0.258]^{\mathrm{T}}$$

（4）计算判断矩阵最大特征根：

$$\boldsymbol{AW}=\begin{bmatrix}1 & 1/5 & 1/3\\5 & 1 & 3\\3 & 1/3 & 1\end{bmatrix}\begin{bmatrix}0.105\\0.637\\0.258\end{bmatrix}=\begin{bmatrix}0.318\\1.936\\0.785\end{bmatrix}$$

$$\lambda_{\max}=\sum_{i=1}^{n}\frac{(AW)_i}{nW_i}=\frac{(AW)_1}{3W_1}+\frac{(AW)_2}{3W_2}+\frac{(AW)_3}{3W_3}=3.036\,78$$

（5）进行一致性检验：

$$\mathrm{CI}=\frac{\lambda_{\max}-n}{n-1}=\frac{3.036\,78-3}{3-1}=0.018\,39$$

查表得 RI＝0.58，则

$$\mathrm{CR}=\frac{\mathrm{CI}}{\mathrm{RI}}=\frac{0.018\,39}{0.58}=0.031\,7<0.1$$

故判断矩阵具有满意的一致性。

5.1.4 AHP 的特点和适用范围

1. AHP 的特点

运用 AHP 解决问题时，首先把系统各因素之间的隶属关系由高到低排成若干层次，建立不同层次元素之间的相互关系，然后根据对一定客观现实的判断，就每一层次的相对重要性给予定量表示，最后利用数学方法，确定表达每一层次全部元素的相对重要性次序的权值，通过排序结果，对问题进行分析和决策。具有如下特点：

(1)从本质上讲，AHP 是一种思维方式，它把复杂问题分解成各个组成因素，又将这些因素按支配关系分组形成递阶层次结构，通过两两比较的方式确定层次中诸因素的相对重要性，然后综合评估者的判断，确定方案相对重要性的总排序。整个过程体现了人的思维的某本特征，即分解、判断和综合。

(2)评估者利用判断矩阵，能较好地衡量相互关联的事物之间的优劣关系，可以简化系统分析与计算，定性和定量分析相结合，是分析、评估多目标、多准则的复杂装备系统效能的有力工具。

(3)AHP 完全依靠主观评估做出方案的优劣排序，所需信息较少，评估花费的时间很短，评估结果具有较强的主观性，要求评估者对问题的本质、结构，包含的因素及其内在的关系要熟悉。

(4)无论是建立层次结构还是构造判断矩阵，人的主观判断、选择、偏好对结果的影响极大，判断失误即可能造成评估失误。要使 AHP 的评估结论尽可能符合客观规律，评估者必须对所面临的问题有比较深入和全面的认识。

(5)AHP 最终的评估结果是通过指标评价值与权重乘积的累加得出，它没有从系统角度综合描述系统的性能，无法解释和体现作战能力的整体特征。

2. 适用范围

从整体上看，AHP 是一种测度难以量化的复杂问题的手段，它能在复杂决策过程中引入定量分析，并充分利用评估者在两两比较中给出的偏好信息进行分析与决策支持，既有效地吸收了定性分析的结果，又发挥了定量分析的优势，从而使评估过程具有很强的条理性和科学性，适用于人的定性判断起重要作用的、对评估结果难以直接准确计量的场合。

5.1.5　AHP 应用实例分析

1. 电磁环境复杂程度评估

(1)评估指标体系的建立。依据电磁波传播理论和国际电联的相关标准，参照国家和军队对电磁环境长期监测数据统计分析的结果，从作战的角度构建电磁环境复杂程度的评估指标体系如图 5-2 所示。

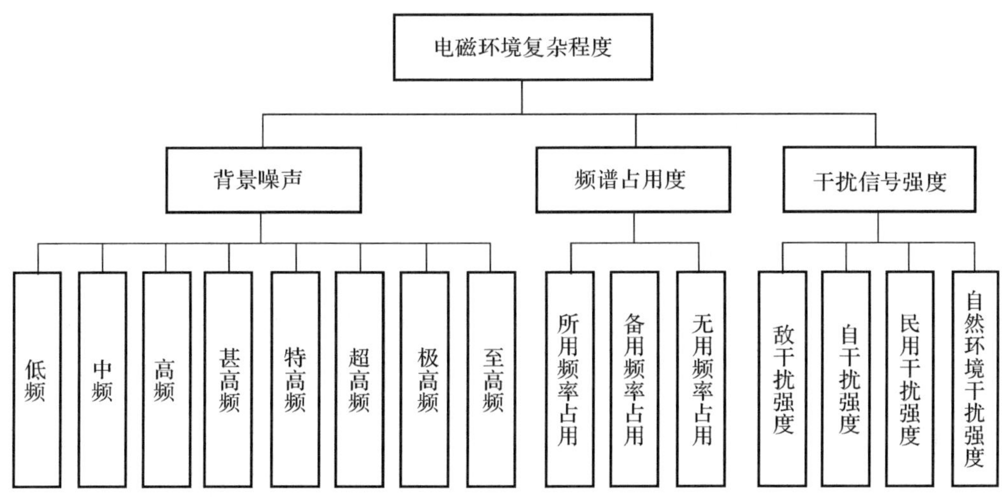

图 5-2　电磁环境复杂程度评估指标体系

(2)指标权重的确定。

1)准则层的权重。假定空军通信兵用频装备在我国沿海某地，由专家和部队指挥员进行判断和综合，得到背景噪声($\boldsymbol{B}_1$)、频谱占用度($\boldsymbol{B}_2$)、干扰信号强度($\boldsymbol{B}_3$)对电磁环境复杂程度(**A**)的判断矩阵 **A**—**B** 见表 5-6。

表 5-6　判断矩阵 A—B

A	$\boldsymbol{B}_1$	$\boldsymbol{B}_2$	$\boldsymbol{B}_3$	W
$\boldsymbol{B}_1$	1	5/4	3/5	0.303
$\boldsymbol{B}_2$	4/5	1	3/4	0.271
$\boldsymbol{B}_3$	5/3	4/3	1	0.426
$\lambda_{max}=3.02$, CR=0.02<0.1				

2)指标层的权重。背景噪声($\boldsymbol{B}_1$)是用国际电联推荐的中国地区各频段背景噪声值为基准，通过相对的增加量设定复杂电磁环境的评价等级。Δ=10lg 实测噪声功率/IUT 推荐噪声功率。指标对背景噪声($\boldsymbol{B}_1$)的判断矩阵 $\boldsymbol{B}_1-\boldsymbol{C}_1$ 见表 5-7。

表 5-7　判断矩阵 $\boldsymbol{B}_1-\boldsymbol{C}_1$

$\boldsymbol{B}_1$	C_{11}	C_{12}	C_{13}	C_{14}	C_{15}	C_{16}	C_{17}	C_{18}	$\boldsymbol{w}_1$
C_{11}	1	1	3/4	1/2	3/8	3/8	3/4	3	0.082
C_{12}	1	1	3/4	1/2	3/8	3/8	3/4	3	0.082
C_{13}	4/3	4/3	1	2/3	1/2	1/2	1	4	0.099
C_{14}	2	2	3/2	1	3/4	3/4	3/2	6	0.164
C_{15}	8/3	8/3	2	4/3	1	1	2	8	0.219
C_{16}	8/3	8/3	2	4/3	1	1	2	8	0.219
C_{17}	4/3	4/3	1	2/3	1/2	1/2	1	4	0.109
C_{18}	1/3	1/3	1/4	1/6	1/8	1/8	1/4	1	0.027
$\lambda_{max}=8.410\,67$，　CR=0.04<0.1									

频谱占用度($\boldsymbol{B}_2$)是指在指定的频段内已占有的频率数与可用的频率数的比率，其反映了频率资源被使用的状况。指标对频谱占用度($\boldsymbol{B}_2$)的判断矩阵 $\boldsymbol{B}_2-\boldsymbol{C}_2$ 见表 5-8。

表 5-8　判断矩阵 $\boldsymbol{B}_2-\boldsymbol{C}_2$

$\boldsymbol{B}_2$	C_{21}	C_{22}	C_{23}	$\boldsymbol{w}_2$
C_{21}	1	8/5	4	0.533
C_{22}	5/8	1	5/2	0.333
C_{23}	1/4	2/5	1	0.134
$\lambda_{max}=3.000$，　CR=0<0.1				

干扰信号强度($\boldsymbol{B}_3$)是指某一频率或频段在一定时间范围内干扰信号的场强值，反映了用频装备在该频率或频段工作时，可能受到自扰、互扰或敌扰等干扰信号的强度。Δ=10lg 实测干扰功率/ITU 推荐噪声功率)。指标对干扰信号强度($\boldsymbol{B}_3$)的判断矩阵 $\boldsymbol{B}_3-\boldsymbol{C}_3$ 见表 5-9。

表 5-9　判断矩阵 $\boldsymbol{B}_3-\boldsymbol{C}_3$

$\boldsymbol{B}_3$	C_{31}	C_{32}	C_{33}	C_{34}	$\boldsymbol{w}_3$
C_{31}	1	8/3	2	4	0.471
C_{32}	3/8	1	3/4	2/3	0.176
C_{33}	1/2	4/3	1	2	0.235
C_{34}	1/4	3/2	1/2	1	0.118
$\lambda_{max}=4.000\,1$，　CR=0<0.1					

3)指标对目标的权重如下：

$\boldsymbol{C}_1$ 各分量对目标的权重为(0.025,0.025,0.030,0.050,0.066,0.066,0.033,0.008)；

$\boldsymbol{C}_2$ 各分量对目标的权重为(0.144,0.090,0.036);

$\boldsymbol{C}_3$ 各分量对目标的权重为(0.201,0.075,0.100,0.050)。

(3)复杂程度的计算。若所处环境的背景噪声标度为 4(各分量分别为 3,4,5,5,3,4,4,3),频谱占用度标度为 3(各分量分别为 4,3,3),干扰信号强度标度为 5(各分量分别为 6,4,5,5),则电磁环境的复杂程度为

$$X=\sum(\text{各分量标度值}\times\text{各分量权重})$$

计算可得电磁环境复杂程度的评估值为 4.405,属于轻度复杂。

2. 地空导弹武器系统探测能力评估

(1)建立递阶层次结构模型。通过对地空导弹武器系统探测过程的分析,可得到影响探测能力的评价因素(准则或指标)主要有 6 个:作用距离 B_1、目标分辨率 B_2、目标指示精度 B_3、目标容量 B_4、抗杂波干扰能力 B_5、发现目标概率 B_6,因此,可得到地空导弹道武器系统探测能力的递阶层次结构模型如图 5-3 所示。

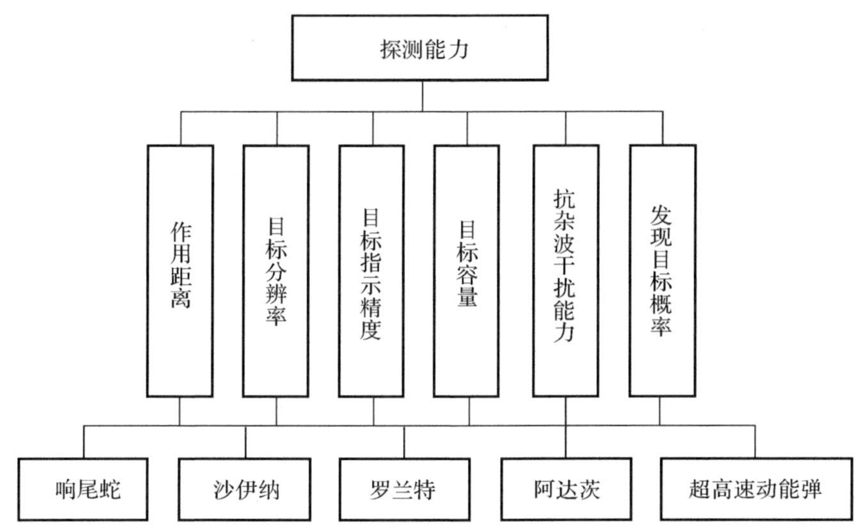

图 5-3　地空导弹武器系统探测能力的递阶层次结构模型

(2)计算评价因素的权重。邀请专家对 6 个影响因素进行两两比较,采用 1～9 标度建立判断矩阵求解评价因素的权重。建立的判断矩阵为

$$\boldsymbol{B}=\begin{bmatrix}1 & 5 & 5 & 8 & 2 & 1/3\\ 1/5 & 1 & 1 & 3 & 1/3 & 1/7\\ 1/5 & 1 & 1 & 3 & 1/3 & 1/7\\ 1/8 & 1/3 & 1/3 & 1 & 1/6 & 1/9\\ 1/2 & 3 & 3 & 6 & 1 & 1/4\\ 3 & 7 & 7 & 9 & 4 & 1\end{bmatrix}$$

采用和积法计算最大特征根和特征向量。首先对判断矩阵归一化列向量,然后按行求和,对求和列向量进行归一化,即可得最大特征向量。

$$\begin{bmatrix} 0.199 & 0.288 & 0.288 & 0.267 & 0.255 & 0.168 \\ 0.040 & 0.058 & 0.058 & 0.100 & 0.043 & 0.072 \\ 0.040 & 0.058 & 0.058 & 0.100 & 0.043 & 0.072 \\ 0.025 & 0.019 & 0.019 & 0.033 & 0.021 & 0.056 \\ 0.100 & 0.173 & 0.173 & 0.200 & 0.127 & 0.126 \\ 0.596 & 0.404 & 0.404 & 0.300 & 0.511 & 0.505 \end{bmatrix} \xRightarrow{\text{按行求和}} \begin{bmatrix} 1.465 \\ 0.371 \\ 0.371 \\ 0.173 \\ 0.899 \\ 2.720 \end{bmatrix} \xRightarrow{\text{归一化}} \boldsymbol{W}= \begin{bmatrix} 0.244 \\ 0.062 \\ 0.062 \\ 0.029 \\ 0.150 \\ 0.453 \end{bmatrix}$$

判断矩阵与最大特征向量相乘，有

$$\boldsymbol{BW}=\begin{bmatrix} 1 & 5 & 5 & 8 & 2 & 1/3 \\ 1/5 & 1 & 1 & 3 & 1/3 & 1/7 \\ 1/5 & 1 & 1 & 3 & 1/3 & 1/7 \\ 1/8 & 1/3 & 1/3 & 1 & 1/6 & 1/9 \\ 1/2 & 3 & 3 & 6 & 1 & 1/4 \\ 3 & 7 & 7 & 9 & 4 & 1 \end{bmatrix} \times \begin{bmatrix} 0.244 \\ 0.062 \\ 0.062 \\ 0.029 \\ 0.150 \\ 0.453 \end{bmatrix} = \begin{bmatrix} 1.547 \\ 0.375 \\ 0.375 \\ 0.176 \\ 0.931 \\ 2.914 \end{bmatrix}$$

按和积法求最大特征根：

$$\lambda_{\max}=\frac{1}{6}\sum_{i=1}^{6}(BW)_i/W_i=\frac{1}{6}\times\left(\frac{1.547}{0.244}+\frac{0.375}{0.062}+\frac{0.375}{0.062}+\frac{0.176}{0.029}+\frac{0.931}{0.150}+\frac{2.914}{0.453}\right)=6.191$$

$$\text{CI}=\frac{\lambda_{\max}-n}{n-1}=\frac{6.191-6}{5}=0.038\ 2$$

进行一致性检验，查表，$n=6$，RI=1.24，则

$$\text{CR}=\text{CI}/\text{RI}=0.038\ 2/1.24=0.030\ 8<0.10$$

可知判断矩阵一致性良好，则 $\boldsymbol{W}$ 可作为权向量。各评价因素的权重为

$$\boldsymbol{W}^{\mathrm{T}}=(0.244,0.062,0.062,0.029,0.150,0.453)$$

(3)计算相对隶属度。分别建立 5 个被评价系统相对于 6 个评价因素的判断矩阵。

$$\boldsymbol{C}_i=\begin{array}{c|ccccc} B_j & A_1 & A_2 & A_3 & A_4 & A_5 \\ \hline A_1 & a_{11} & a_{12} & a_{13} & a_{14} & a_{15} \\ A_2 & a_{21} & a_{22} & a_{23} & a_{24} & a_{25} \\ A_3 & a_{31} & a_{32} & a_{33} & a_{34} & a_{35} \\ A_4 & a_{41} & a_{42} & a_{43} & a_{44} & a_{45} \\ A_5 & a_{51} & a_{52} & a_{53} & a_{54} & a_{55} \end{array} \quad (i=1,2,3,4,5)$$

按照前面的方法求出 5 个被评价系统相对于 6 个评价因素的相对隶属度。

$$\boldsymbol{W}_i^{\mathrm{T}}=(w_{i1},w_{i2},w_{i3},w_{i4},w_{i5},w_{i6})$$

(4)实例计算。根据五个被评价系统的相关性能指标，在求出各被评价系统的相对隶属度后，通过加权综合，可得到地空导弹武器系统探测能力的相对隶属度见表 5-10。

表 5-10 地空导弹武器系统探测能力各指标的相对隶属度

指 标	导弹系统				
	"响尾蛇" TSE5000	"沙伊纳" TSE5100	"罗蓝特" Ⅲ	"阿达茨" ADATS	超高速动能导弹
作用距离	0.404 8	0.440 5	0.428 6	0.571 4	0.595 2

续表

指　标	导弹系统				
	“响尾蛇”TSE5000	“沙伊纳”TSE5100	“罗蓝特”Ⅲ	“阿达茨”ADATS	超高速动能导弹
目标分辨力	0.332 3	0.488 4	0.332 3	0.667 7	0.667 7
目标指示精度	0.340 6	0.340 6	0.340 6	0.574 3	0.659 5
目标容量	0.410 7	0.571 4	0.428 6	0.517 8	0.541 7
抗杂波干扰能力	0.478 3	0.478 3	0.565 2	0.434 8	0.521 7
发现目标概率	0.472 2	0.500	0.500	0.5278	0.527 8

由被评价系统的相对隶属度向量乘以各评价因素的权重向量，即可求得各被评价系统探测能力的优先度及排序结果见表 5－11。

表 5－11　地空导弹武器系统探测能力的优先度及排序

优先度、排序	导弹系统				
	“响尾蛇”TSE5000	“沙伊纳”TSE5100	“罗蓝特”Ⅲ	“阿达茨”ADATS	超高速动能导弹
探测能力优先度	0.438 1	0.455 1	0.470 0	0.557 7	0.560 6
探测能力优先顺序	5	4	3	2	1

5.2　ANP 方法

5.2.1　ANP 的基本原理

AHP 方法假定上层指标对下层指标存在着支配关系，而同级指标之间是彼此独立的，而对于武器装备效能评估问题，各层之间的指标往往是相互依存的。20 世纪 90 年代末，美国匹兹堡大学 T. L. Saaty 教授针对复杂系统必须考虑层次内部元素的依存和下层元素对上层元素的反馈影响，在广泛吸收决策科学各领域研究成果的基础上，于 1996 年提出了以独立单元和反馈为内容的网络层次分析法(Analytic Network Process，ANP)，它将系统内各元素的关系用类似网络结构表示，而不再是简单的递阶层次结构。

1. ANP 的结构分析

ANP 的结构由两部分组成，第一部分称为控制因素层，包括问题目标和评估准则。所有的评估准则均被认为是彼此独立的，而且只受目标元素支配。控制层中允许没有评估准则，但至少要有一个目标，准则的权重可按照 AHP 方法确定。第二部分称为网络层，是由所有受控制层支配的元素组成。在网络层中需要考虑各种元素之间的相互作用和依存关系，网络层一般包括元素集以及连接元素集之间的影响，元素集内包括多个组成元素，这些元素之间可以存在相互影响。此外，不属于同一元素集的元素之间也可以相互影响，各种相互影响关系用→表示，元素集本身对自己的影响关系称为反馈关系。ANP的典型结构如图5－4所示。

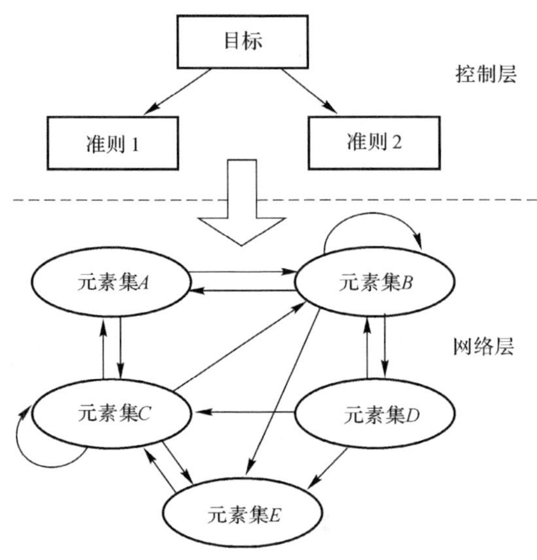

图5－4　ANP的典型结构

从图5－4可以看出，ANP的结构具有以下特点：

(1)ANP结构一般包含控制层和网络层两部分，在建模过程中可以设定决策准则，每个准则还可以有子准则，在控制层中的结构为典型的AHP递阶层次结构。

(2)如果控制层中有两个以上的准则，则这些准则对上隶属于目标，对下分别控制着一个网络结构(若有子准则，向下类推)；如果控制层中只有一个准则，这个准则实际上即为目标，此时模型便只有网络层。

(3)对于网络层，将相关元素进行聚类，即按不同类型(元素性质)分成若干元素集(在网络结构中即为网络节点)，每个元素集包含若干个相关元素。

(4)在网络结构中，元素集之间的联系是通过组内元素决定的，两个元素集之间只要有一对元素具有相关性，则这两个元素集之间就有联系。

(5)网络连接方式是多样的，元素集之间可以是单向相关，也可以是双向相关，还可以是元素集的自身相关。一般来讲，单向箭头表示元素集之间元素具有单向相关性，双向箭头表示元素集之间元素具有双向相关性，弯曲箭头表示元素集内元素之间具有相关性。

(6)按某元素集与其他各元素集联系的形态，又可分为“源泉”型(只出不进)、“中间”型(又出又进)和“吸收”型(只进不出)。此外，这些类型的元素集又都可具备自身相关性。

2. ANP的优势度

在ANP中用到的优势度有两种：直接优势度和间接优势度。

(1)直接优势度。直接优势度是指给定一个准则，两元素对于该准则的重要程度进行比较。这种方法比较适用于元素间相互独立的情形。

(2)间接优势度。间接优势度是指给定一个准则，两个元素在该准则下对第三个元素(称为次准则)的影响程度进行比较。这种方法比较适用于元素间相互依存的情形。

3. 超矩阵和加权矩阵

(1) 超矩阵的构建。假设某复杂系统ANP结构的控制层中有元素 $P_1, P_2, \cdots, P_m$，即相对目标的准则。网络层中有 N 个元素集 $C_1, C_2, \cdots, C_N$，其中 C_i 中有 n_i 个元素 $e_{i1}, e_{i2}, \cdots, e_{in_i}$，$C_j$ 中有 n_j 个元素 $e_{j1}, e_{j2}, \cdots, e_{jn_j}$。对网络层重要程度的确定要通过间接判定方法。首先以控制层中 $P_s(s=1,2,\cdots,m)$ 为准则，以元素 C_j 中的元素 $e_{jl}(l=1,2,\cdots,n_j)$ 为次准则，按照元素集 C_i 中的元素对 e_{jl} 的影响大小进行间接优势度比较，构造出判断矩阵并由特征根法得到一个排序向量(最大特征值所对应的特征向量)(见表 5-12)。

表 5-12　控制层 P_s 准则下的判断矩阵

e_{jl}	e_{i1}　e_{i2}　$\cdots$　e_{in_i}	归一化特征向量（排序向量）	一致性检验
e_{i1} e_{i2} $\vdots$ e_{in_i}	$A_i^{(jl)}$	$w_{i1}^{(jl)}$ $w_{i2}^{(jl)}$ $\vdots$ $w_{in_i}^{(jl)}$	是否满足

在进行一致性检验后，便得到排序向量$[w_{i1}^{(jl)}, w_{i2}^{(jl)}, \cdots, w_{in_i}^{(jl)}]^{\mathrm{T}}$。在控制层 P_s 准则下，计算得到

$$\boldsymbol{W}_{ij} = \begin{bmatrix} w_{i1}^{(j1)} & w_{i1}^{(j2)} & \cdots & w_{i1}^{(jn_j)} \\ w_{i2}^{(j1)} & w_{i2}^{(j2)} & \cdots & w_{i2}^{(jn_j)} \\ \vdots & \vdots & & \vdots \\ w_{in_i}^{(j1)} & w_{in_i}^{(j2)} & \cdots & w_{in_i}^{(jn_j)} \end{bmatrix} \tag{5-19}$$

式中，$\boldsymbol{W}_{ij}$ 的列向量就是C_i 中元素 $e_{i1}, e_{i2}, \cdots, e_{in_i}$ 对 C_j 中元素 $e_{j1}, e_{j2}, \cdots, e_{jn_j}$ 的影响程度排列向量。如果 C_j 中的元素不受 C_i 中的元素影响，则 $\boldsymbol{W}_{ij}=\boldsymbol{0}$。在控制层所选准则 P_s 不变的条件下，把所有的网络层元素相互影响的排序向量组合起来，就可得到一个超矩阵，即

$$\boldsymbol{W} = \begin{bmatrix} \boldsymbol{W}_{11} & \boldsymbol{W}_{12} & \cdots & \boldsymbol{W}_{1N} \\ \boldsymbol{W}_{21} & \boldsymbol{W}_{22} & \cdots & \boldsymbol{W}_{2N} \\ \vdots & \vdots & & \vdots \\ \boldsymbol{W}_{N1} & \boldsymbol{W}_{N2} & \cdots & \boldsymbol{W}_{NN} \end{bmatrix} \tag{5-20}$$

类似这样的非负超矩阵共有 m 个，虽然超矩阵 $\boldsymbol{W}$ 中子块 $\boldsymbol{W}_{ij}$ 是列归一化的(每一列元素相加为 1)，但 $\boldsymbol{W}$ 却不是列归一化矩阵，因此，要以 P_s 为准则，对 P_s 下包含的各元素集对次准则 $C_j(j=1,2,\cdots,N)$ 的重要程度进行比较。

(2) 加权超矩阵的构建。以控制层 P_s 为准则，以网络层任一元素集 $C_j(j=1,2,\cdots,N)$ 为次准则，对各个元素集的重要程度进行比较，得到的判断矩阵 $\boldsymbol{A}^{(j)}$ 见表 5-13。

表 5-13　控制层 P_s 准则下的重要程度判断矩阵

C_j	C_1　C_2　$\cdots$　C_N	归一化特征向量（排序向量）	一致性检验
C_1 C_2 $\vdots$ C_N	$\boldsymbol{A}^{(j)}$	a_{1j} a_{2j} $\vdots$ a_{Nj}	是否满足

与 C_j 无关的元素集对应的特征向量为 **0**，由此得到加权矩阵

$$\boldsymbol{A}=\begin{bmatrix} a_{11} & a_{12} & \cdots & a_{1N} \\ a_{21} & a_{22} & \cdots & a_{2N} \\ \vdots & \vdots & & \vdots \\ a_{N1} & a_{N2} & \cdots & a_{NN} \end{bmatrix} \tag{5-21}$$

令 $\overline{\boldsymbol{W}}_{ij}=a_{ij}\boldsymbol{W}_{ij}$，即对超矩阵 $\boldsymbol{W}$ 的元素进行加权，得加权超矩阵

$$\overline{\boldsymbol{W}}=\begin{bmatrix} \overline{\boldsymbol{W}}_{11} & \overline{\boldsymbol{W}}_{12} & \cdots & \overline{\boldsymbol{W}}_{1N} \\ \overline{\boldsymbol{W}}_{21} & \overline{\boldsymbol{W}}_{22} & \cdots & \overline{\boldsymbol{W}}_{2N} \\ \vdots & \vdots & & \vdots \\ \overline{\boldsymbol{W}}_{N1} & \overline{\boldsymbol{W}}_{N2} & \cdots & \overline{\boldsymbol{W}}_{NN} \end{bmatrix} \tag{5-22}$$

加权超矩阵 $\overline{\boldsymbol{W}}$ 的各列的元素之和为 1，称为列随机矩阵。

4. 极限加权超矩阵

按照上面的步骤计算出加权超矩阵 $\overline{\boldsymbol{W}}$ 中的元素，其表示元素间的一次优势度。为了计算元素间的二次优势度，需要计算 $\overline{\boldsymbol{W}}^2$；依次类推，当 $\overline{\boldsymbol{W}}^{\infty}=\lim\limits_{t\to\infty}\overline{\boldsymbol{W}}^t$ 存在时，$\overline{\boldsymbol{W}}^{\infty}$ 的每一列都是相同的，极限加权超矩阵的列元素表示控制层 P_s 准则下网络层各元素间的极限优势度。依据极限加权超矩阵，可得到各个准则的重要程度、各评价指标的重要程度以及评价方案排序。

5.2.2　ANP 的计算步骤

由于 ANP 是建立在 AHP 基础之上的，因此其计算过程中有许多步骤是与 AHP 相同或相近的。如在控制层的计算过程中，基本上就是利用 AHP 建立的递阶层次结构，逐层进行相关元素的两两比较，并按自上而下的递阶层次顺序对准则相对于决策目标的重要性进行排序；而在网络层的计算过中，构造元素集以及元素之间的判断矩阵，按判断准则对元素进行两两比较，计算权重等，都是利用了 AHP 的计算方法和步骤。

由于 AHP 的计算步骤在前面已经叙述过，这里只对 ANP 网络结构的计算步骤进行描述，ANP 网络结构的主要计算步骤如图 5-5 所示。

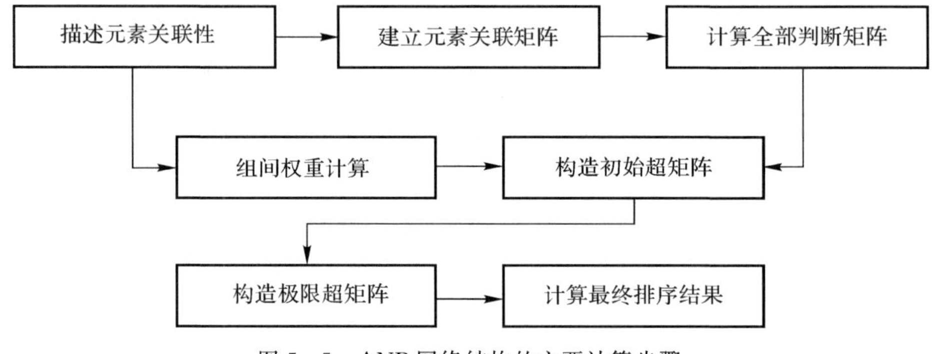

图 5-5　ANP 网络结构的主要计算步骤

(1)分析元素间关联性。首先对评估问题进行分析，明确评估对象的范围，了解评估对象所包含的各种因素并组合成元素集。其次分析判断元素层次内部独立性，元素集之间的依存性和反馈性，以及哪些是准则哪些是元素等。一般可用会议讨论、专家填表等形式和方法

进行。

(2)计算全部判断矩阵。进行各相关元素集(元素集与元素集之间至少有一对元素相关)的判断矩阵的两两比较,并计算其权重(体现相互影响力);对元素集内和元素集间的相关元素逐个进行两两比较,计算各判断矩阵的相对权重。由于ANP中元素之间的关系较为繁复,此步骤工作量较大。

(3)构造全部初始超矩阵。将所有计算得到的元素集内和元素集间的相对权重,按顺序构造出初始超矩阵,它是按元素集以及其中元素的对应关系构造的一个权重矩阵。

(4)构造加权超矩阵。用计算得到的各相关元素集的权重对初始超矩阵进行加权运算,得到加权超矩阵,这是一个列归一化的超矩阵。

(5)计算最终排序。根据加权超矩阵求极限超矩阵,即可得到最终排序结果。

5.2.3　ANP的特点和适用范围

1. ANP的特点

(1)ANP是在AHP基础之上,针对AHP存在的一些简约化约定、层内元素之间的支配和约束关系难以表达等的不足,而创立的一种更加实用、更加有效的定性与定量相结合的解决复杂决策问题的方法。

(2)ANP采用的是一种网络结构,且这种网络结构具有很强的灵活性,它既可以是纯粹的以元素集组成的网络结构,也可以是递阶层次结构与网络结构的结合体,甚至可以只是AHP,也就是说AHP是ANP的特例。

(3)ANP的网络层中不存在层次级别之分,没有严格意义上的层次递阶关系,通常由元素集以及连接元素集之间的影响组成,各元素集内包括多个组成元素,也可以存在相互影响,不属于同一元素集的元素之间也可以相互影响。

(4)ANP网络连接方式多种多样,分别描述了各元素集之间的单向相关性、双向相关性,以及元素集内部元素之间的自相关性。

(5)ANP计算流程中的相关计算步骤与AHP相同,如构造判断矩阵、矩阵一致性检验等,但由于考虑了元素集之间的相关性,会使得计算工作量大大增加,通常需要借助相关的软件来完成。

2. ANP的适应范围

ANP降低了对层内元素不相关的要求,能够更加准确地描述了客观事物之间的联系,主要用于AHP难以精确描述的,元素之间影响关系复杂的决策问题。

5.2.4　ANP应用实例分析

1. 地空导弹武器系统作战效能评估

(1)效能评估指标的确定。地空导弹武器系统作战效能需要通过指标来分析和评估,设计合理的评估指标体系是作战效能分析的关键。根据地空导弹武器系统的特点并结合其典型的作战流程,可将地空导弹武器系统完成作战任务的要素归结为4个方面:

1)生存能力。生存能力主要考虑地空导弹发射过程中的生存能力,通常包括抗毁性、可修复性和隐蔽性。抗毁性指地空导弹武器系统在遭受敌方武器打击后仍能完成既定作战任务的能力;可修复性指地空导弹武器系统在遭受敌方武器打击后迅速修复仍能完成既定作战任务的能力；隐蔽性主要是指地空导弹的雷达反射截面积大小和飞行特征。

2)制导能力。制导能力反映的是对敌目标的准确打击和不被拦截的能力。制导能力主要考虑地空导弹的发射控制能力、末制导能力和自控精度。

3)突防能力。突防能力主要体现在飞行控制能力和抗干扰能力两个方面。飞行控制能力包括环境因子、末段飞行高度、可用过载、最大有效射程等；抗干扰能力包括导弹制导系统抗环境干扰能力、抗电子干扰能力。

4)毁伤能力。毁伤能力是对敌打击效果的最为直接的反映，主要考虑武器系统反应时间、导弹单发杀伤概率、火力强度。

(2)ANP 网络模型的建立。根据前面的分析结果，可建立地空导弹武器系统作战效能的 ANP 网络结构模型如图 5-6 所示。

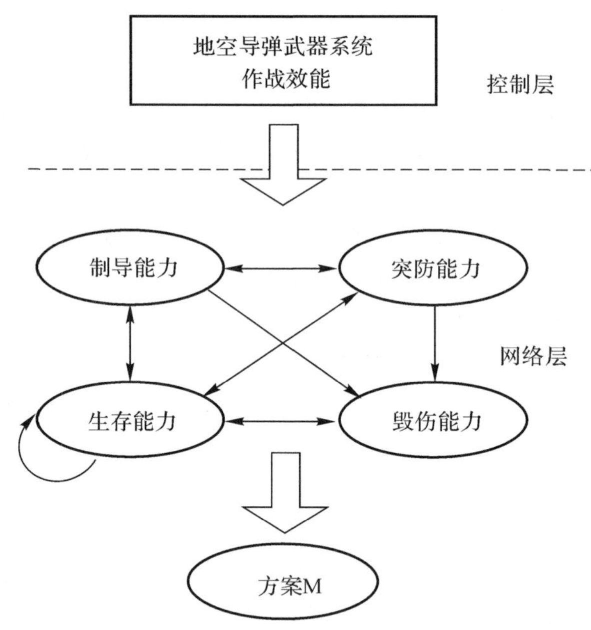

图 5-6　地空导弹武器系统作战效能 ANP 模型

由图 5-6 可知，该 ANP 模型的控制层没有决策指标，只包含模型的目标，因此，该目标同时也是决策准则，即地空导弹武器系统作战效能。模型的网络层包括 4 个影响作战效能的元素集，即制导能力元素集($\boldsymbol{C}_1$)、毁伤能力元素集($\boldsymbol{C}_2$)、生存能力元素集($\boldsymbol{C}_3$)、突防能力元素集($\boldsymbol{C}_4$)。各元素组包含的元素见表 5-14。

表 5-14　地空导弹武器系统作战效能应用因素表

元素集名称	元素集包含的元素	元素符号
制导能力 $\boldsymbol{C}_1$	发射控制能力	C_{11}
	末制导能力	C_{12}
	自控精度	C_{13}

续表

元素集名称	元素集包含的元素	元素符号
毁伤能力 $\boldsymbol{C}_2$	单发杀伤概率	C_{21}
	系统反应时间	C_{22}
	火力强度	C_{23}
生存能力 $\boldsymbol{C}_3$	可修复性	C_{31}
	抗毁性	C_{32}
	隐蔽性	C_{33}
突防能力 $\boldsymbol{C}_4$	飞行控制能力	C_{41}
	抗干扰能力	C_{42}

(3)无权超矩阵的计算。以控制层的目标即地空导弹武器系统作战效能为准则，以网络层元素集生存能力($\boldsymbol{C}_3$)中的元素抗毁性(C_{32})为次准则，考虑元素集制导能力($\boldsymbol{C}_1$)中的元素对抗毁性(C_{32})的影响大小进行间接优势度比较，可构造判断矩阵见表 5 - 15。

表 5 - 15　元素集 $\boldsymbol{C}_1$ 在控制层元素 $\boldsymbol{C}_{32}$ 下的判断矩阵

C_{32}	C_{11}	C_{12}	C_{13}	归一化特征向量
C_{11}	1	1/5	1	0.142 86
C_{12}	5	1	5	0.714 29
C_{13}	1	1/5	1	0.142 86

同理，分别以元素集生存能力($\boldsymbol{C}_3$)中的元素可修复性(C_{31})、隐蔽性(C_{33})为次准则，构造相应的判断矩阵，并求其归一化特征向量。于是可得在控制层目标准则下，元素集制导能力($\boldsymbol{C}_1$)对元素集生存能力($\boldsymbol{C}_3$)的关联矩阵为

$$\boldsymbol{W}_{13}=\begin{bmatrix}0.131\ 53 & 0.142\ 86 & 0.443\ 32\\0.694\ 03 & 0.714\ 29 & 0.169\ 20\\0.174\ 44 & 0.142\ 86 & 0.387\ 48\end{bmatrix} \tag{5-23}$$

式中：$\boldsymbol{W}_{13}$的列向量就是元素集制导能力($\boldsymbol{C}_1$)中的元素发射控制能力(C_{11})、末制导能力(C_{12})、自控精度(C_{13})对元素集生存能力($\boldsymbol{C}_3$)中的元素可修复性(C_{31})、抗毁性(C_{32})、隐蔽性(C_{33})的影响程度的排序向量。

按照同样的方法，根据元素间的相互关系，可以求得关联矩阵集 $\boldsymbol{W}_{12}$，$\boldsymbol{W}_{14}$，$\boldsymbol{W}_{23}$，$\boldsymbol{W}_{31}$，$\boldsymbol{W}_{32}$，$\boldsymbol{W}_{33}$，$\boldsymbol{W}_{34}$，$\boldsymbol{W}_{41}$，$\boldsymbol{W}_{42}$，$\boldsymbol{W}_{43}$，其他未列出的关联矩阵为 **0**，即对应两元素集之间没有关联。于是可得控制层目标地空导弹武器系统作战效能准则下的无权超矩阵 $\boldsymbol{W}$ 见表 5 - 16。

表 5 - 16　控制层目标作战效能准则下元素间的超矩阵 $\boldsymbol{W}$

元　素	C_{11}	C_{12}	C_{13}	C_{21}	C_{22}	C_{23}	C_{31}	C_{32}	C_{33}	C_{41}	C_{42}
C_{11}	0.000 00	0.000 00	0.000 00	0.185 18	0.142 42	0.074 60	0.131 53	0.142 86	0.443 32	0.156 18	0.280 83

续表

元　素	C_{11}	C_{12}	C_{13}	C_{21}	C_{22}	C_{23}	C_{31}	C_{32}	C_{33}	C_{41}	C_{42}
C_{12}	0.000 00	0.000 00	0.000 00	0.740 74	0.678 15	0.323 60	0.690 43	0.714 29	0.169 20	0.658 65	0.135 00
C_{13}	0.000 00	0.000 00	0.000 00	0.074 07	0.179 43	0.601 80	0.174 44	0.142 86	0.387 48	0.185 17	0.584 17
C_{21}	0.000 00	0.000 00	0.000 00	0.000 00	0.000 00	0.000 00	0.333 33	0.142 86	0.333 33	0.000 00	0.000 00
C_{22}	0.000 00	0.000 00	0.000 00	0.000 00	0.000 00	0.000 00	0.333 33	0.714 29	0.333 33	0.000 00	0.000 00
C_{23}	0.000 00	0.000 00	0.000 00	0.000 00	0.000 00	0.000 00	0.333 33	0.142 86	0.333 33	0.000 00	0.000 00
C_{31}	0.080 96	0.104 73	0.333 33	0.066 81	0.258 28	0.142 85	0.113 97	0.080 98	0.149 92	0.072 73	0.178 62
C_{32}	0.188 39	0.636 98	0.333 33	0.218 51	0.636 99	0.428 58	0.480 64	0.188 41	0.105 65	0.205 00	0.112 52
C_{33}	0.730 64	0.258 29	0.333 33	0.714 68	0.104 73	0.428 58	0.405 38	0.730 62	0.744 43	0.722 27	0.708 86
C_{41}	0.249 98	0.833 33	0.249 98	0.249 98	0.166 67	0.500 00	0.500 00	0.500 00	0.249 98	0.000 00	0.000 00
C_{42}	0.750 02	0.166 67	0.750 02	0.750 02	0.833 33	0.500 00	0.500 00	0.500 00	0.750 02	0.000 00	0.000 00

(4)加权超矩阵的计算。由于 ANP 网络结构模型只有目标一个准则，因此只有一个无权超矩阵 $\boldsymbol{W}$，且是非负矩阵，其子块 $\boldsymbol{W}_{ij}$ 是列归一化的，但 $\boldsymbol{W}$ 却不是列归一化的。为此，以地空导弹武器系统作战效能这一目标为准则，对该目标准则下的各元素集之间的重要性进行比较，可得到表 5－17 所示的权重矩阵 $\mathbf{A}$。

表 5－17　目标准则下元素集之间的权重矩阵 A

元素集	$\boldsymbol{C}_1$	$\boldsymbol{C}_2$	$\boldsymbol{C}_3$	$\boldsymbol{C}_4$
$\boldsymbol{C}_1$	0.000 000	0.308 996	0.190 041	0.750 000
$\boldsymbol{C}_2$	0.000 000	0.000 000	0.380 081	0.000 000
$\boldsymbol{C}_3$	0.166 667	0.109 452	0.066 373	0.250 000
$\boldsymbol{C}_4$	0.833 333	0.581 552	0.363 505	0.000 000

利用得到的加权矩阵 $\mathbf{A}$，对无权超矩阵 $\boldsymbol{W}$ 的元素进行加权，就可得到表 5－18 所示的加权超矩阵 $\overline{\boldsymbol{W}}$。

表 5－18　控制层目标作战效能准则下的加权超矩阵 $\overline{\boldsymbol{W}}$

元　素	C_{11}	C_{12}	C_{13}	C_{21}	C_{22}	C_{23}	C_{31}	C_{32}	C_{33}	C_{41}	C_{42}
C_{11}	0.000 00	0.000 00	0.000 00	0.057 22	0.044 01	0.023 05	0.025 00	0.027 15	0.084 25	0.117 14	0.210 62
C_{12}	0.000 00	0.000 00	0.000 00	0.228 89	0.209 55	0.099 99	0.131 89	0.135 74	0.032 16	0.493 98	0.101 25
C_{13}	0.000 00	0.000 00	0.000 00	0.022 89	0.055 44	0.185 95	0.033 15	0.027 15	0.073 64	0.138 88	0.438 12
C_{21}	0.000 00	0.000 00	0.000 00	0.000 00	0.000 00	0.000 00	0.126 69	0.054 30	0.126 69	0.000 00	0.000 00
C_{22}	0.000 00	0.000 00	0.000 00	0.000 00	0.000 00	0.000 00	0.126 69	0.271 49	0.126 69	0.000 00	0.000 00
C_{23}	0.000 00	0.000 00	0.000 00	0.000 00	0.000 00	0.000 00	0.126 69	0.054 30	0.126 69	0.000 00	0.000 00
C_{31}	0.013 49	0.017 45	0.055 56	0.007 31	0.028 27	0.015 64	0.007 56	0.005 37	0.009 95	0.018 18	0.044 66
C_{32}	0.031 40	0.106 16	0.055 56	0.023 92	0.069 72	0.046 91	0.031 90	0.012 51	0.007 01	0.051 25	0.028 13

续表

元　素	C_{11}	C_{12}	C_{13}	C_{21}	C_{22}	C_{23}	C_{31}	C_{32}	C_{33}	C_{41}	C_{42}
C_{33}	0.121 77	0.043 05	0.055 56	0.078 22	0.011 46	0.046 91	0.026 91	0.048 49	0.049 41	0.180 57	0.177 21
C_{41}	0.208 32	0.694 44	0.208 32	0.145 38	0.096 92	0.290 78	0.181 75	0.187 15	0.090 87	0.000 00	0.000 00
C_{42}	0.625 02	0.138 89	0.625 02	0.436 17	0.484 63	0.290 78	0.181 75	0.187 15	0.272 64	0.000 00	0.000 00

(5)极限超矩阵的计算。对加权超矩阵 $\overline{W}$ 进行 $2k+1$ 次演化，k 趋近于无穷大。结果达成一致，形成一个长期稳定的矩阵，此时得到的超矩阵各行的值都相同，即可得表 5－19 所示的极限超矩阵 $\overline{W}^{\infty}$。

表 5－19　控制层目标作战效能准则下的极限超矩阵 $\overline{W}^{\infty}$

元　素	C_{11}	C_{12}	C_{13}	C_{21}	C_{22}	C_{23}	C_{31}	C_{32}	C_{33}	C_{41}	C_{42}
C_{11}	0.081 63	0.081 63	0.081 63	0.081 63	0.081 63	0.081 63	0.081 63	0.081 63	0.081 63	0.081 63	0.081 63
C_{12}	0.133 99	0.133 99	0.133 99	0.133 99	0.133 99	0.133 99	0.133 99	0.133 99	0.133 99	0.133 99	0.133 99
C_{13}	0.138 85	0.138 85	0.138 85	0.138 85	0.138 85	0.138 85	0.138 85	0.138 85	0.138 85	0.138 85	0.138 85
C_{21}	0.019 30	0.019 30	0.019 30	0.019 30	0.019 30	0.019 30	0.019 30	0.019 30	0.019 30	0.019 30	0.019 30
C_{22}	0.029 14	0.029 14	0.029 14	0.029 14	0.029 14	0.029 14	0.029 14	0.029 14	0.029 14	0.029 14	0.029 14
C_{23}	0.019 30	0.019 30	0.019 30	0.019 30	0.019 30	0.019 30	0.019 30	0.019 30	0.019 30	0.019 30	0.019 30
C_{31}	0.027 19	0.027 19	0.027 19	0.027 19	0.027 19	0.027 19	0.027 19	0.027 19	0.027 19	0.027 19	0.027 19
C_{32}	0.045 32	0.045 32	0.045 32	0.045 32	0.045 32	0.045 32	0.045 32	0.045 32	0.045 32	0.045 32	0.045 32
C_{33}	0.105 71	0.105 71	0.105 71	0.105 71	0.105 71	0.105 71	0.105 71	0.105 71	0.105 71	0.105 71	0.105 71
C_{41}	0.173 00	0.173 00	0.173 00	0.173 00	0.173 00	0.173 00	0.173 00	0.173 00	0.173 00	0.173 00	0.173 00
C_{42}	0.226 57	0.226 57	0.226 57	0.226 57	0.226 57	0.226 57	0.226 57	0.226 57	0.226 57	0.226 57	0.226 57

由于只有地空导弹武器系统作战效能一个准则，因此，极限超矩阵 $\overline{W}^{\infty}$ 的每一列即为各元素相对于目标的相对权重，见表 5－20。

表 5－20　各元素相对于目标的相对权重

C_{11}	C_{12}	C_{13}	C_{21}	C_{22}	C_{23}	C_{31}	C_{32}	C_{33}	C_{41}	C_{42}
0.081 63	0.133 99	0.138 85	0.019 30	0.029 14	0.019 30	0.027 19	0.045 32	0.105 71	0.173 00	0.226 57

可以看出，突防能力和制导能力的权重较大，是地空导弹武器系统作战效能的重要影响因素，也是提高地空导弹武器系统作战效能关注的重点。

2. 舰艇反导作战效能评估

(1)建立评估指标体系。舰艇的反导装备主要包括舰艇指控系统、预警探测系统、舰空导弹系统、电子对抗系统和速射炮系统。舰艇反导的典型作战流程是：预警机或其他手段将敌空袭信息传递给水面舰艇，水面舰艇警戒雷达对来袭方向进行重点观察，特别是对超低空快速小目标的观察；舰艇指控系统对各种信息进行融合处理，舰长识别威胁目标，为本舰的各反导系统分配目标，下达作战命令；各部门根据作战命令，对来袭导弹实施抗击，完成反导作战任务。

由舰艇的反导作战过程可知，舰艇反导作战效能与指挥控制系统、预警探测系统、电子对抗系统、舰空导弹系统和速射炮系统等5个系统密切相关。以舰艇反导作战效能为控制准则，建立舰艇反导作战效能评估的指标组 $\boldsymbol{B}$，由于各个系统的效能是一系列能力的体现，于是可建立相应的能力指标 $\boldsymbol{C}$，因此，可得舰艇反导作战效能评估指标体系（见表5-21）。

表5-21　舰艇反导作战效能评估指标体系

指标组名称	指标组符号	指标名称	指标符号
指挥控制	B_1	舰长决策控制能力	C_1
		职手训练水平	C_2
		态势掌控程度	C_3
		指控系统性能	C_4
预警探测	B_2	探测距离	C_5
		抗干扰性能	C_6
		探测精度	C_7
		分辨率	C_8
电子对抗	B_3	有源侦察能力	C_9
		有源干扰能力	C_{10}
		无源干扰能力	C_{11}
舰空导弹	B_4	导弹空域覆盖能力	C_{12}
		导弹拦截多目标能力	C_{13}
		制导系统抗干扰能力	C_{14}
		导弹持续射击能力	C_{15}
		导弹转火射击能力	C_{16}
		导弹单发毁伤能力	C_{17}
速射炮	B_5	速射炮空域覆盖能力	C_{18}
		火控系统抗干扰能力	C_{19}
		单次射击毁伤能力	C_{20}
		射击多目标能力	C_{21}

（2）建立ANP模型。模型的目标就是对舰艇反导作战效能进行评估，控制层只有一个准则即舰艇反导作战效能，网络层由指挥控制、预测探测、电子对抗、舰空导弹和速射炮5个元素集构成，根据各元素集之间的相互依赖关系，可得舰艇反导作战效能ANP模型如图5-7所示，其中，双向箭头表示相互影响，单向箭头表示单向影响。

（3）构造判断矩阵。首先以控制层目标舰艇反导作战效能为主准则，以网络层元素集指挥控制 B_1 中的元素职手训练水平 C_2 为次准则，考虑元素集电子对抗 B_3 中的元素，按其受职手训练水平 C_2 的影响大小进行间接优势度比较，可构造如表5-22所示的判断矩阵，并求出其归一化特征向量,其他次准则下的判断矩阵类似。

表 5 - 22　职手训练水平 C_2 次准则下元素集电子对抗 B_3 中元素的判断矩阵

电子对抗 B_3	电子对抗 B_3			归一化特征值
	有源侦察能力 C_9	有源干扰能力 C_{10}	无源干扰能力 C_{11}	
有源侦察能力 C_9	1	2	2	0.500 000
有源干扰能力 C_{10}	1/2	1	1	0.250 000
无源干扰能力 C_{11}	1/2	1	1	0.250 000

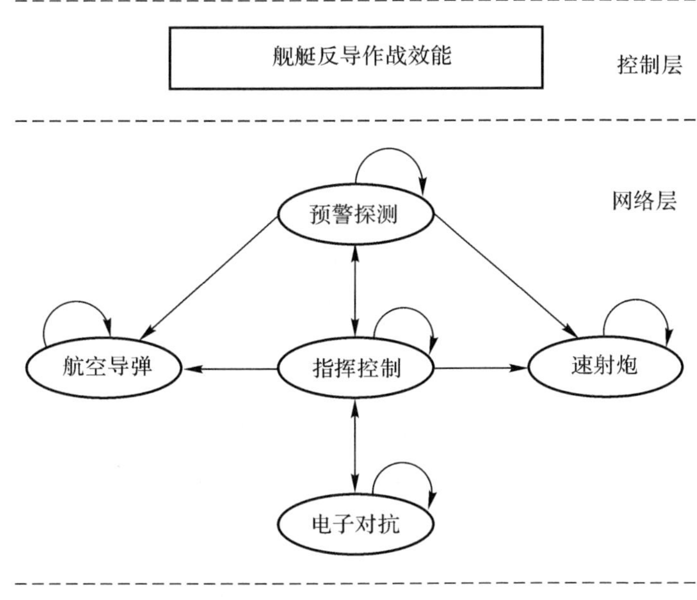

图 5 - 7　舰艇反导作战效能 ANP 模型图

(4)构造无权超矩阵。将舰长决策控制能力 C_1、职手训练水平 C_2、态势掌控程度 C_3、指控系统性能 C_4 为次准则下各判断矩阵的归一化特征向量汇总到一个矩阵 $\boldsymbol{W}_{31}$ 中。该矩阵表示元素集 B_1 中的元素与元素集 B_3 中的元素之间的影响关系,其中,态势掌控程度 C_3、指控系统性能 C_4 对元素集 B_3 无影响,所以归一化特征向量为 $\mathbf{0}$。

$$\boldsymbol{W}_{31}=\begin{bmatrix} 0 & 0.500\,000 & 0 & 0 \\ 0.333\,333 & 0.250\,000 & 0 & 0 \\ 0.666\,667 & 0.250\,000 & 0 & 0 \end{bmatrix} \tag{5-24}$$

式中,列向量就是元素集 B_1 中的元素对元素集 B_3 中的元素的影响程度排序向量。若元素集 B_3 中的元素不受元素集 B_1 中的元素的影响,则 $\boldsymbol{W}_{31}=\mathbf{0}$。

按照同样的方法,通过考虑元素集之间的相互关系,可求得关联矩阵 $\boldsymbol{W}_{11}$,$\boldsymbol{W}_{21}$,$\boldsymbol{W}_{32}$,$\boldsymbol{W}_{13}$,$\boldsymbol{W}_{14}$,$\boldsymbol{W}_{42}$,$\boldsymbol{W}_{44}$,其他没有列出的关联矩阵均为 0,表明 2 个元素集之间没有关联。于是可得无权超矩阵为

$$\boldsymbol{W}=\begin{bmatrix}\boldsymbol{W}_{11} & \boldsymbol{W}_{12} & \boldsymbol{W}_{13} & \boldsymbol{W}_{14} & \boldsymbol{W}_{15}\\ \boldsymbol{W}_{21} & \boldsymbol{W}_{22} & \boldsymbol{W}_{23} & \boldsymbol{W}_{24} & \boldsymbol{W}_{25}\\ \boldsymbol{W}_{31} & \boldsymbol{W}_{32} & \boldsymbol{W}_{33} & \boldsymbol{W}_{34} & \boldsymbol{W}_{35}\\ \boldsymbol{W}_{41} & \boldsymbol{W}_{42} & \boldsymbol{W}_{43} & \boldsymbol{W}_{44} & \boldsymbol{W}_{45}\\ \boldsymbol{W}_{51} & \boldsymbol{W}_{52} & \boldsymbol{W}_{53} & \boldsymbol{W}_{54} & \boldsymbol{W}_{55}\end{bmatrix} \tag{5-25}$$

(5)构造加权超矩阵。以舰艇反导作战效能为主准则，元素集指控控制 B_1、预警探测 B_2、电子对抗 B_3、舰空导弹 B_4、速射炮 B_5 为次准则，依据各元素集间的重要性进行比较，采用标度对其进行间接优势度比较，建立各次准则下的判断矩阵，并求其归一化特征向量。将各次准则下的判断矩阵相对应的归一化特征向量汇总，可得舰艇反导作战效能准则下的权重矩阵

$$\boldsymbol{A}=\begin{bmatrix}0.164\,383 & 0.183\,029 & 0.666\,667 & 0.000\,000 & 0.000\,000\\ 0.390\,499 & 0.345\,129 & 0.000\,000 & 0.000\,000 & 0.000\,000\\ 0.106\,400 & 0.109\,008 & 0.333\,333 & 0.000\,000 & 0.000\,000\\ 0.232\,318 & 0.242\,572 & 0.000\,000 & 1.000\,000 & 0.000\,000\\ 0.106\,400 & 0.120\,262 & 0.000\,000 & 0.000\,000 & 1.000\,000\end{bmatrix} \tag{5-26}$$

由权重矩阵 $\boldsymbol{A}$ 和无权超矩阵 $\boldsymbol{W}$，可得加权超矩阵

$$\overline{\boldsymbol{W}}=\boldsymbol{A}\boldsymbol{W} \tag{5-27}$$

(6)构造极限超矩阵。为反映各个元素之间相互依存和作用关系，需要对加权矩阵做一个稳定处理，即计算加权超矩阵 $\overline{\boldsymbol{W}}$ 的极限矩阵，如果此极限矩阵收敛且是唯一的，那么其第 j 列就是下层网络元素对于元素 j 的极限相对排序，即各元素相对于最高目标的权重值。根据极限超矩阵 $\overline{\boldsymbol{W}}^{\infty}=\lim\limits_{k\to\infty}\overline{\boldsymbol{W}}^{k}$ 可得到各元素相对于目标的相对权重(见表 5－23)。

表 5－23　各元素相对于目标的相对权重

C_1	C_2	C_3	C_4	C_5	C_6	C_7	C_8	C_9	C_{10}	C_{11}
0.060 10	0.016 28	0.110 28	0.019 54	0.122 01	0.116 23	0.049 10	0.031 98	0.037 41	0.034 20	0.030 04
C_{12}	C_{13}	C_{14}	C_{15}	C_{16}	C_{17}	C_{18}	C_{19}	C_{20}	C_{21}	
0.015 35	0.110 44	0.055 66	0.009 17	0.027 93	0.048 92	0.005 48	0.020 79	0.023 05	0.056 05	

(7)实例计算分析。以现役典型的光荣级、提康德罗加级巡洋舰反导作战效能为例进行评估，巡洋舰装备的性能参数如表 5－24 所示，通过评估结果验证评估方法的有效性。

表 5－24　典型巡洋舰装备性能参数表

巡洋舰类别	指挥控制系统	预警探测系统	电子对抗系统	舰空导弹系统	速射炮系统
光荣级	舰长作战经验丰富、训练时间一般；职手训练有素；可得到天基系统、预警机等支持	顶帆、顶网 C：相控阵雷达，技术体制先进，抗干扰能力一般，对飞行高度 100 m 快速小目标发现距离 40～50 km	MP403，MP404，PK－2 干扰发射物	SA－N－6IX8：可同时拦截 6 个目标，备弹 64 枚，“气枪群”制导雷达；SA－N－4IIX2：可同时拦截 2 个目标，备弹 40 枚	30VIX6：“气枪群”制导雷达，可同时拦截 6 个目标

续表

巡洋舰类别	指挥控制系统	预警探测系统	电子对抗系统	舰空导弹系统	速射炮系统
提康德罗加级	舰长实战经验丰富、训练时间较长；职手训练有素；可得到天基系统、预警机等支持	SPY－1：相控阵雷达，技术体制先进，抗干扰能力强，对飞行高度 100 m 以下快速小目标发现距离 40～50 km	AN/SLQ－32V 系统、AN/SLY－2 系统、MK36 系统、纳尔卡有源诱饵系统	标准Ⅱ：可同时拦截 16 个目标，备弹 90 枚，SPY－1 制导雷达，可同时制导 32 枚导弹拦截 16 个目标	20VIX2：AN/SPG62 火控雷达，可同时拦截 2 个目标

1）指标的量化处理方法。舰艇反导作战效能指标分为两类：一类是可量化的指标，即其表示的值是实数，其大小是有明确意义的，如导弹拦截多目标能力、探测距离等；另一类是定性的指标，即其表示的数值用极好、较好、好、一般、较差等概念表示，只能表示其能力高低的等级，而不能直接用于作战效能评估，需要对其进行量化处理，如火控系统抗干扰能力、职手训练水平等。

a. 定量指标的无量纲化处理。通常采用比值模型，即

$$F=\begin{cases}\dfrac{X_i}{X_0} & (X_i<X_0)\\[2ex] 1 & (X_i\geqslant X_0)\end{cases}\tag{5-28}$$

式中：X_i 为指标的实际值；X_0 为完成任务所需的理想值。

假设对 100 m 超低空快速小目标的预警探测距离为 50 km，对反导来说，其发现距离越远越好，但实际探测距离受视距限制。因此，其理想值为视距值 61.5 km（假设天线高度为 25 m）。将数据代入可计算得到 $F=0.813$。

b. 定性指标的无量纲化处理。将某一定性指标划分为 5 个评语等级：极好、较好、好、一般、较差，根据各评语等级的相对重要性建立判断矩阵，得出评估等级权重向量并进行量化。一般来讲，不同的定性指标可划分为不同的等级，并求出不同的权重。如对舰长决策控制能力的量化处理结果见表 5－25。

表 5－25　定性指标无量纲化处理表

评语等级	评语等级					权　重	量化取值
	极好	较好	好	一般	较差		
极好	1	2	5	7	9	0.462 64	1.000 000
较好	1/2	1	4	5	8	0.307 34	0.664 326
好	1/5	1/4	1	4	7	0.141 63	0.306 613
一般	1/7	1/5	1/4	1	3	0.058 44	0.126 319
较差	1/9	1/8	1/7	1/3	1	0.029 94	0.064 715 6

2）根据评估指标量化处理方法，对各指标的数据进行处理。如导弹拦截多目标能力 C_{13}，可选取现役世界先进防空导弹系统同时拦截 12 个目标（理想能力）为基准，按照比值模型分别对光荣级和提康德罗加级巡洋舰进行计算，分别为 0.75 和 1.00。于是可得典型巡航舰反导

作战效能评语表见表 5-26。

表 5-26 典型巡洋舰反导作战效能评语表

巡洋舰类别	指挥控制				预警探测				电子对抗		
	C_1	C_2	C_3	C_4	C_5	C_6	C_7	C_8	C_9	C_{10}	C_{11}
光荣级	好	较好	一般	一般	0.813	较好	极好	极好	好	好	较好
提康德罗加级	较好	较好	较好	较好	0.813	较好	极好	极好	较好	较好	较好

巡洋舰类别	舰空导弹							速射炮		
	C_{12}	C_{13}	C_{14}	C_{15}	C_{16}	C_{17}	C_{18}	C_{19}	C_{20}	C_{21}
光荣级	较好	0.75	较好	较好	较好	0.95	较好	较好	0.95	1.00
提康德罗加级	极好	1.00	极好	较好	较好	0.95	较好	极好	0.95	0.33

3）计算舰艇反导作战效能。对于定性指标参照舰长决策控制能力进行量化，并采用线性加权合成法进行综合，则可得舰艇反导作战效能为

$$E=\sum_{i=1}^{21} W_{Ci} F_i \tag{5-29}$$

式中：W_{Ci} 为指标权重；F_i 为指标量化值。

经过计算，可得光荣级和提康德罗加级巡洋舰反导作战效能分别为 0.652 01 和 0.772 40，计算结果与专家的判断相一致。

5.3 FCE 方法

5.3.1 FCE 的基本原理

模糊综合评价（Fuzzy Comprehensive Evaluation，FCE）法就是以模糊数学为基础，应用模糊关系合成原理，对受到多种因素制约的事物或对象，将一些边界不清、不易定量的因素定量化，按多项模糊的准则参数对备选方案进行综合评价，再根据综合评价结果对各备选方案进行比较排序，或按照最大隶属度准则去评定对象所属等级的一种方法。

设 $\boldsymbol{U}=\{u_1,u_2,\cdots,u_m\}$ 为刻画被评价对象的 m 种因素，$\boldsymbol{V}=\{v_1,v_2,\cdots,v_n\}$ 为刻画每一因素所处状态的 n 种判断。这里存在两类模糊集：一类是标志因素集 $\boldsymbol{U}$ 中诸元在人们心目中的重要程度的量，表现为因素集 $\boldsymbol{U}$ 上的模糊权重向量 $\boldsymbol{A}=\{a_1,a_2,\cdots,a_m\}$；另一类是 $\boldsymbol{U}\times\boldsymbol{V}$ 上的模糊关系，表现为因素集 $m\times n$ 模糊矩阵 $\boldsymbol{R}$。这两类模糊集都是人们价值观念或偏好结构的反映，对两类模糊集施加某种模糊运算，便得到 $\boldsymbol{V}$ 上的一个模糊子集 $\boldsymbol{B}=\{b_1,b_2,\cdots,b_n\}$。因此，模糊综合评价就是寻找模糊权重向量 $\boldsymbol{A}=\{a_1,a_2,\cdots,a_m\}\in F(\boldsymbol{U})$，以及一个从 $\boldsymbol{U}$ 到 $\boldsymbol{V}$ 的模糊变换 $\tilde{f}$，即对每一个因素 $u_i(i=1,2,\cdots,m)$ 单独做出一个判断 $\tilde{f}(u_i)=(r_{i1},r_{i2},\cdots,r_{in})\in F(\boldsymbol{V})$，据此构造模糊矩阵 $\boldsymbol{R}=[r_{ij}]_{m\times n}\in F(\boldsymbol{U}\times\boldsymbol{V})$，其中 r_{ij} 表示因素 u_i 具有评语 v_j 的程度。进而求出模糊综合评价 $\boldsymbol{B}=\{b_1,b_2,\cdots,b_n\}\in F(\boldsymbol{V})$，其中 b_j 表示被评价对象具有评语 v_j 的程度，即 v_j 对模

糊集 $\boldsymbol{B}$ 的隶属度。

由此可知,模糊综合评价的数学模型涉及以下 3 个要素:

(1) 因素集:$\boldsymbol{U}=\{u_1,u_2,\cdots,u_m\}$;

(2) 评价集:$\boldsymbol{V}=\{v_1,v_2,\cdots,v_n\}$;

(3) 单因素判断 $\tilde{f}:\boldsymbol{U}\rightarrow\boldsymbol{V},u_i\rightarrow\tilde{f}(u_i)=(r_{i1},r_{i2},\cdots,r_{in})\in F(\boldsymbol{V})$。

由 $\tilde{f}$ 可诱导模糊关系 $R_f\in F(\boldsymbol{U}\times\boldsymbol{V})$,其中 $R_f(u_i,v_j)=\tilde{f}(u_i)(v_j)=r_{ij}$,而由 R_f 可构成模糊矩阵:

$$\boldsymbol{R}=\begin{bmatrix} r_{11} & r_{12} & \cdots & r_{1n} \\ r_{21} & r_{22} & \cdots & r_{2n} \\ \vdots & \vdots & & \vdots \\ r_{m1} & r_{m2} & \cdots & r_{mn} \end{bmatrix} \tag{5-30}$$

对于因素集 $\boldsymbol{U}$ 上的模糊权重向量 $\boldsymbol{A}=\{a_1,a_2,\cdots,a_m\}$,通过模糊矩阵 $\boldsymbol{R}$ 变换为评价集 $\boldsymbol{V}$ 上的模糊集 $\boldsymbol{B}=\boldsymbol{A}\circ\boldsymbol{R}$(“∘”为模糊合成算子),于是 $(\boldsymbol{U},\boldsymbol{V},\boldsymbol{R})$ 构成一个综合评价模型,就像图 5-8 所示的转换器。若输入一个权重分配 $\boldsymbol{A}\in F(\boldsymbol{U})$,则输出一个综合评价 $\boldsymbol{B}=\boldsymbol{A}\circ\boldsymbol{R}\in F(\boldsymbol{V})$。

$\boldsymbol{A}\in F(\boldsymbol{U})$ → [$\boldsymbol{R}\in F(\boldsymbol{U}\times\boldsymbol{V})$] → $\boldsymbol{B}=\boldsymbol{A}\circ\boldsymbol{R}\in F(\boldsymbol{V})$

图 5-8　模糊转换器

5.3.2　FCE 的一般步骤

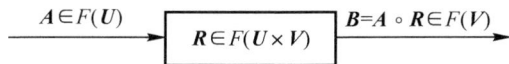

运用 FCE 进行装备效能评估的基本思路是:首先针对武器装备的特点,确定评价对象集、因素集和评价集,建立评价因素的权重分配向量,通过各单因素模糊评价获得模糊综合评价矩阵,进行复合运算得到综合评价结果,计算每个评价对象的综合分值。FCE 的流程如图 5-9 所示。

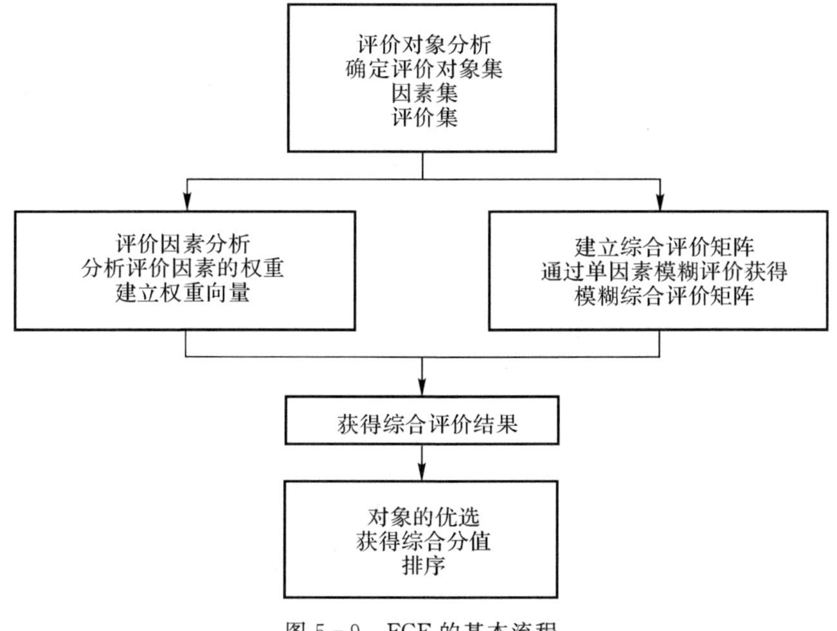

图 5-9　FCE 的基本流程

1. 确定因素集

因素集是影响装备效能的各种因素(指标)所组成的一个集合,即

$$\boldsymbol{U}=\{u_1,u_2,\cdots,u_m\} \tag{5-31}$$

式中:$\boldsymbol{U}$ 为装备效能因素集;u_i 为影响装备效能的第 i 个因素。

2. 建立评价集

评价集是评价者对评判对象可能做出的各种总的评价结果组成的集合,即

$$\boldsymbol{V}=\{v_1,v_2,\cdots,v_n\} \tag{5-32}$$

评价等级的个数 n 通常取 $4\leqslant n\leqslant 9$。若 n 过大,则不易判断对象的等级归属,也会增大计算量;若 n 过小,又不能符合模糊综合评价的质量要求,故 n 取值以适中为宜。n 一般取奇数,如取 $n=5$ 分别表示:很高(0.81 ~ 1. 00)、较高(0.61 ~ 0.8)、一般(0.41 ~ 0.60)、较低(0.21 ~0.40)、很低(0.20 以下)。

3. 建立权重向量

因为各个因素的重要程度是不一样的,为了反映各因素的重要程度,对各个因素应赋予一个相应的权数 a_i,各权数组成的集合 $\boldsymbol{A}=\{a_1,a_2,\cdots,a_m\}$ 称为权重向量。权重的确定可以采用集值迭代法、德尔非法、专家评定法和层次分析法等。

4. 计算模糊综合评判矩阵

首先对评判对象按因素集中的第 i 个因素 u_i 进行评判,其对评价集中第 j 个元素 v_j 的隶属程度为 r_{ij},则按第 i 个因素 u_i 的评判结果,可用模糊集合 $R_i=\frac{r_{i1}}{v_1}+\frac{r_{i2}}{v_2}+\cdots+\frac{r_{in}}{v_n}$ 来表示。$\boldsymbol{R}_i$ 称为单因素评价集,它是评价集 $\boldsymbol{V}$ 上的一个模糊子集,可简单表示为 $\boldsymbol{R}_i=\{r_{i1},r_{i2},\cdots,r_{in}\}$。

再以各单因素评价集的隶属度为行,可构造一个总的评价矩阵为

$$\boldsymbol{R}=\begin{bmatrix} r_{11} & r_{12} & \cdots & r_{1n} \\ r_{21} & r_{22} & \cdots & r_{2n} \\ \vdots & \vdots & & \vdots \\ r_{m1} & r_{m2} & \cdots & r_{mn} \end{bmatrix} \tag{5-33}$$

5. 求模糊综合评价向量

在求得因素集中诸因素相应的隶属度向量的隶属矩阵 $\boldsymbol{R}=(r_{ij})_{m\times n}$ 以及因素集的权重向量 $\boldsymbol{A}=\{a_1,a_2,\cdots,a_m\}$ 后,根据模糊综合评价的概念,得出模糊综合评价向量为

$$\boldsymbol{B}=\boldsymbol{A}\circ\boldsymbol{R}=\{b_1,b_2,\cdots,b_n\} \tag{5-34}$$

式中:b_j 为装备效能模糊综合评判指标;“$\circ$”为模糊合成算子。

6. 综合评价结果分析

令 $b'_j=\dfrac{b_j}{\sum\limits_{j=1}^{n}b_j}$,得归一化向量 $\boldsymbol{B}'=(b'_1,b'_2,\cdots,b'_n)$。令 $\beta=\max\limits_{1\leqslant j\leqslant n}b'_j$,当 $\beta>0.7$ 时,用最大隶属度原则确定被评估对象的等级;当 $\beta<0.7$ 时,令 $\gamma=\operatorname*{sec}\limits_{1\leqslant j\leqslant n}b_j$,则 $\alpha=\dfrac{n\beta-1}{2\gamma(n-1)}$,其中 $\gamma=\operatorname*{sec}\limits_{1\leqslant j\leqslant n}b_j$ 表示 $\boldsymbol{B}$ 中的第二大分量,当 $\alpha>0.5$ 时,用加权平均原则确定被评价对象的等级。

(1) 最大隶属度原则。其指以模糊评价结果向量中的 β 值所对应的评价等级作为被评价对象的评估等级。

(2) 加权平均原则。其指以等级值 v_j 作为变量，v_j 通常人为确定，如 $n=5, v_1=9, v_2=7, v_3=5, v_4=3, v_5=1$，以综合评价结果 b_j 作为幂权系数，计算

$$v=\frac{\sum_{j=1}^{n} b_j^k v_j}{\sum_{j=1}^{n} b_j^k} \tag{5-35}$$

式中：k 为待定系数，一般取 1 或 2；v 为被评价对象所隶属等级值。

5.3.3 FCE 的四种数学模型

在模糊综合评价模型中，"∘"为模糊合成算子，在进行模糊变换时要选择适宜的模糊合成算子。从理论上讲，模糊合成算子具有无穷多种，但在实际应用中，使用最多的有 4 种算子：$M(\wedge, \vee)$ 算子、$M(\cdot, \vee)$ 算子、$M(\wedge, \oplus)$ 算子和 $M(\cdot, \oplus)$ 算子，相应有以上四种模糊转换数学模型。

1. 模型一：$M(\wedge, \vee)$

$$b_j=\bigvee_{i=1}^{m}(a_i \wedge r_{ij})=\max_{1\leqslant i\leqslant m}\{\min(a_i, r_{ij})\} \quad (j=1,2,\cdots,n) \tag{5-36}$$

式中：$\wedge$、$\vee$ 分别为取小(min) 和取大(max) 运算。

在该模型中，单因素 u_i 的评价对等级 v_j 的隶属度 r_{ij} 被修正为 $r_{ij}=a_i \wedge r_{ij}$，$\min(a_i, r_{ij})$ 表明 a_i 是在考虑多因素时 r_{ij} 的上限，也就是考虑多因素 u_i 的评价对任何等级 v_j 的隶属度都不能大于 a_i，取"$\vee$"的含义十分明确，就是对每个等级 v_j 而言，只考虑 r_{ij} 最大的那个起主要作用的因素，即 b_j 主要由数值最大的决定，其余数值在一定范围内都不影响结果。这是一种主因素决定型的综合评判，其优点是简单易行，比较适用于单项评判最优就能算作综合评判最优的情况。

由于该模型在系统相对复杂时，需要考虑的因素往往很多，这时会有两方面的问题：一是权重分配很难确定；二是因素较多时(m 较大)，各 a_i 的值必然很小，将导致所得综合评判值 b_j 也都很小，这时较小的权值 a_i 通过取小运算而"淹没"了所有单因素的评价，从而常常使这一数学模型失效。即使在因素较少时，也使主要因素起了单因素控制的作用，使某些真实现象被掩盖，漏掉部分可被利用的消息，从而评判的灵敏度降低，这对有些实际问题的刻划是很不利的。

2. 模型二：$M(\cdot, \vee)$

$$b_j=\bigvee_{i=1}^{m} a_i \cdot r_{ij}=\max_{1\leqslant i\leqslant m}\{a_i \cdot r_{ij}\} \quad (j=1,2,\cdots,n) \tag{5-37}$$

式中："$\cdot$"为普通实数乘法；"$\vee$"为取大(max) 运算。

可以看出，该模型与 $M(\wedge, \vee)$ 是很接近的，其区别仅在于 $M(\cdot, \vee)$ 以 r_{ij} 代替了 $M(\wedge, \vee)$ 的 $a_i \wedge r_{ij}$，就是用对 r_{ij} 乘以一小于 1 的系数来代替给 r_{ij} 规定一个上限。因此，在该模型中 a_i 是在考虑多因素时 r_{ij} 的修正系数，它虽然与因素 u_i 的重要性有关，但由于取"$\vee$"，在决定 b_j 时并未考虑所有因素 u_i 的影响。所以该模型是主因素突出型的综合评判，适用于模型 $M(\wedge, \vee)$ 失效时(不可区别) 需要加细的情况。

3. 模型三：$M(\wedge, \oplus)$

$$b_j=\oplus\sum_{i=1}^{m} a_i \wedge r_{ij} \quad (j=1,2,\cdots,n) \tag{5-38}$$

式中:“$\oplus$”为有界算子;“$\wedge$”为取小运算;$\oplus\sum\limits_{i=1}^{m}$ 为对 m 个数在 $\oplus$ 运算下求和,即

$$b_j = \min[1, \sum_{i=1}^{m} \min(a_i, r_{ij})] \quad (j=1,2,\cdots,n) \tag{5-39}$$

可以看出,该模型和模型 M($\wedge$, $\vee$)一样,也是对 r_{ij} 规定上限 a_i 以修正 r_{ij},即 $r_{ij}=a_i \wedge r_{ij}$,区别在于这里对各 r_{ij} 做有上界相加以求 b_j,形式上该模型也是对每一级 v_j 都同时考虑多种因素的综合评判方法,然而这种直接对隶属度做有上界相加的办法在很多情况下得不出有意义的结果,因为当各 a_i 取值较大时,重要的一些 b_j 值均将等于上界1;当各 a_i 取值较小时,重要的 b_j 值将直接等于各 a_i 之和。这也是一种主因素突出型的综合评判,也适用于模型一失效时(不可区别)需要加细的情况。

4. 模型四:M(•, $\oplus$)

$$b_j = \oplus \sum_{i=1}^{m} a_i \cdot r_{ij} \quad (j=1,2,\cdots,n) \tag{5-40}$$

式中:“•”为普通实数乘法;$\oplus\sum\limits_{i=1}^{m}$ 为对 m 个数在 $\oplus$ 运算下求和,即

$$b_j = \min\left[1, \sum_{i=1}^{m} a_i \cdot r_{ij}\right] \tag{5-41}$$

该模型在求 b_j 时是用对修正后的 r_{ij} 取和,在确定多因素的评价对等级 v_j 的隶属度 b_j 时,考虑了所有因素 u_i 的影响,每一个因素对于评判的结果都有一定的贡献,而不只考虑对 b_j 影响最大的因素,所以该模型是加权平均型的综合评判。由于权重向量 $\boldsymbol{A}$ 应满足 $\sum\limits_{i=1}^{m} a_i = 1$ 的要求,而 $r_{ij} \leqslant 1$,所以运算“$\oplus$”蜕化为一般实数加法,从而该模型可改写为 M(•,+),即蜕化为普通矩阵乘法,其具体以下特点:

(1) 在决定各因素的评价等级 v_j 的隶属度 b_j 时,考虑了所有因素 u_i 的影响,而不是像模型 M(•, $\vee$)那样只考虑对 b_j 影响程度最大的那个因素。

(2) 由于同时考虑到所有因素的影响,所以各 a_i 的大小具有刻画各因素 u_i 重要程度的权系数的意义。

以上四种模糊合成算子在模糊综合评估中的特点见表 5-27。

表 5-27　模糊合成算子的特点

特　点	M($\wedge$, $\vee$)	M(•, $\vee$)	M($\wedge$, $\oplus$)	M(•, $\oplus$)
体现权重作用	不明显	明显	不明显	明显
综合程度	弱	弱	强	强
利用 $\boldsymbol{R}$ 的信息	不充分	不充分	比较充分	充分
类型	主因素突出型	主因素突出型	主因素突出型	加权平均型

5.3.4　FCE 的特点及适用范围

1. FCE 方法的特点

(1)FCE 是利用模糊集理论进行评估的一种方法,将一些边界不清、不易定量的因素定

量化。

(2)FCE 不仅可对评估对象按综合分值的大小进行评估和排序，而且还可以根据模糊评价集上的值按最大隶属度原则去评定对象所属的等级。

(3)FCE 克服了传统数学方法结果单一性的缺陷，能有效解决判断的模糊性和不确定性问题。

(4)FCE 的数学模型简单，容易掌握和使用，对多因素、多层次的复杂问题评判比较好，是别的数学分支和模型难以代替的方法。

(5)FCE 并不能解决评估指标间的相关所造成的评估信息重复问题，隶属函数的确定还没有系统的方法，且合成的算法也有待进一步探讨。

(6)FCE 评估过程大量运用了人的主观判断，由于各因素的确定带有一定的主观性，其依然是一种基于主观信息的综合评估方法。

2. FCE 的适用范围

模糊综合评判法是在模糊的环境中，综合考虑多种因素的影响，对某事物关于某种目的做出综合判断或决策的方法，可以处理用其他方法无法处理的模糊信息，解决一些难以用传统固定的数学方式解决的系统效能问题。

(1)由于武器装备系统涉及多学科，技术复杂，系统性、综合性强，存在大量模糊信息，采用一般的定量评判方法无法准确评估其效能，运用模糊综合评判方法可对装备系统效能进行全面的评价。

(2)由于 FCE 与 AHP 之间的固有联系，其适用范围与 AHP 基本相同，适合较复杂系统的多属性、多层次的效能评估。

(3)FCE 是综合系统的众多要素对系统效能和结果作出综合评估的方法，使得系统各个要素在评估结果中都能得到反应、起到作用，更能准确地反映系统的效能。FCE 是目前使用最多的模糊数学方法之一，被广泛地应用于环境质量评价、气象预报、经济管理以及教学评价等领域。

5.3.4　FCE 应用实例分析

1. 组网雷达“四抗”效能评估

(1)确定因素集。组网雷达的“四抗”能力是指抗干扰能力、抗反辐射导弹能力、抗隐身能力和抗低空能力。通过分析组网雷达“四抗”建设目标和功能，并考虑影响其效能发挥的主要因素，按照简洁性、可测性、客观性和独立性的原则，对各种影响因素加以归纳、整理和总结，运用层次分析法可建立组网雷达“四抗”效能评估的层次结构模型如图 5-10 所示。该模型有 3 层：目标层即组网雷达“四抗”效能；一级指标层即“四抗”4 个方面的能力；二级指标层即“四抗”因素层，包括“四抗”能力的各个主要因素。

由此建立第一层次因素集为

$$\boldsymbol{U}=\{\boldsymbol{U}_1,\boldsymbol{U}_2,\boldsymbol{U}_3,\boldsymbol{U}_4\} \tag{5-42}$$

式中：$\boldsymbol{U}_1$ 为抗干扰能力；$\boldsymbol{U}_2$ 为抗反辐射导弹能力；$\boldsymbol{U}_3$ 为抗隐身能力；$\boldsymbol{U}_4$ 为抗低空能力。

第二层次因素集为

$$\boldsymbol{U}_1=\{u_{11},u_{12},u_{13},u_{14},u_{15},u_{16}\} \tag{5-43}$$

式中：u_{11} 为空域重叠系数；u_{12} 为频率重叠系数；u_{13} 为极化类型因子；u_{14} 为信号类型因子；u_{15}

为信息处理能力因子；u_{16} 为单部雷达抗干扰能力。

$$\boldsymbol{U}_2=\{u_{21},u_{22},u_{23}\} \tag{5-44}$$

式中：u_{21} 为系统隐蔽能力；u_{22} 为系统工作模式选择；u_{23} 为系统重构能力。

$$\boldsymbol{U}_3=\{u_{31},u_{32},u_{33}\} \tag{5-45}$$

式中：u_{31} 为空域反隐身能力；u_{32} 为频域反隐身能力；u_{33} 为极化域反隐身能力。

$$\boldsymbol{U}_4=\{u_{41},u_{42}\} \tag{5-46}$$

式中：u_{41} 为雷达平台类型；u_{42} 为雷达体制类型。

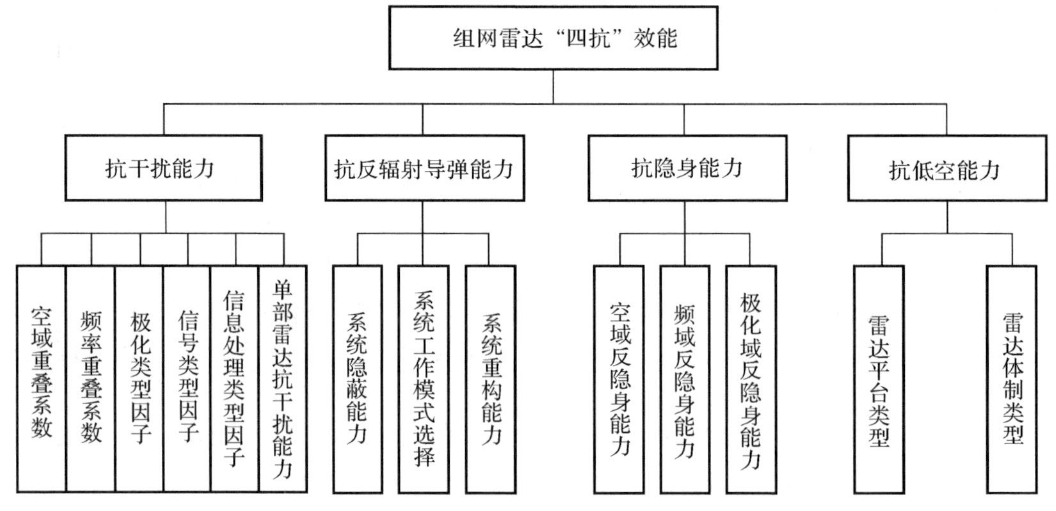

图 5-10　组网雷达“四抗”效能层次结构模型

(2) 建立评价集。可以将对组网雷达“四抗”效能的评价划分为很好(v_1)、好(v_2)、一般(v_3)、差(v_4)、很差(v_5)5 级。由此，建立评价集为

$$\boldsymbol{V}=\{v_1,v_2,v_3,v_4,v_5\} \tag{5-47}$$

(3) 确定权重向量。通过专家调查法得到该组网雷达“四抗”能力的各级指标权重为

$$\boldsymbol{A}=(0.706\,5,0.162\,2,0.065\,7,0.065\,7)$$

$$\boldsymbol{A}_1=(0.145\,1,0.258\,0,0.044\,2,0.080\,3,0.025\,2,0.447\,2)$$

$$\boldsymbol{A}_2=(0.668\,7,0.243\,1,0.088\,2)$$

$$\boldsymbol{A}_3=(0.334,0.333,0.333)$$

$$\boldsymbol{A}_4=(0.75,0.25)$$

(4) 确定评价矩阵。采用专家评判法，可得到该组网雷达“四抗”能力评价矩阵为

$$\boldsymbol{R}_1=\begin{bmatrix}0.4 & 0.4 & 0.2 & 0 & 0\\0.8 & 0.2 & 0 & 0 & 0\\0.2 & 0.3 & 0.3 & 0.2 & 0\\0 & 0 & 0 & 0.7 & 0.3\\0 & 0.5 & 0.4 & 0.1 & 0\\0.9 & 0.1 & 0 & 0 & 0\end{bmatrix}$$

$$\boldsymbol{R}_2=\begin{bmatrix}0 & 0.2 & 0.6 & 0.2 & 0\\0 & 0.5 & 0.4 & 0.1 & 0\\0 & 0 & 0.3 & 0.4 & 0.3\end{bmatrix}$$

$$\boldsymbol{R}_3=\begin{bmatrix}1 & 0 & 0 & 0 & 0\\1 & 0 & 0 & 0 & 0\\0 & 0.4 & 0.5 & 0.1 & 0\end{bmatrix}$$

$$\boldsymbol{R}_4=\begin{bmatrix}0 & 0.1 & 0.8 & 0.1 & 0\\0 & 0.2 & 0.6 & 0.2 & 0\end{bmatrix}$$

(5) 计算综合评价结果。综合评价矩阵为

$$\boldsymbol{B}_1=\boldsymbol{A}_1\cdot\boldsymbol{R}_1=[0.6758\quad 0.1802\quad 0.0524\quad 0.0676\quad 0.0240]$$

$$\boldsymbol{B}_2=\boldsymbol{A}_2\cdot\boldsymbol{R}_2=[0.0000\quad 0.2553\quad 0.5249\quad 0.1933\quad 0.0265]$$

$$\boldsymbol{B}_3=\boldsymbol{A}_3\cdot\boldsymbol{R}_3=[0.6670\quad 0.1332\quad 0.1665\quad 0.0333\quad 0.0000]$$

$$\boldsymbol{B}_4=\boldsymbol{A}_4\cdot\boldsymbol{R}_4=[0.0000\quad 0.1250\quad 0.7500\quad 0.1250\quad 0.0000]$$

令 $\boldsymbol{R}=[\boldsymbol{B}_1\quad \boldsymbol{B}_2\quad \boldsymbol{B}_3\quad \boldsymbol{B}_4]^{\mathrm{T}}$,则

$$\boldsymbol{B}=\boldsymbol{A}\cdot\boldsymbol{R}=[0.5212\quad 0.1857\quad 0.1823\quad 0.0895\quad 0.0213]$$

结果表明,该组网雷达的“四抗”效能属于“很好”,其隶属程度为52.12%。若设定5个评价等级的分值分别为:很好($v_1=1.0$)、好($v_2=0.75$)、一般($v_3=0.5$)、差($v_4=0.25$)、很差($v_5=0$),则有

$$F=\boldsymbol{B}\cdot\boldsymbol{V}=0.7740$$

即该组网雷达“四抗”效能值为0.7740。

2. 航母编队舰载机群体系作战效能评估

(1) 确定因素集。通过对影响航母编队舰载机群体系作战效能因素的分析,可建立如图5-11所示的航母编队舰载机群体系作战效能评估指标体系,其目标层是航母编队舰载机群体系作战效能,能力层有协同情报处理能力、协同指挥控制能力、协同打击能力、协同电子干扰能力、数据链信息支持能力、抗毁生存能力6种能力,技术指标层有指挥稳定性、突防效果、机动性能等19个指标。

由此可确定第一层的因素集为

$$\boldsymbol{U}=\{\boldsymbol{U}_1,\boldsymbol{U}_2,\boldsymbol{U}_3,\boldsymbol{U}_4,\boldsymbol{U}_5,\boldsymbol{U}_6\}\tag{5-48}$$

式中:$\boldsymbol{U}_1$ 为协同情报处理能力;$\boldsymbol{U}_2$ 协同指挥控制能力;$\boldsymbol{U}_3$ 协同打击能力;$\boldsymbol{U}_4$ 为协同电子干扰能力;$\boldsymbol{U}_5$ 为数据链信息支持能力;$\boldsymbol{U}_6$ 为抗毁生存能力。

第二层的因素集为

$$\boldsymbol{U}_1=\{u_{11},u_{12},u_{13},u_{14}\}\tag{5-49}$$

式中:u_{11} 为情报准确性;u_{12} 为情报一致性;u_{13} 为情报实时性;u_{14} 为情报连续性。

$$\boldsymbol{U}_2=\{u_{21},u_{22},u_{23}\}\tag{5-50}$$

式中:u_{21} 为指挥稳定性;u_{22} 为指挥不间断性;u_{23} 为指挥实时性。

$$\boldsymbol{U}_3=\{u_{31},u_{32},u_{33},u_{34}\}\tag{5-51}$$

式中:u_{31} 为机群最近截击线;u_{32} 为突防效果;u_{33} 为进入目标;u_{34} 为打击行动。

$$\boldsymbol{U}_4=\{u_{41},u_{42}\}\tag{5-52}$$

式中,u_{41} 为最小优先干扰距离;u_{42} 为最小有效干扰扇面。

$$\boldsymbol{U}_5=\{u_{51},u_{52},u_{53}\} \tag{5-53}$$

式中：u_{51} 为信息优势；u_{52} 为装备单元性能；u_{53} 为系统性能。

$$\boldsymbol{U}_6=\{u_{61},u_{62},u_{63}\} \tag{5-54}$$

式中：u_{61} 为状态转换性能；u_{62} 为机动性能；u_{63} 为抗摧毁性能。

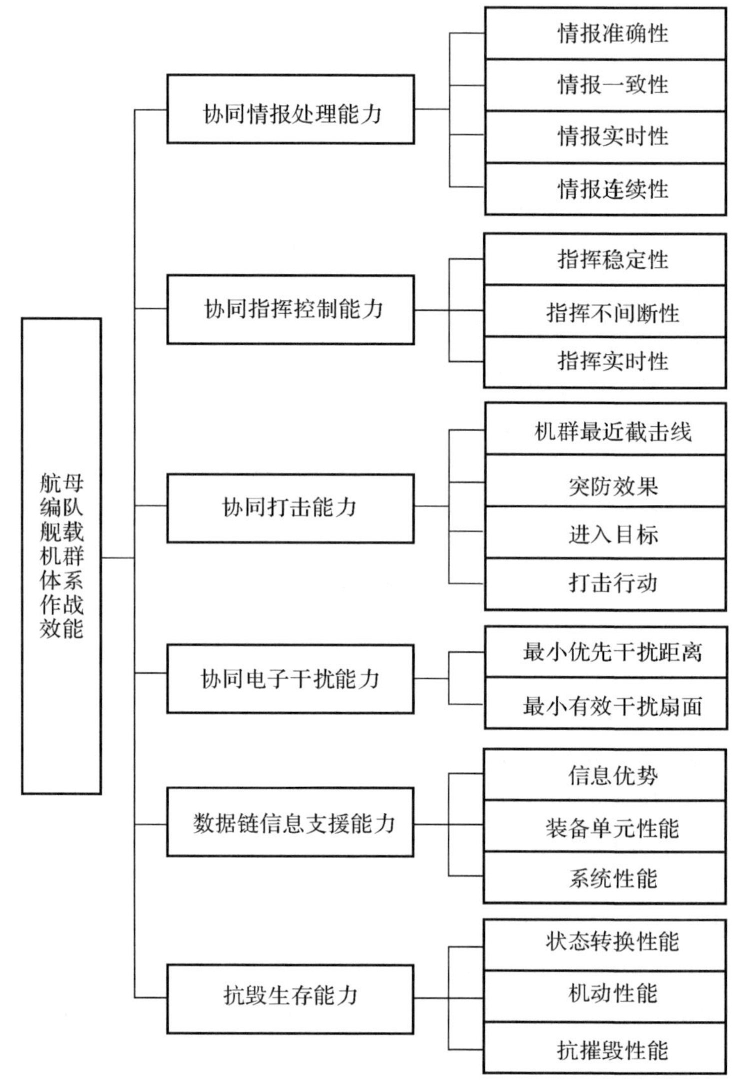

图 5-11　航母编队舰载机群体系作战效能评估指标体系

(2) 建立评价集。可将航母编队舰载机群体系作战效能评价分为四个等级：很好($v_1=1.0$)、好($v_2=0.8$)、一般($v_3=0.6$)、差($v_3=0.4$)，于是有

$$\boldsymbol{V}=\{v_1,v_2,v_3,v_4\} \tag{5-55}$$

(3) 确定权重向量。这里采用层次分析法来确定因素集的权重，根据 Saaty 标度法，对航母编队舰载机群效能评估指标体系同一层级的各元素进行两两比较，构造判断矩阵，确定相应的指标权重。

第一层因素集 $\boldsymbol{U}$ 的权重计算见表 5-28。

表 5-28　第一层因素集 U 的权重计算

U	U_1	U_2	U_3	U_4	U_5	U_6	A
U_1	1	2	3	4	5	6	0.379 4
U_2	1/2	1	2	3	4	5	0.248 8
U_3	1/3	1/2	1	2	3	4	0.160 4
U_4	1/4	1/3	1/2	1	2	3	0.102 4
U_5	1/5	1/4	1/3	1/2	1	2	0.065 5
U_6	1/6	1/5	1/4	1/3	1/2	1	0.043 4
$\lambda_{max}=6.123\ 2$，　CI $=0.024\ 6$，　RI $=1.26$，　CR $=$ CI/RI $=0.019\ 5$							

从计算结果可以看出，CR <0.1，判断矩阵满足一致性要求，于是可得第一层因素集 U 的权重向量为

$$A=(0.379\ 4,0.248\ 8,0.160\ 4,0.102\ 4,0.065\ 5,0.043\ 4)$$

第二层因素集 U_1 的权重计算见表 5-29。

表 5-29　第二层因素集 U_1 的权重计算

U_1	u_{11}	u_{12}	u_{13}	u_{14}	A_1
u_{11}	1	2	3	4	0.465 8
u_{12}	1/2	1	2	3	0.277 1
u_{13}	1/3	1/2	1	2	0.161 1
u_{14}	1/4	1/3	1/2	1	0.096 0
$\lambda_{max}=4.031\ 0$，　CI $=0.031$，　RI $=0.89$，　CR $=$ CI/RI $=0.034\ 8$					

从计算结果可以看出，CR<0.1，判断矩阵满足一致性要求，于是可得第二层因素集U_1 的权重向量为

$$A_1=(0.465\ 8,0.277\ 1,0.161\ 1,0.096\ 0)$$

第二层因素集 U_2 的权重计算见表 5-30。

表 5-30　第二层因素集 U_2 的权重计算

U_2	u_{21}	u_{22}	u_{23}	A_2
u_{21}	1	2	3	0.539 0
u_{22}	1/2	1	2	0.297 3
u_{23}	1/3	1/2	1	0.163 7
$\lambda_{max}=3.009\ 2$，　CI $=0.009\ 2$，　RI $=0.52$，　CR $=$ CI/RI $=0.017\ 7$				

从计算结果可以看出，CR<0.1，判断矩阵满足一致性要求，于是可得第二层因素集U_2 的权重向量为

$$A_2 = (0.5390, 0.2973, 0.1637)$$

第二层因素集 U_3 的权重计算见表 5 - 31。

表 5 - 31　第二层因素集 U_3 的权重计算

U_3	u_{31}	u_{32}	u_{33}	u_{34}	A_3
u_{31}	1	2	4	5	0.499 0
u_{32}	1/2	1	2	4	0.280 8
u_{33}	1/4	1/2	1	2	0.140 4
u_{34}	1/5	1/4	1/2	1	0.079 8
$\lambda_{max} = 4.0278$，　CI = 0.093，　RI = 0.89，　CR = CI/RI = 0.010 4					

从计算结果可以看出，CR＜0.1，判断矩阵满足一致性要求，于是可得第二层因素集 U_3 的权重向量为

$$A_3 = (0.4990, 0.2808, 0.1404, 0.0798)$$

第二层因素集 U_4 的权重计算见表 5 - 32。

表 5 - 32　第二层因素集 U_4 的权重计算

U_4	u_{41}	u_{42}	A_4
u_{41}	1	2	0.666 7
u_{42}	1/2	1	0.333 3
$\lambda_{max} = 2$，　CI = 0，　CR = CI/RI = 0			

从计算结果可以看出，CR＜0.1，判断矩阵满足一致性要求，于是可得第二层因素集 U_4 的权重向量为

$$A_4 = (0.6667, 0.3333)$$

第二层因素集 U_5 的权重计算见表 5 - 33。

表 5 - 33　第二层因素集 U_5 的权重计算

U_5	u_{51}	u_{52}	u_{53}	A_5
u_{51}	1	2	4	0.571 4
u_{52}	1/2	1	2	0.285 7
u_{53}	1/4	1/2	1	0.142 9
$\lambda_{max} = 3.0092$，　CI = 0.004 6，　RI = 0.52，　CR = CI/RI = 0.008 8				

从计算结果可以看出，CR＜0.1，判断矩阵满足一致性要求，于是可得第二层因素集 U_5 的权重向量为

$$A_5 = (0.5714, 0.2857, 0.1429)$$

第二层因素集 U_6 的权重计算见表 5 - 34。

表 5－34　第二层因素集 U_6 的权重计算

$\boldsymbol{U}_6$	u_{61}	u_{62}	u_{63}	$\boldsymbol{A}_6$
u_{61}	1	3	4	0.623 2
u_{62}	1/3	1	2	0.239 5
u_{63}	1/4	1/2	1	0.137 3
$\lambda_{\max}=3.0183$，　CI＝0.009 2，　RI＝0.52，　CR＝CI/RI＝0.017 7				

从计算结果可以看出，CR＜0.1，判断矩阵满足一致性要求，于是可得第二层因素集 $\boldsymbol{U}_3$ 的权重向量为

$$\boldsymbol{A}_6=(0.6232,0.2395,0.1373)$$

(4) 建立评价矩阵。采用专家评判法，可得航母编队舰载机群体系作战效能评判矩阵为

$$\boldsymbol{R}_1=\begin{bmatrix}0.4 & 0.3 & 0.2 & 0.1\\0.5 & 0.3 & 0.2 & 0\\0.5 & 0.3 & 0.1 & 0.1\\0.4 & 0.2 & 0.2 & 0.2\end{bmatrix},\quad \boldsymbol{R}_2=\begin{bmatrix}0.3 & 0.3 & 0.2 & 0.2\\0.2 & 0.2 & 0.3 & 0.3\\0.4 & 0.3 & 0.1 & 0.2\end{bmatrix},\quad \boldsymbol{R}_3=\begin{bmatrix}0.3 & 0.2 & 0.3 & 0.2\\0.4 & 0.3 & 0.2 & 0.1\\0.5 & 0.4 & 0.1 & 0\\0.4 & 0.4 & 0.2 & 0\end{bmatrix}$$

$$\boldsymbol{R}_4=\begin{bmatrix}0.3 & 0.4 & 0.2 & 0.1\\0.4 & 0.4 & 0.1 & 0.1\end{bmatrix},\quad \boldsymbol{R}_5=\begin{bmatrix}0.3 & 0.3 & 0.3 & 0.1\\0.4 & 0.3 & 0.2 & 0.1\\0.5 & 0.3 & 0.1 & 0.1\end{bmatrix},\quad \boldsymbol{R}_6=\begin{bmatrix}0.3 & 0.3 & 0.2 & 0.2\\0.5 & 0.3 & 0.1 & 0.1\\0.4 & 0.3 & 0.1 & 0.2\end{bmatrix}$$

(5) 计算综合评价结果。综合评价矩阵为

$$\boldsymbol{B}_1=\boldsymbol{A}_1\cdot\boldsymbol{R}_1=[0.4319\quad 0.2826\quad 0.1789\quad 0.1066]$$
$$\boldsymbol{B}_2=\boldsymbol{A}_2\cdot\boldsymbol{R}_2=[0.2867\quad 0.2703\quad 0.2133\quad 0.2297]$$
$$\boldsymbol{B}_3=\boldsymbol{A}_3\cdot\boldsymbol{R}_3=[0.3641\quad 0.2721\quad 0.2359\quad 0.1279]$$
$$\boldsymbol{B}_4=\boldsymbol{A}_4\cdot\boldsymbol{R}_4=[0.3333\quad 0.4000\quad 0.1667\quad 0.1000]$$
$$\boldsymbol{B}_5=\boldsymbol{A}_5\cdot\boldsymbol{R}_5=[0.3571\quad 0.3000\quad 0.2429\quad 0.1000]$$
$$\boldsymbol{B}_6=\boldsymbol{A}_6\cdot\boldsymbol{R}_6=[0.3616\quad 0.3000\quad 0.1263\quad 0.1761]$$

将 $\boldsymbol{B}_i$ 合成为一级评判矩阵：

$$\boldsymbol{R}=[\boldsymbol{B}_1\quad \boldsymbol{B}_2\quad \boldsymbol{B}_3\quad \boldsymbol{B}_4\quad \boldsymbol{B}_5\quad \boldsymbol{B}_6]^{\mathrm{T}}$$

则

$$\boldsymbol{B}=\boldsymbol{A}\cdot\boldsymbol{R}=[0.3668\quad 0.2918\quad 0.1988\quad 0.1426]$$

结果表明航母编队舰载机群体系作战效能，37% 的人认为是很好，29% 的人认为是好，20% 的人认为是一般，14% 的人认为是差。采用加权平均法将模糊评语转化为总得分，有

$$\boldsymbol{F}=\boldsymbol{B}\cdot\boldsymbol{V}=[0.3668\quad 0.2918\quad 0.1988\quad 0.1426]\begin{bmatrix}1.0\\0.8\\0.6\\0.4\end{bmatrix}=0.7766$$

即航母编队舰载机群体系作战效能为 0.776 6。

5.4 SPA 方法

目前对于装备效能的评估，大都采用“排序”的办法对评估对象进行比较选优。这些方法具有其理论上的科学性与合理性，但在评价结果分析与应用上，大都属于“非此即彼”的单一性评价，其特点是关注“评价排序”忽视“优化重组”，而不是“博采众方案之长”的优化性评价，与实践中决策者尽可能追求“最优”的思想不完全相符。

将集对分析方法用于装备效能评估，不仅能够克服当前评价方法普遍存在“重排序轻优化”的不足，为装备效能进一步优化提供依据，还能够借助集对分析理论在处理确定性与不确定性因素时辩证的分析优势，以确保评价决策的柔性客观，对于提高装备效能分析与评估的科学性、高效性具有重要意义。

5.4.1 SPA 的基本原理

集对分析(Set Pair Analysis，SPA)法，又称同异反综合分析法，是由我国学者赵克勤于1989年提出的一种关于确定随机系统同异反定量分析的系统分析方法。集对分析是从系统的角度去认识确定性和不确定性的关系，并确定研究对象是一个确定不确定系统，其不确定性和确定性共同处于一个统一体之中，因此说，集对分析是一门新的不确定理论，其从确定的角度和不确定的角度去研究不确定的规律，并用联系度来表示。

1. SPA 的基本思想

SPA 的基本思想是：一种有效的刻画研究对象中存在的模糊不确定性的数学工具——同异反联系度。SPA 的核心思想是：事物的统一性、差异性和对立性是互相影响、互相制约并互相转化的，这种关系可作同异反刻画，其同异反联系度表达式为

$$\mu = a + bi + cj \tag{5-56}$$

式中：μ 为两个集合的同异反联系度；a 为两个集合的同一度；b 为两个集合的差异度；c 为两个集合的对立度，且 $a+b+c=1, a,b,c \in [0,1]$；i,j 分别为差异度和对立度的标记。

2. SPA 的基本思路

假设待评估的方案集为 $\boldsymbol{S}=\{s_1,s_2,\cdots,s_m\}$，$m$ 为方案数量；指标集为 $\boldsymbol{E}=\{e_1,e_2,\cdots,e_n\}$，$n$ 为指标数量；指标权重集为 $\boldsymbol{W}=\{w_1,w_2,\cdots,w_n\}$，$w_i>0$ 且 $\sum\limits_{i=1}^{n} w_i=1$；方案 s_k 关于指标 e_l 的属性值构成评估矩阵 $\boldsymbol{D}=(d_{kl})_{m\times n}$。

设最优方案为 $\boldsymbol{U}=\{u_1,u_2,\cdots,u_n\}$，最劣方案为 $\boldsymbol{V}=\{v_1,v_2,\cdots,v_n\}$，其中 u_r 和 v_r 分别是最优方案和最劣方案对应 e_r 的指标值($r=1,2,\cdots,n$)。根据系统目标，最优和最劣方案中元素的选取需考虑不同的指标类型。

取最优方案 $\boldsymbol{U}$ 与可行方案 s_k 为一集合对子，对该集合对子做同异反决策分析，寻找与最优方案最接近的那个可行方案，而得到评估方案的优劣排序。那么，集对(s_k,$\boldsymbol{U}$) 的同一度 a_k、差异度 b_k、对立度 c_k 分别为

$$\left.\begin{aligned} a_k &= \sum_{t=1}^{n} w_t a_{kt} \\ b_k &= \sum_{t=1}^{n} w_t b_{kt} \\ c_k &= \sum_{t=1}^{n} w_t c_{kt} \end{aligned}\right\} \tag{5-57}$$

式中：$a_{kt}=\dfrac{d_{kt}}{u_t+v_t}$；$c_{kt}=\dfrac{u_t v_t}{d_{kt}(u_t+v_t)}$；$b_{kt}=1-(a_{kt}+c_{kt})$。

计算可行方案 s_k 和最优方案 U 的相对贴近度：$\varepsilon_k=a_k/(a_k+c_k)$，根据 ε_k 的大小进行优劣方案的综合排序，ε_k 值最大者为最优方案。

5.4.2 SPA 的一般步骤

1. 确定评价对象集和因素指标集

设有 m 种不同的武器系统接受评估，其集合为 $\boldsymbol{S}=\{s_1,s_2,\cdots,s_m\}$，对武器系统效能起重要影响作用的因素指标有 n 个，效能评估指标集为 $\boldsymbol{E}=\{e_1,e_2,\cdots,e_n\}$。设方案 s_k 关于指标 e_l 的属性值 $d_{kl}(k=1,2,\cdots,m;l=1,2,\cdots,n)$，由此可得到评估矩阵

$$\boldsymbol{D}=\begin{bmatrix} d_{11} & d_{12} & \cdots & d_{1n} \\ d_{21} & d_{22} & \cdots & d_{2n} \\ \vdots & \vdots & & \vdots \\ d_{m1} & d_{m2} & \cdots & d_{mn} \end{bmatrix} \tag{5-58}$$

2. 构造理想指标评估值

对于已经得到的效能指标评估结果中，各项效能指标各有优劣，可以取它们中的最优者构成一个理想方案 s_0，然后将理想方案 s_0 与其他方案 s_k 构成一集对，对该集对做同异反决策分析并计算联系度，进而根据联系度确定与理想方案最接近的那个方案，从而给出各方案的优劣排序。

(1) 若 e_l 是效益型指标，即指标数值越大，对于评估结果越有利的指标，则令

$$d_{0l}=\max\{d_{kl} \mid 1\leqslant k\leqslant m\} \tag{5-59}$$

(2) 若 e_l 是成本型指标，即指标数值越大，对于评估结果越不利的指标，则令

$$d_{0l}=\min\{d_{kl} \mid 1\leqslant k\leqslant m\} \tag{5-60}$$

3. 计算联系矩阵

在装备效能评估过程中，只需讨论每一个被评估系统的单一指标值与理想结果的接近程度，也就是说只需要讨论联系度中的同一度，而不需要讨论差异度与对立度，因此，计算联系矩阵 R 就是计算被评估指标 $d_{kl}(k=1,2,\cdots,m;l=1,2,\cdots,n)$ 与理想指标 $d_{0l}(l=1,2,\cdots,n)$ 的同一度，即

$$r_{ij}=\begin{cases} d_{kl}/d_{0l} & (d_{0l}\geqslant d_{kl}) \\ d_{0l}/d_{kl} & (d_{0l}\leqslant d_{kl}) \end{cases} \tag{5-61}$$

由此可得联系矩阵为

$$R=\begin{bmatrix} r_{11} & r_{12} & \cdots & r_{1n} \\ r_{21} & r_{22} & \cdots & r_{2n} \\ \vdots & \vdots & & \vdots \\ r_{m1} & r_{m2} & \cdots & r_{mn} \end{bmatrix} \tag{5-62}$$

4.联系度指标合成

可采用层次分析法(AHP)或专家调查法等来确定各项指标的归一化权重向量,记为

$$\boldsymbol{W}=(w_1,w_2,\cdots,w_n) \tag{5-63}$$

将求得的联系矩阵与权重向量进行线性叠加即加权合成,可得最终评估矩阵为

$$\boldsymbol{Y}=\boldsymbol{R}\cdot\boldsymbol{W}=\begin{bmatrix} r_{11} & r_{12} & \cdots & r_{1n} \\ r_{21} & r_{22} & \cdots & r_{2n} \\ \vdots & \vdots & & \vdots \\ r_{m1} & r_{m2} & \cdots & r_{mn} \end{bmatrix}\begin{bmatrix} w_1 \\ w_2 \\ \vdots \\ w_n \end{bmatrix}=\begin{bmatrix} y_1 \\ y_2 \\ \vdots \\ y_m \end{bmatrix} \tag{5-64}$$

5.评估结果排序

对 $y_1,y_2,\cdots,y_m$ 的值按从大到小的顺序进行排列,就可以对不同类型的武器系统的效能进行横向的比较,$y^*=\max\{y_k \mid 1\leqslant k\leqslant m\}$ 是其中综合效能最好的武器系统。

5.4.3 SPA的特点和适用范围

1.SPA的特点

(1)SPA虽涉及集合、同一度等概念,但它与模糊综合评判的隶属度概念相同,比较简单易懂。

(2)SPA在构建评估模型过程中,同步解决了指标体系合成中的量纲问题,实现了指标的无量纲化。

(3)SPA采用一个理想方案,评估有据;通过求取待评估方案与理想方案的同一度来进行方案评估排序,符合一般评估原理。

(4)SPA不仅能够实现对装备效能的评估排序“选优”,更重要的是能够进一步从微观分析各指标的优劣所在,可以为装备后续的功能改进提供理论支撑,同时实现评估的双重目的。

2.SPA适用范围

(1)SPA不仅适用于只有两个集合存在的场合,也适用于有多个集合存在的场合,这时需要先就每2个集合写出联系度,再对得到的若干个联系度做适当的运算和分析,以解决给定的问题。

(2)SPA主张从“集对”的本意出发:提倡同一个问题用两种或多种不同的方法、两个或多个不同的角度,两次或多次反复去研究,再把研究结果集成,得出最后的结论,以此来保证集对分析结论的可靠性和可信性。由此可见,集对分析是研究和处理复杂系统中有关不确定性问题的一种系统数学方法。

(3)SPA也被称为联系数学,但从本义上说,两者还是有区别的,主要的区别在于集对分析有时可以不借助联系度进行系统数学分析,但联系数学涉及联系度的运算。

5.4.4 SPA应用实例分析

1.防空导弹武器系统效能评估

(1)确定评价对象集和因素指标集。这里选择的评估对象是4种型号的防空导弹武器系

统:响尾蛇 2000(Crotale)、长剑-B2(Rapier)、罗兰特Ⅱ(Roland)、沙伊纳(Shahine),即评价对象集为 S={响尾蛇 2000,长剑-B2,罗兰特Ⅱ,沙伊纳}。

通过对防空导弹武器系统的组成结构及其作战使用过程的分析,可知影响防空导弹武器系统效能的战术技术性能指标有拦截低界($h_{\min}$)、拦截远界($R_{\max}$)、拦截近界($R_{\min}$)、系统反应时间(t_0)、单发杀伤概率(P_1)、发射单元装弹数(N)、抗干扰能力(C)等,即因素指标集为$E=\{h_{\min},R_{\max},R_{\min},t_0,P_1,N,C\}$。

(2)构造理想指标评估值。通过查阅防空导弹武器系统相关资料,得到 4 种防空导弹武器系统的各项战术技术性能指标的数值(见表 5-35),其中抗干扰能力(C)主要由目标探测阶段系统抗干扰能力、目标跟踪和导弹制导阶段系统抗干扰能力、跟踪制导阶段雷达分系统抗干扰能力构成,是通过专家对诸型号三个方面的抗干扰能力进行打分并综合后得到的。

表 5-35　防空导弹武器系统各项战术技术指标数值

战术技术指标	响尾蛇 2000	长剑-B2	罗兰特Ⅱ	沙伊纳
拦截低界 $h_{\min}$/m	50	15	15	15
拦截远界 $R_{\max}$/km	8.5	6.0	6.3	10.0
拦截近界 $R_{\min}$/km	0.5	0.8	0.5	0.5
系统反应时间 t_0/s	6	6	7	6
单发杀伤概率 P_1	0.70	0.70	0.85	0.85
发射单元装弹数 N	4	4	2	6
抗干扰能力 C	0.41	0.58	0.50	0.52

在各项战术技术性能指标中,拦截远界($R_{\max}$)、单发杀伤概率(P_1)、发射单元装弹数(N)、抗干扰能力(C)为效益型指标,取最大值为理想指标评估值,拦截低界($h_{\min}$)、拦截近界($R_{\min}$)、系统反应时间(t_0)为成本型指标,取最小值为理想指标评估值,于是可得各项战术技术性能指标对应的理想评估指标值为:$E_0=\{15,10.0,0.5,6,0.85,6,0.58\}$。

(3)计算联系矩阵。根据 4 种类型防空导弹武器系统各项战术技术性能指标,分别计算其与构造的理想评估指标值的接近程度即联系度,于是可得联系矩阵为

$$\boldsymbol{R}=\begin{bmatrix}0.3 & 0.85 & 1.000 & 1.00 & 0.82 & 0.67 & 0.71\\1.0 & 0.60 & 0.625 & 1.00 & 0.82 & 0.67 & 1.00\\1.0 & 0.63 & 1.000 & 0.86 & 1.00 & 0.33 & 0.86\\1.0 & 1.00 & 1.000 & 1.00 & 1.00 & 1.00 & 0.90\end{bmatrix}$$

(4)联系度指标合成。采用专家调查法可得到各项指标的权重为(2,2,1,1,2,1,3),对其进行归一化处理,可得各项指标的归一化权重向量为

$$\boldsymbol{W}=(0.167,0.167,0.083,0.083,0.167,0.083,0.250)$$

于是可得最终评估矩阵为

$$\boldsymbol{Y}=\boldsymbol{R}\cdot\boldsymbol{W}=\begin{bmatrix}0.7281\\0.8446\\0.8360\\0.9750\end{bmatrix}$$

(5)评估结果排序。由最终评估矩阵可知,采用集对分析得到的4种防空导弹武器系统效能的排序结果是:沙伊纳>长剑-B2>罗兰特Ⅱ>响尾蛇2000,沙伊纳防空导弹武器系统的综合效能最高。

2. 空舰导弹武器系统作战效能评估

(1)确定评价对象集和因素指标集。选择具有典型意义的5种空舰导弹武器系统:鸬鹚(德国)、捕鲸叉AGM-84A(美国)、空射雄风2(中国台湾)、飞鱼AM39(法国)、天王星空射X-35(俄罗斯)作为评价样本,,即评价对象集为S={鸬鹚,捕鲸叉,雄风2,飞鱼,天王星}。

通过对空舰导弹武器系统的组成结构及其作战使用过程的分析,可建立空舰导弹武器系统作战效能评估指标体系如图5-12所示。

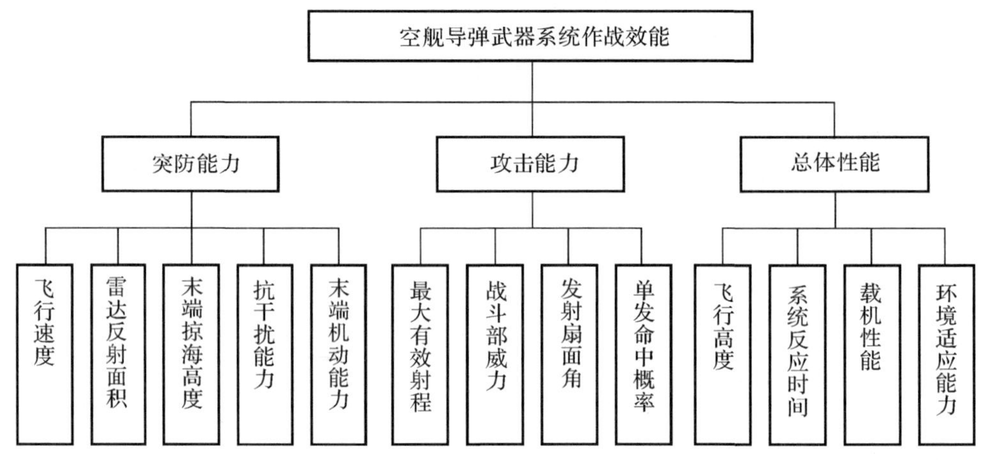

图5-12 空舰导弹武器系统作战效能评估指标体系

由此可得因素指标集为E={飞行速度,最大有效射程,雷达反射面积,飞行高度,末端掠海高度,抗干扰能力,系统反应时间,载机性能,环境适应能力,战斗部威力,末端机动能力,发射扇面角,单发命中概率},具体见表5-36。

(2)构造理想指标评估值。通过查阅相关资料,得到各型空舰导弹武器系统的战术技术性能指标(见表5-36),其中带“*”的数据为专家估算结果,带“**”的数据为结合专家估算和隶属函数计算得到的结果。

表5-36 各型空舰导弹武器系统的战术技术性能指标

编号	性能指标	鸬鹚	捕鲸叉	雄风2	飞鱼	天王星
1	飞行速度/($m \cdot s^{-1}$)	283	255	289	316	309
2	最大有效射程/km	70	120	120	70	130
3	雷达反射面积/m^2	0.16*	0.16*	0.20*	0.16*	0.16*
4	飞行高度/m	20	30	20	15	20
5	末端掠海高度/m	5	10	7	5	8
6	抗干扰能力	0.63*	0.63*	0.50*	0.63*	0.63*
7	系统反应时间/s	60*	45*	60*	60*	50*

续表

编　号	性能指标	鸬鹚	捕鲸叉	雄风 2	飞鱼	天王星
8	载机性能	0.85**	0.90**	0.85**	0.85**	0.90**
9	环境适应性能力	0.85**	0.90**	0.85**	0.85**	0.85**
10	战斗部威力	0.50	0.70	0.60	0.50	0.75
11	末端机动能力	0.4**	0.6**	0.6**	0.4**	0.4**
12	发射扇面角/(°)	±45°*	±90°*	±30°*	±30°*	±45°*
13	单发命中概率	0.85*	0.95	0.80*	0.90	0.85*

在空舰导弹武器系统的各项战术技术性能指标中，飞行速度、最大有效射程、抗干扰能力、载机性能、环境适应能力、战斗部威力、末端机动能力、发射扇面角、单发命中概率为效益型指标，取最大值作为理想指标评估值。雷达反射面积、飞行高度、末端掠海高度、系统反应时间为成本型指标，取最小值为理想指标评估值。于是可得各项性能指标对应的理想指标评估值为：$E_0=\{316,130,0.16,15,5,0.63,45,0.90,0.90,0.75,0.6,90,0.95\}$。

(3)计算联系矩阵。根据 5 种类型空舰导弹武器系统的各项战术技术性能指标，分别计算其与构造的理想评估指标值的接近程度即联系度，于是可得联系矩阵为

$$\boldsymbol{R}=\begin{bmatrix} 0.90 & 0.45 & 1.00 & 0.75 & 1.00 & 1.00 & 0.75 & 0.94 & 0.94 & 0.67 & 0.67 & 0.50 & 0.89 \\ 0.81 & 0.92 & 1.00 & 0.50 & 0.50 & 1.00 & 1.00 & 1.00 & 1.00 & 0.93 & 1.00 & 1.00 & 1.00 \\ 0.91 & 0.92 & 0.80 & 0.75 & 0.71 & 0.79 & 0.75 & 0.94 & 0.94 & 0.80 & 1.00 & 0.33 & 0.84 \\ 1.00 & 0.54 & 1.00 & 1.00 & 1.00 & 1.00 & 0.75 & 0.94 & 0.94 & 0.67 & 0.67 & 0.33 & 0.95 \\ 0.98 & 1.00 & 1.00 & 0.75 & 0.63 & 1.00 & 0.90 & 1.00 & 0.94 & 1.00 & 0.67 & 0.33 & 0.89 \end{bmatrix}$$

(4)联系度指标合成。根据各项性能指标的相对重要程度，采用层次分析法(AHP)可得到各项指标的权重向量为

$$\boldsymbol{W}=(0.0712,0.0618,0.0418,0.0561,0.0754,0.1633,0.0752,0.0654,0.0356,0.1246,0.0376,0.0346,0.1574)$$

将求得的联系矩阵 $\boldsymbol{R}$ 结合权重向量 $\boldsymbol{W}$ 进行线性相加，可得最终评估矩阵为

$$\boldsymbol{Y}=\boldsymbol{R}\cdot\boldsymbol{W}=\begin{bmatrix} 0.8375 \\ 0.9072 \\ 0.8121 \\ 0.8604 \\ 0.8943 \end{bmatrix}$$

(5)评估结果排序。由最终评估矩阵可知，采用集对分析得到的 5 种空舰导弹武器系统作战效能的排序结果是捕鲸叉＞天王星＞飞鱼＞鸬鹚＞雄风 2，捕鲸叉空舰导弹武器系统的作战效能最高。

第6章　装备效能评估的其他常用方法

6.1　粗糙集方法

6.1.1　粗糙集方法基本原理

粗糙集(Rough Set,RS)理论是波兰数学家Z. Pawlak于1982年提出的,是一种新的处理模糊性和不确定性问题的新型数学工具。相对于概率统计、模糊集等处理模糊性和不确定性的数学工具而言,粗糙集理论不需要关于数据的任何预备的或额外的信息。因此,它在知识发现、机器学习、知识获取、决策分析、专家系统、决策支持系统、归纳推理、矛盾归结、模式识别、模糊控制等方面都得到了成功应用。

1. 粗糙集的基本思想

Z. Pawlak指出粗糙集是建立在分类机制的基础上,将分类理解为对一个特定空间的基于等价关系的划分(等价类),将知识理解为对数据的划分,每一个被划分的集合看成一个概念,同一集合内的元素是不可分辨的。然后利用由特定空间所产生的已知的知识库,将不精确或不确定的知识用已知的数据库中的知识来近似描述。

2. 粗糙集的相关概念

知识是人类实践经验的总结和提炼,任何一个事物或对象都由一些知识来描述,知识被看作一种对对象进行分类的能力,利用对象的不同属性描述,就可以将对象分为不同的类别。

(1) 知识。

定义6.1(知识) 设U为所讨论的对象组成的非空有限集合,称为论域(全集)。任何子集$X \subseteq U$,称为U中的一个概念或范畴,U的任何概念族称为U的抽象知识,简称知识。

(2) 知识库。

定义6.2(知识库) 关于U的一个划分定义为$\eta=\{X_1,X_2,\cdots,X_n\}$,其中$X_i \in U$,$X_i \neq \varphi$,$X_i \cap X_j=\varphi(i \neq j, i、j=1,2,\cdots,n)$,$\bigcup_{i=1}^{n} X_i=U$。$U$上的一个族划分称为关于$U$的一个知识库。

设R是U上的一个等价关系,U/R表示R的所有等价类(或U上的划分)构成的集合,$[x]_R$以表示包含元素$x \in U$的R等价类。一个知识库就是一个关系系统$K=(U,R)$,其中U是论域,R是U上的一个等价关系。

(3) 不可区分关系。

定义6.3(不可区分关系) 若$P \subseteq R$且$P \neq \phi$,则$\cap P$(P中所有等价关系的交集)也是一个等价关系,称为P上不可区分关系(Indiscernibility),记为$\mathrm{ind}(P)$,$\mathrm{ind}(P)=\cap P$,且有

$$[X]_{\mathrm{ind}(P)}=\bigcup_{H \in P}[X]_H \tag{6-1}$$

这样，$U/\mathrm{ind}(P)$［即等价关系 $\mathrm{ind}(P)$ 的所有等价类］为与等价关系族 P 相关的知识，称为 $K=(U,R)$ 关于论域 U 的 P 基本知识（P 基本集）。对于所有的 $P\subseteq R$，有 $\mathrm{ind}(P)\supseteq \mathrm{ind}(R)$。

（4）信息系统。

定义 6.4（信息系统）一个信息系统 S 可表示为有序四元组 $S=<U,A,V,f>$，其中 U 为对象的论域（非空有限集），A 为属性的非空有限集，$V=\bigcup_{a\in A} V_a$ 为属性 a 的值域，$f=U\times A\rightarrow V$ 是一个信息函数，用于确定 U 中的每个对象的属性值，即 $\forall x\in U, a\in A$，则 $f(x,a)=V_a$。通常信息系统也可用 $S=<U,A>$ 来表示。

（5）决策表。

定义 6.5（决策表）一个信息系统 $S=<U,A,V,f>$，属性集 $A=C\cup D, C\cap D=\varphi$，$C$ 为条件属性集，D 为决策属性集，具有条件属性和决策属性的信息系统称为决策表。

（6）下近似、上近似、边界区域。

定义 6.6（下近似、上近似、边界区域）粗糙集理论的不确定性是建立在上、下近似的概念之上的。给定知识库 $K=(U,R)$，对于每个子集 $X\subseteq U$ 和论域 U 上的一个等价关系 R，集合 X 关于 R 的下近似、上近似、边界区域定义为

$$\underline{R}X=\bigcup\{Y\in U/R \mid Y\subseteq X\} \quad 或 \quad \underline{R}X=\{x\mid [x]_R\subseteq X\} \tag{6-2}$$

$$\overline{R}X=\bigcup\{Y\in U/R \mid Y\cap X\neq\varphi\} \quad 或 \quad \overline{R}X=\{x\mid [x]_R\cap X\neq\varphi\} \tag{6-3}$$

$$B=\overline{R}X-\underline{R}X \tag{6-4}$$

式中：下近似 $\underline{R}X$ 为根据知识 R 判断肯定属于 X 的 U 中元素所组成的最大集合，也称为 X 的正域，记作 $\mathrm{pos}_R(X)$；上近似 $\overline{R}X$ 为可能属于 X 的 U 中元素所组成的最小集合，$U-\overline{R}X$ 为 X 的负域，记作 $\mathrm{neg}_R(X)$，负域表示根据知识 R 判断肯定不属于 X 的 U 中元素所组成的集合；边界区域 B 为集合上近似和下近似的差，如果 $B=\varphi$，则称 X 是 R 的精确集，如果 $B\neq\varphi$，则称 X 是 R 的粗糙集。

［示例 6-1］表 6-1 是一个决策表，其中论域 $U=\{x_1,x_2,x_3,x_4,x_5,x_6,x_7\}$，条件属性 $C=\{大小,形状\}$，决策属性 $D=\{适合度\}$。

表 6-1　决策表

论域(U)	大小(C_1)	形状(C_2)	适合度(D)
x_1	小	正方形	适合
x_2	小	圆形	不适合
x_3	中	三角形	不适合
x_4	中	三角形	适合
x_5	大	长方形	不适合
x_6	小	长方形	适合
x_7	大	长方形	不适合

由表可知，论域 U 关于条件属性 C_1 的等价类或划分所构成的集合为

$$U/C_1=\{\{x_1,x_2,x_6\},\{x_3,x_4\},\{x_5,x_7\}\}$$

论域 U 关于条件属性 C_2 的等价类或划分所构成的集合为

$$U/C_2=\{\{x_1\},\{x_2\},\{x_3,x_4\},\{x_5,x_6,x_7\}\}$$

则论域U关于条件属性C的等价类或划分所构成的集合为

$$U/C=U/(C_1\cup C_2)=\{\{x_1\},\{x_2\},\{x_6\}\{x_3,x_4\},\{x_5,x_7\}\}$$

于是,可得子集$X=\{x\mid D=\text{适合}\}=\{x_1,x_4,x_6\}$关于$C$的下近似、上近似、边界区域、负域为

$$\underline{C}X=\bigcup\{Y\in U/C\mid Y\subseteq X\}=\{x_1,x_6\}$$

$$\overline{C}X=\bigcup\{Y\in U/C\mid Y\cap X\neq\varphi\}=\{x_1,x_6,x_4,x_3\}$$

$$B=\overline{C}X-\underline{C}X=\{x_3,x_4\}$$

$$U-\overline{C}X=\{x_2,x_5,x_7\}$$

[示例6-2] 表6-2是一个关于作战能力的决策表,其中论域$U=\{x_1,x_2,x_3,x_4,x_5,x_6,x_7,x_8\}$,条件属性$C=\{$武器系统,机动能力,训练水平$\}$,决策属性$D=\{$作战能力$\}$。

表6-2 作战能力决策表

论域(U)	武器系统(C_1)	机动能力(C_2)	训练水平(C_3)	作战能力(D)
x_1	先进	强	高	强
x_2	落后	强	高	强
x_3	先进	弱	高	强
x_4	落后	弱	高	强
x_5	先进	强	低	弱
x_6	先进	弱	低	弱
x_7	落后	强	低	弱
x_8	落后	弱	低	弱

由表可知,论域U关于条件属性C_1的等价类或划分所构成的集合为

$$U/C_1=\{\{x_1,x_3,x_5,x_6\},\{x_2,x_4,x_7,x_8\}\}$$

论域U关于条件属性C_2的等价类或划分所构成的集合为

$$U/C_2=\{\{x_1,x_2,x_5,x_7\},\{x_3,x_4,x_6,x_8\}\}$$

论域U关于条件属性C_3的等价类或划分所构成的集合为

$$U/C_3=\{\{x_1,x_2,x_3,x_4\},\{x_5,x_6,x_7,x_8\}\}$$

则论域U关于条件属性C的等价类或划分所构成的集合为

$$U/C=U/(C_1\cup C_2\cup C_3)=\{\{x_1\},\{x_2\},\{x_3\},\{x_4\},\{x_5\},\{x_6\},\{x_7\},\{x_8\}\}$$

于是,可得子集$X=\{x\mid D=\text{强}\}=\{x_1,x_2,x_3,x_4\}$关于$C$的下近似、上近似为

$$\underline{C}X=\bigcup\{Y\in U/C\mid Y\subseteq X\}=\{x_1,x_2,x_3,x_4\}$$

$$\overline{C}X=\bigcup\{Y\in U/C\mid Y\cap X\neq\varphi\}=\{x_1,x_2,x_3,x_4\}$$

根据上近似和下近似可得边界区域为

$$B=\overline{C}X-\underline{C}X=\varphi$$

表明子集X关于条件属性C是清晰的,不存在粗糙集。

(7) 粗糙度。

定义6.7(粗糙度) 集合的不确定性是由于边界域的存在而引起的,集合边界域越大,其精

确性越低，通常可采用近似精度和粗糙度来表达集合的精确性。

用近似精度来表达集合的精确程度，由等价关系 R 定义的集合 X 的近似精度为

$$\alpha_R(X)=\frac{|\underline{R}(X)|}{|\overline{R}(X)|} \tag{6-5}$$

式中：$X \neq \phi$，表示集合中元素的个数。精度用来反映对集合 X 所表示知识的了解程度，显然有 $0 \leqslant \alpha_R(X) \leqslant 1$。当 $\alpha_R(X)=1$ 时，说明集合 X 是 R 可定义的；当 $\alpha_R(X)<1$ 时，说明集合 X 是 R 不可定义的。

用粗糙度来表达集合的不精确程度，由等价关系 R 定义的集合 X 的粗糙度为

$$\rho_R(X)=1-\alpha_R(X) \tag{6-6}$$

集合 X 的近似精度和粗糙度是完全相反的两个概念，近似精度表示对知识库中的知识 X 描述的确定程度，粗糙度表示对知识库中的知识 X 描述的不确定程度。

3. 粗糙集的知识约简

知识约简是粗糙集理论研究的精髓和核心，也是信息系统知识发现的有效方法和途径。一般来讲，知识库中的知识（属性）并不是同等重要的，有些属性是绝对必要的，去掉后会影响知识发现，而有些属性是冗余的，去掉后不会影响知识发现。知识约简就是在全体属性集中寻找一个最小的属性集，它所确定的知识与全体属性集确定的知识是相同的。也就是说，知识约简是在不影响信息系统分类能力的条件下，通过消除冗余的属性与属性值，而得到信息系统最简洁的分类表达。

(1) 一般约简。

定义 6.8（重要性） 设 $\widetilde{R}$ 是等价关系的一个族集，且 $R \in \widetilde{R}$。若 $\mathrm{ind}(\widetilde{R})=\mathrm{ind}(\widetilde{R}-R)$，则称等价关系 R 在族集 $\widetilde{R}$ 中是不必要的，否则 R 在族集 $\widetilde{R}$ 中就是必要的。若族集 $\widetilde{R}$ 中的每个等价关系 R 都是必要的，则称族集 $\widetilde{R}$ 是独立的，否则就是依赖的或非独立的。

定义 6.9（一般约简） 设族集 $\widetilde{Q} \subseteq \widetilde{R}$，如果族集 $\widetilde{Q}$ 是独立的，并且 $\mathrm{ind}(\widetilde{Q})=\mathrm{ind}(\widetilde{R})$，则称族集 $\widetilde{Q}$ 是族集 $\widetilde{R}$ 的一个约简，记作 $\mathrm{red}(\widetilde{R})$。族集 $\widetilde{R}$ 中所有必要的等价关系的集合称为族集 $\widetilde{R}$ 的核，用 $\mathrm{core}(\widetilde{R})$ 表示。显然，族集 $\widetilde{R}$ 有多个约简，即约简的不唯一性。

[示例 6-3] 表 6-3 是作战效果的条件属性表，其中论域 $U=\{x_1, x_2, x_3, x_4, x_5, x_6, x_7, x_8\}$，条件属性 $C=\{$武器系统，机动能力，训练水平，气象条件$\}$。

表 6-3　作战效果的条件属性表

论域(U)	武器系统(C_1)	机动能力(C_2)	训练水平(C_3)	气象条件(C_4)
x_1	先进	强	高	晴
x_2	落后	强	高	雾
x_3	先进	弱	高	晴
x_4	落后	弱	高	雾
x_5	先进	强	低	晴
x_6	先进	弱	低	雾
x_7	落后	强	低	晴
x_8	落后	弱	低	雾

由表可知,论域 U 关于条件属性 C 的等价类有

$$U/C_1=\{\{x_1,x_3,x_5,x_6\},\{x_2,x_4,x_7,x_8\}\}$$
$$U/C_2=\{\{x_1,x_2,x_5,x_7\},\{x_3,x_4,x_6,x_8\}\}$$
$$U/C_3=\{\{x_1,x_2,x_3,x_4\},\{x_5,x_6,x_7,x_8\}\}$$
$$U/C_4=\{\{x_1,x_3,x_5,x_7\},\{x_2,x_4,x_6,x_8\}\}$$

不可区分关系 $\mathrm{ind}(C)$ 的等价类为

$$U/\mathrm{ind}(C)=\{\{x_1\},\{x_2\},\{x_3\},\{x_4\},\{x_5\},\{x_6\},\{x_7\},\{x_8\}\}$$

由于

$$U/\mathrm{ind}(C-C_1)=\{\{x_1\},\{x_2\},\{x_3\},\{x_4\},\{x_5,x_7\},\{x_6,x_8\}\}\neq U/\mathrm{ind}(C)$$
$$U/\mathrm{ind}(C-C_2)=\{\{x_1,x_3\},\{x_2,x_4\},\{x_5\},\{x_6\},\{x_7\},\{x_8\}\}\neq U/\mathrm{ind}(C)$$
$$U/\mathrm{ind}(C-C_3)=\{\{x_1,x_5\},\{x_2\},\{x_3\},\{x_4,x_8\},\{x_6\},\{x_7\}\}\neq U/\mathrm{ind}(C)$$
$$U/\mathrm{ind}(C-C_4)=\{\{x_1\},\{x_2\},\{x_3\},\{x_4\},\{x_5\},\{x_6\},\{x_7\},\{x_8\}\}=U/\mathrm{ind}(C)$$

则等价关系 C_1,C_2,C_3 在 C 中是必要的,等价关系 C_4 在 C 中是不必要的即是可以省略的,于是可得条件属性 C 的一个约简为 $C'=\{$武器系统,机动能力,训练水平$\}$。

(2) 相对约简。

定义 6.10(必要性) 设 $\widetilde{P}$ 和 $\widetilde{Q}$ 为等价关系族,等价关系 $R\in\widetilde{P}$。若

$$\mathrm{pos}_{\mathrm{ind}(\widetilde{P})}(\mathrm{ind}(\widetilde{Q}))=\mathrm{pos}_{\mathrm{ind}(\widetilde{P}-R)}(\mathrm{ind}(\widetilde{Q})) \tag{6-7}$$

或简化表示为

$$\mathrm{pos}_{\widetilde{P}}(\widetilde{Q})=\mathrm{pos}_{\widetilde{P}-R}(\widetilde{Q}) \tag{6-8}$$

则称等价关系 R 为 $\widetilde{P}$ 中 $\widetilde{Q}$ 不必要的;否则,R 为 $\widetilde{P}$ 中 $\widetilde{Q}$ 必要的。若 $\widetilde{P}$ 中的任一等价关系 R 都是 $\widetilde{Q}$ 必要的,则称 $\widetilde{P}$ 为 $\widetilde{Q}$ 独立的。

定义 6.11(相对约简) 设等价关系族 $\widetilde{S}\subseteq\widetilde{P}$,当且仅当 $\widetilde{S}$ 是 $\widetilde{P}$ 的 $\widetilde{Q}$ 独立子族且 $\mathrm{pos}_{\widetilde{S}}(\widetilde{Q})=\mathrm{pos}_{\widetilde{P}}(\widetilde{Q})$ 时,$\widetilde{S}$ 为 $\widetilde{P}$ 的 $\widetilde{Q}$ 约简,$\widetilde{P}$ 的 $\widetilde{Q}$ 约简简称为相对约简。

[示例 6-4] 表 6-4 是作战效果的决策表,其中论域 $U=\{x_1,x_2,x_3,x_4,x_5,x_6,x_7,x_8\}$,条件属性 $C=\{$武器系统,机动能力,训练水平,气象条件$\}$,决策属性 $D=\{$作战效果$\}$。

表 6-4　作战效果决策表

论域(U)	武器系统(C_1)	机动能力(C_2)	训练水平(C_3)	气象条件(C_4)	作战效果(D)
x_1	先进	强	高	晴	强
x_2	落后	强	高	雾	强
x_3	先进	弱	高	晴	强
x_4	落后	弱	高	雾	强
x_5	先进	强	低	晴	强
x_6	先进	弱	低	雾	弱
x_7	落后	强	低	晴	弱
x_8	落后	弱	低	雾	弱

由表可知,论域 U 关于条件属性 C 的等价类有

$$U/C_1=\{\{x_1,x_3,x_5,x_6\},\{x_2,x_4,x_7,x_8\}\}$$
$$U/C_2=\{\{x_1,x_2,x_5,x_7\},\{x_3,x_4,x_6,x_8\}\}$$
$$U/C_3=\{\{x_1,x_2,x_3,x_4\},\{x_5,x_6,x_7,x_8\}\}$$
$$U/C_4=\{\{x_1,x_3,x_5,x_7\},\{x_2,x_4,x_6,x_8\}\}$$
$$U/C=\{\{x_1\},\{x_2\},\{x_3\},\{x_4\},\{x_5\},\{x_6\},\{x_7\},\{x_8\}\}$$

论域 U 关于决策属性 D 的等价类是

$$U/D=\{\{x_1,x_2,x_3,x_4,x_5\},\{x_6,x_7,x_8\}\}$$

由于

$$\mathrm{pos}_C(D)=\{x_1,x_2,x_3,x_4,x_5,x_6,x_7,x_8\}$$
$$\mathrm{pos}_{C-C_1}(D)=\{x_1,x_2,x_3,x_4,x_6,x_8\}\neq\mathrm{pos}_C(D)$$
$$\mathrm{pos}_{C-C_2}(D)=\{x_1,x_2,x_3,x_4,x_5,x_6,x_7,x_8\}=\mathrm{pos}_C(D)$$
$$\mathrm{pos}_{C-C_3}(D)=\{x_2,x_3,x_6,x_7\}\neq\mathrm{pos}_C(D)$$
$$\mathrm{pos}_{C-C_4}(D)=\{x_1,x_2,x_3,x_4,x_5,x_6,x_7,x_8\}=\mathrm{pos}_C(D)$$

可知条件属性 C_1,C_3 相对于决策属性 D 是必要的，条件属性 C_2,C_4 相对于决策属性 D 是不必要的。于是可得条件属性 $C=\{C_1,C_2,C_3,C_4\}$ 的 D 约简（相对约简）为 $C'=\{C_1,C_3\}$，即条件属性 C 的 D 核为$\{C_1,C_3\}$。

(3) 属性重要度。

定义 6.12（属性重要度） 令 C 和 D 分别为条件属性集和决策属性，则属性 attr 在条件属性集 C 中的重要度 $\mu_D(\mathrm{attr})$ 可表示为

$$\mu_D(\mathrm{attr})=\frac{\mathrm{card}(\mathrm{pos}_C(D))-\mathrm{card}(\mathrm{pos}_{C-\mathrm{attr}}(D))}{\mathrm{card}(U)} \tag{6-9}$$

式中：$\mathrm{card}(X)$ 为集合的基。

［示例 6－5］ 作战效果的决策表见表 6－4，根据属性重要度的定义，有

$$\mu_D(C_1)=\frac{8-6}{8}=\frac{1}{4},\quad \mu_D(C_2)=\frac{8-8}{8}=0,\quad \mu_D(C_3)=\frac{8-4}{8}=\frac{1}{2},\quad \mu_D(C_4)=\frac{8-8}{8}=0$$

由此可知，在作战效果决策表中，条件属性 $C_3=\{$训练水平$\}$ 最重要，$C_1=\{$武器系统$\}$ 次之，$C_2=\{$机动能力$\}$ 和 $C_4=\{$气象条件$\}$ 不重要。

4. 粗糙集的决策规则

定义 6.13（决策规则） 设 $S=\{U,A\}$ 是一个决策表，$A=C\cup D,C\cap D=\varphi$，其中 C 为条件属性集，D 为决策属性集，令 X_i 和 Y_j 分别代表 U/C 与 U/D 中等价类，$\mathrm{des}(X_i)$ 为等价类 X_i 对于各条件属性值的特定取值，$\mathrm{des}(Y_j)$ 为等价类 Y_j 对于各决策属性值的特定取值。决策规则定义为

$$r_{ij}:\mathrm{des}(X_i)\rightarrow\mathrm{des}(Y_j),\quad X_i\cap Y_j\neq\varphi \tag{6-10}$$

规则的确定性因子 $\mu(X_i,Y_j)$ 为

$$\mu(X_i,Y_j)=|X_i\cap Y_j|/|X_i|,\quad 0<\mu(X_i,Y_j)\leqslant 1 \tag{6-11}$$

当 $\mu(X_i,Y_j)=1$ 时，r_{ij} 是确定的；$0<\mu(X_i,Y_j)<1$ 时，r_{ij} 是不确定的。

［示例 6－6］ 对表 6－4 的决策表进行属性约简并去掉相同项，整理可得约简后的作战效果决策表（见表 6－5），此时，论域为 $U=\{x_1,x_2,x_3,x_4,x_5\}$，条件属性 $C=\{$武器系统，训练水平$\}$，决策属性 $D=\{$作战效果$\}$。

表 6-5　作战效果决策表(约简后)

论域(U)	武器系统(C_1)	训练水平(C_2)	作战效果(D)
x_1	先进	高	强
x_2	落后	高	强
x_3	先进	低	强
x_4	先进	低	弱
x_5	落后	低	弱

由表可知,论域 U 关于条件属性 C 和决策属性 D 的等价类分别为

$$U/C=\{\{x_1\},\{x_2\},\{x_3,x_4\},\{x_5\}\}$$

$$U/D=\{\{x_1,x_2,x_3\},\{x_4,x_5\}\}$$

则规则的确定性因子有

$\mu(X_1,Y_1)=1$,　$\mu(X_2,Y_1)=1$,　$\mu(X_3,Y_1)=0.5$,　$\mu(X_3,Y_2)=0.5$,　$\mu(X_4,Y_2)=1$

因此,确定性规则有

r_{11}:(武器系统:先进)且(训练水平:高)→(作战效果:强)

r_{21}:(武器系统:落后)且(训练水平:高)→(作战效果:强)

r_{42}:(武器系统:落后)且(训练水平:低)→(作战效果:弱)

不确定性规则有

r_{31}:(武器系统:先进)且(训练水平:低)→(作战效果:强),规则的确定性因子为 0.5。

r_{32}:(武器系统:先进)且(训练水平:低)→(作战效果:弱),规则的确定性因子为 0.5。

定义 6.14(差别矩阵) 设 $S=\{U,A\}$ 是一个知识表示系统,其中 $U=\{x_1,x_2,\cdots,x_n\}$,x_i $(i=1,2,\cdots,n)$ 为所讨论的个体,$A=\{a_1,a_2,\cdots,a_m\}$,$a_j(j=1,2,\cdots,m)$ 为个体所具有的属性。知识表示系统 S 的差别矩阵定义为

$$M(S)=[c_{ij}]_{n\times n} \tag{6-12}$$

其中矩阵项 c_{ij} 定义为

$$c_{ij}=\{a\in A:a(x_i)\neq a(x_j),\quad i、j=1,2,\cdots,n\} \tag{6-13}$$

表示 c_{ij} 是个体 x_i 与 x_j 有区别的所有属性集合。相应的,核可定义为差别矩阵中所有只有一个元素的矩阵项的集合,即

$$\mathrm{core}(A)=\{a\in A:c_{ij}=(a)\} \tag{6-14}$$

定义 6.15(差别函数) 对于每一个差别矩阵 $M(S)$ 对应唯一的差别函数 $f_{M(S)}$,其定义为:信息系统 x_j 的差别函数 $f_{M(S)}$ 是一个有 m 元变量 $a_1,a_2,\cdots,a_m(a_i\in A,i=1,2,\cdots,m)$ 的布尔函数,它是全体表达式 $\vee c_{ij}$ 的合取,其中 $\wedge c_{ij}$ 是矩阵项 c_{ij} 中的各元素的析取,$1\leqslant j<i\leqslant n$ 且 $c_{ij}\neq\varphi$。

6.1.2　粗糙集方法一般过程

利用粗糙集方法进行装备效能评估,就是综合利用粗糙集中的属性重要性评判、属性约简以及规则推理等方法,探索分析武器系统战术技术性能与作战应用效果之间的关系,因此,可将装备效能评估过程划分为图 6-1 所示的 6 个步骤。

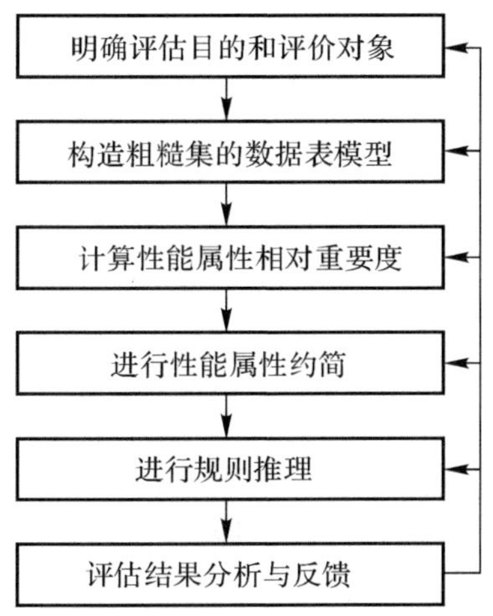

图 6－1　基于粗糙集的装备效能评估过程

1. 明确评估目的与评估对象

根据武器装备效能评估的需求，明确装备效能评估的具体目的与边界，在此基础上完成相关数据的获取工作，实际的评价数据可能来自于实际使用、应用测试或者仿真模拟，无论是何种来源的数据，都必须根据评估目的对数据进行初期分析，对数据满足评估需求的可能性进行判断，必要时补充相关数据。根据效能评估目的与获取数据的实际情况，明确装备系统的性能属性与效能指标。

2. 构建粗糙集的数据表模型

对获取的评价数据进行深入分析，并将其转化为粗糙集中具有单一决策属性的完备决策系统信息表形式的表达模型，即 $S=<U,A,V,f>$，其中 U 为论域，$A=C\cup D$ 为属性集合，C、D 分别为条件属性和决策属性，分别对应于性能指标与效能指标，V 是属性值的集合，即属性的值域，f 是属性集合 A 到属性值 V 的映射。在进行数据转化时需要注意处理以下 3 个方面的问题：

(1) 数据预处理问题。由于装备战术技术性能指标类型多种多样，在进行数据处理时，需要对其进行离散化和单调化处理，由于指标数值的复杂性，一般可采用模糊化处理方法。

(2) 多个决策属性处理问题。由于武器装备效能可能存在多个效能指标，这就需要将其转化为单一决策属性问题，通常可采用将多个决策属性综合为单一决策属性的方法，如存在决策属性 d_1 和 d_2，则可以令 $d=\lambda_1 d_1+\lambda_2 d_2$，其中 λ_1、λ_2 是权系数，反映评估者对于两类效能指标重要性程度的认识。

(3) 数据不协调问题。由于实际数据产生过程的复杂性，获取的评价数据可能存在内在的逻辑不一致或者形式上不完整，如数据缺失或数据异常等，这时可利用粗糙集相关理论构造不完备系统 $S=<U,A,V,f>$ 的协调近似表示空间，然后再进行规则融合。

根据经过以上处理的效能评估相关数据，可得到具有完备性、单一决策属性等性质的装备效能评估数据表(见表 6－6)，其中一条统计表示一种方案对应的性能参数和效果指标值，以该表为基础，就可以应用粗糙集理论方法进行装备效能分析。

表 6-6　装备效能评估数据表

序　号	性能 C_1	性能 C_2	…	性能 C_m	效能 D
1	c_{11}	c_{12}	…	c_{1m}	d_1
2	c_{21}	c_{22}	…	c_{2m}	d_2
⋮	⋮	⋮	⋮	⋮	⋮
n	c_{n1}	c_{n2}	…	c_{nm}	d_n

3. 计算性能属性相对重要度

计算决策属性 D 对条件属性 C 的依赖度，即

$$\gamma_C(D)=\frac{|\operatorname{pos}_C(D)|}{|U|} \tag{6-15}$$

式中：$\operatorname{pos}_C(D)$ 表示 D 的 C 正域；算子 $|\cdot|$ 表示相应集合中对象的个数。

然后计算单个武器装备性能 $c_i \in C$ 对于效能属性 D 的重要度：

$$\sigma_{CD}(c_i)=\gamma_C(D)-\gamma_{C-c_i}(D) \tag{6-16}$$

对所有性能属性关于效能的重要性进行归一化处理，就可得到各性能属性对效能属性重要性的权值因子：

$$\lambda_i=\frac{\sigma_{CD}(c_i)}{\sum_{i=1}^{m}\sigma_{CD}(c_i)} \tag{6-17}$$

4. 进行性能属性约简

给出一个性能属性约简的阀值 δ，若 $\lambda_i \leqslant \delta$，认为相应的性能属性不对效能有重要影响，可将该性能属性约简，于是可得到简化后的性能属性集合 C^*，特别地，所有权值因子性能属性均是可以约简的，由此得到新的数据表 $S^*=<U,A^*,V^*,f^*>$。

5. 进行规则推理

在性能属性约简后得到的数据表中，利用粗糙集中集合包含度的概念进行规则推理，并计算相应规则的可信度，具有过程如下：

(1) 对已知的效能评估数据形成的论域 U，按照效能 D 的等级对 U 进行划分 $U/R_d=\{D_1, D_2,\cdots,D_r\}$，对于 $D_j(j\leqslant r)$，记 $M_j=\{(\{f_1(x_i)\},\{f_2(x_i)\},\cdots,\{f_m(x_i)\}) \mid [x_i]_A \subseteq D_j\}$，其中 x_i 表示第 i 条结论。

(2) 将 M_j 中的向量取并运算，即每个分量取并运算，得到 $F_j=(F_1^j,F_2^j,\cdots,F_m^j)(j\leqslant m)$。

(3) 对于任意 $v_l \in V_l(l\leqslant m)$，记 $E=(\{v_1\},\{v_2\},\cdots,\{v_m\})$。计算 $D(F_j/E)(j\leqslant r)$，并取 $D_{j0}(F_{j0}/E)=\max\limits_{j\leqslant m}D(F_j/E)$，得到效能评估结论：如果 $\bigvee\limits_{l=1}^{m}(r_l,v_l)$，那么 $D_{j0}(D(F_{j0}/E))$。其中 $D(F_{j0}/E)$ 为该效能规则的可信度。

6. 评估结果分析与反馈

对装备效能评估结果进行分析，验证其合理性，若认为评估结果不理想，需重新设定相应参数，重复进行以上步骤，直到达成满意效果。

6.1.3　粗糙集方法特点和适用范围

1. 主要特点

(1)粗糙集处理不确定性问题不需要先验知识。传统上模糊集和概率统计方法是处理不确定信息的常用方法,但这些方法都需要一些数据的附加信息或先验知识,如模糊隶属函数和概率分布等,这些信息有时并不容易得到。粗糙集分析方法仅利用数据本身提供的信息,无需提供所需处理的数据集合之外的任何先验信息,因此与其他不确定推理理论相比更具客观性。

(2)粗糙集是一个强大的数据分析工具,有着严密的数学基础。它能表达和处理不确定信息,能在保留关键信息的前提下对数据进行化简并求得知识的最小表达,能识别并评估数据之间的依赖关系并揭示出简单的描述模式,能从经验数据中获取易于证实的规则知识。

(3)粗糙集具备从大量数据中求取最小不变集合(称为核)与求解最小规则集(称为约简)的能力,这一特性有助于简化冗余属性和属性值,提取有用的特征信息。

(4)粗糙集与模糊集分别刻画了不确定信息的两个方面:粗糙集以不可分辨关系为基础,侧重分类;模糊集基于元素对集合隶属程度的不同,强调集合本身的含糊性。从粗糙集的观点看,粗糙集合不能精确定义的原因是缺乏足够的论域知识,但可以用一对精确集合逼近。

(5)粗糙集理论认为,知识的粒度性是造成使用已有知识不能精确地表示某些概念的原因。通过引入不可分辨关系作为粗糙集理论的基础,并在此基础上定义了上下近似等概念,揭示了论域知识的颗粒状结构。

(6)粗糙集理论具有较强的容错能力,对于信息不完整、数据不准确的系统,提供了比较有效的分析方法,且粗糙集理论易于和其他人工智能方法结合,相互补充。

2. 适用范围

(1)粗糙集理论的核心在于可以用来解释不精确数据间的关系,发现对象和属性间的依赖,评价属性对分类的重要性,并进一步通过去除冗余数据,从而对体现因果关系的相关数据进行约简,发现本质联系。

(2)粗糙集作为一个独立的理论框架,粗糙集及其扩展模型能有效处理不确定或不精确知识的表达、经验学习并从经验中获取知识、识别并评估数据之间的依赖关系、发现数据中的因果关系、发现数据中的相似性和区别、从数据中产生精确而又易于检查和证实的决策规则、根据不确定的知识进行推理、在保留信息的前提下进行数据化简等问题。

(3)粗糙集作为十分有效的数据挖掘方法,其在装备故障诊断、空天目标识别、专家知识系统、辅助决策分析、数据知识发现等领域发挥了重要作用,尤其在装备效能评估方面具有独特的优势。

(4)体系化作战致使作战效能的影响因素越来越复杂,出现了大量的不确定性或具有模糊性的数据,导致了效能评估信息的不精确、不可靠和不完备。利用粗糙集方法对装备效能评估过程中产生的评估数据进行处理,能够从大量的、不精确的、不可靠的、不完备的、不确定信息中,挖掘潜在的、新颖的、正确的、有价值的装备效能评估信息,从而实现对复杂武器装备作战效能的评估。

6.1.4 粗糙集方法应用实例分析

1. 预警卫星系统作战效能评估

(1)构建评估指标体系。基于预警卫星系统的组成结构、运行环境和作战使用特点，遵循系统性、可信性、可测性、时效性、层次性等原则，可建立预警卫星系统作战效能评估指标体系如图 6－2 所示。

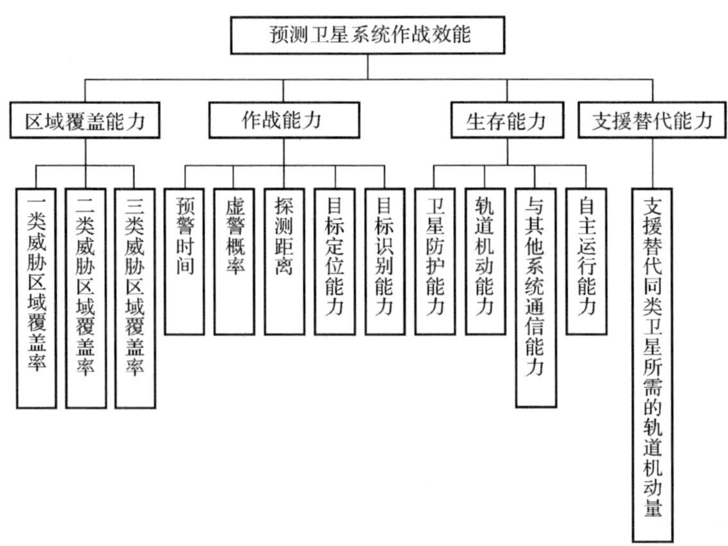

图 6－2 预警卫星系统作战效能评估指标体系

(2)指标的量化处理。

1)区域覆盖能力。区域覆盖能力是指预警卫星服役后对某地区的覆盖率，其取决于卫星在轨工作的部署状态。对于某一特定国家或地区，将其潜在的弹道导弹发射区域设置为威胁区域。一类威胁区域定义为该国家或地区陆基导弹发射部队部署和基地所在区域。如果具备潜射弹道导弹能力，则将其领海范围也包括进来。二类威胁区域主要考虑其陆基导弹机动能力，定义为其他领土区域和可能的海外前进部署基地及其周边海域。三类威胁区域主要考虑该国家或地区的二次核打击能力，根据其可能的冲突对象，定义为其核潜艇可能的作战活动海域。

2)作战能力。作战能力取决于预警卫星系统本身的性能，体现了预警卫星功能。

预警时间 t_{ew} 定义为目标全部飞行时间 T_{m} 与预警卫星探测到目标所对应的目标飞行时间 t_{fd} 之差，即 $t_{\mathrm{ew}}=T_{\mathrm{m}}-t_{\mathrm{fd}}$。其中，$t_{\mathrm{fd}}$ 由探测器信噪比、虚警概率、目标与卫星相对位置确定。

一般认为噪声的概率分布函数为瑞利分布，则虚警概率为

$$P_{\mathrm{fa}}=\int_{T}^{\infty}\frac{V}{\sigma^{2}}\exp\left[-\frac{1}{2}\left(\frac{V}{\sigma}\right)^{2}\right]\mathrm{d}V=\exp\left[-\frac{1}{2}\left(\frac{V}{\sigma}\right)^{2}\right] \tag{6-18}$$

式中：V 为检波器输出的噪声电压幅值；σ 为噪声电压均方根误差。

预警卫星的探测距离可表示为

$$R_{0}=\left[\frac{\pi}{2}D_{0}N_{\mathrm{NA}}D^{*}J\tau_{\mathrm{a}}\tau_{0}\right]\left[\frac{\gamma C}{\Omega_{\mathrm{s}}}\right]^{1/4} \tag{6-19}$$

式中：D_0 为光学系统入射孔径的直径；N_{NA} 为光学系统数值孔径；D^* 为探测器面积为 1 cm^2、带宽为 1 Hz 的探测度；J 为目标的红外辐射强度；τ_a 为传感器至目标的红外透过率；τ_0 为传感器的红外透过率；γ 为脉冲能见度系数，表示信号处理系统从噪声中分离出信号的效率；C 为单个探测器元件的数目；Ω_s 为搜索速率。

目标定位能力根据定位误差评价，将位置估计方差的 Cramer－Rao 下限值作为评价目标定位能力的指标。根据 t_1 时刻观测的方位角、俯仰角和目标位置，计算主动段参考时刻 t_2 的位置估计方差下限。

目标识别能力的主要影响因素有探测器性能参数、轨道和空间分布特征等，因此，采用定性分析和专家打分法对目标识别能力进行赋值，见表 6－7。

表 6－7　目标识别能力和生存能力指标及判据

指标值	评价值	目标识别能力指标及判据	生存能力及判据			
			卫星防护能力	轨道机动能力	与其他系统通信能力	自主运行能力
最弱	0	—	无防护措施	不能轨道机动	各分系统之间无法进行数据传输	完全依赖地面测控系统
较弱	0.1	高轨，非组网，短波红外波段，扫描型	基本物理防护	仅可轨道机动	卫星和地面站间可进行数据传输	可测量星上各分系统工作状态
弱	0.3	高轨，非组网，短波和中波红外波段，扫描型	可防护各种自然威胁	能够轨道修正	卫星和地面站间可进行指令和数据传输，速率快	可完成星上各分系统状态分析
一般	0.5	高轨，非组网，短波和中长波红外波段，扫描型	除上述能力外，还可抗红外及弱激光干扰	能够轨道改变	卫星与卫星、卫星与地面站间可进行指令和数据传输	可完成轨道、姿态及星上分系统工作状态测量
较强	0.7	低轨，非组网，短波、中波、中长波、长波红外波段以及可见光波段，扫描型和凝视型	除上述能力外，还可抗红外曳光弹及强激光烧蚀	能够轨道转移	各系统间均可进行指令和数据传输	轨道、姿态及星上分系统工作状态测量与分析
强	0.9	低轨，组网结构，短波、中波、中长波、长波红外波段以及可见光波段，扫描型和凝视型	除上述能力外，还有防核攻击加固	能够轨道拦截	各系统间均可进行速率较快的指令和数据传输	轨道姿态测量保持，分系统状态分析与调节，内部环境保持

3)生存能力。生存能力取决于卫星本身的设计,体现预警卫星自身生存以及受到外来作用时能够正常发挥其作用的能力。采用定性分析和专家打分法对卫星防护能力、轨道机动能力、与其他系统之间通信能力和自主运行能力 4 个指标赋值见表 6-7。

4)支援替代能力。支援替代同类型卫星是指不在威胁区域的 GEO 卫星通过轨道机动来支援或替代威胁区域原失效卫星。对于某特定的威胁区域,首先确定能够覆盖的卫星,其支援能力指标值为不需要机动即可覆盖。其他同类的卫星需要通过轨道机动从而覆盖该区域,根据轨道机动需要跨越的经度范围计算指标值 R,即

$$R=\frac{A_{\max}-A}{A_{\max}} \tag{6-20}$$

式中:$A_{\max}$为支援同类型卫星所需最大的机动经度范围;A 为某颗卫星机动过程中所需机动的经度范围。

(3)建立评估初始信息表。将评估指标体系中的 13 个评估指标视为预警卫星系统的属性,形成属性集 $C=\{C_1,C_2,\cdots,C_{13}\}$。论域 U 为预警卫星的集合,设集合 D 为决策属性集合,表现为评估结果对全部研究对象的排序,从而形成预警卫星作战效能评估信息表。

假设以某国在轨的 5 颗 GEO 卫星、2 颗 HEO 卫星以及 LEO 卫星星座的预警卫星系统为研究实例,分别用 G1,G2,G3,G4,G5,H1,H2,L 表示。

按照部署完成后的 LEO 星座构型进行评估,通过设置威胁区域,仿真 7d 内的卫星覆盖数据,其中 LEO 星座和 HEO 卫星按平均覆盖率计算。

根据覆盖率的计算结果,G3,G4,G5 的支援同类型卫星能力指标值为 1,根据式(6-20)计算 G1,G2 的支援同类型卫星能力指标值,其中 $A_{\max}=73.66°$。此处不考虑 HEO 卫星的支援同类型卫星能力。LEO 星座具有星间协同能力,可实现多重覆盖和接力跟踪,因此可认为 L 的支援同类型卫星能力指标值为 1。

设预警目标为弹道导弹,射程为 500 km、飞行时间约为 300 s,根据计算和定性分析结果,形成评估初始指标信息表(见表 6-8)。

表 6-8 预警卫星评估初始指标信息表

论域 U	条件属性 C												
	C_1	C_2	C_3	C_4/s	C_5	C_6/km	C_7	C_8/m	C_9	C_{10}	C_{11}	C_{12}	C_{13}
G1	0	0	0.578 3	180	0.000 2	40 000	0.5	>700	0.9	0.5	0.7	0.3	0.638
G2	0	0	0	180	0.000 2	40 000	0.5	>700	0.9	0.5	0.7	0.3	0.923
G3	0	0.250 1	0	180	0.000 2	40 000	0.5	>700	0.9	0.5	0.7	0.3	1
G4	0.409 9	0.868 7	0.115 3	180	0.000 2	40 000	0.5	>700	0.9	0.5	0.7	0.3	1
G5	0.960 1	0.890 6	0.366 4	180	0.000 2	40 000	0.5	>700	0.9	0.5	0.7	0.3	1
H1	0.276 6	0.291 6	0.135 5	180	0.000 2	40 000	0.5	>1 000	0.9	0.7	0.7	0.5	0
H2	0.328 8	0.315 2	0.122 5	180	0.000 2	40 000	0.5	>1 000	0.9	0.7	0.7	0.5	0
L	0.903 9	0.896 2	0.887 0	250	0.001 0	>7 000	0.9	>200	0.7	0.9	0.9	0.9	1

(4)评估信息表的约简。基于粗糙集的评估,核心是对数据集的分类。对评估初始指标信

息表的各指标数据进行离散化处理，可得到预警卫星评估信息表(见表 6-9)。

表 6-9　预警卫星评估信息表

论域 U	条件属性 C												
	C_1	C_2	C_3	C_4	C_5	C_6	C_7	C_8	C_9	C_{10}	C_{11}	C_{12}	C_{13}
G1	1	1	4	1	1	2	1	2	2	1	1	1	2
G2	1	1	1	1	1	2	1	2	2	1	1	1	3
G3	1	2	1	1	1	2	1	2	2	1	1	1	4
G4	4	4	2	1	1	2	1	2	2	1	1	1	4
G5	5	4	3	1	1	2	1	2	2	1	1	1	4
H1	2	3	2	1	1	2	1	3	2	2	1	2	1
H2	3	3	2	1	1	2	1	3	2	2	1	2	1
L	5	4	5	2	2	1	2	1	1	3	2	3	4

通过知识约简，在保证信息系统分类能力不变的前提下，删除其中不重要的属性。根据粗糙集中约简与核的概念，进行知识约简。

1)删去分类能力相同的属性。由于条件属性 C_5，C_6，C_7，C_9，C_{11} 的分类能力相同，C_{10}，C_{12} 的分类能力相同，因此，可将条件属性 C_5，C_6，C_7，C_9，C_{10}，C_{11}，C_{12} 删去，则条件属性集 C 可简化为 $C'=\{C_1,C_2,C_3,C_4,C_8,C_{13}\}$，于是可得简化的评估信息表(见表 6-10)。

表 6-10　简化后的预警卫星评估信息表

论域 U	条件属性 C					
	C_1	C_2	C_3	C_4	C_8	C_{13}
G1	1	1	4	1	2	2
G2	1	1	1	1	2	3
G3	1	2	1	1	2	4
G4	4	4	2	1	2	4
G5	5	4	3	1	2	4
H1	2	3	2	1	3	1
H2	3	3	2	1	3	1
L	5	4	5	2	1	4

2)计算条件属性集的核。

根据粗糙集中的不可分辨关系，计算各条件属性的等价类，有

$U/\mathrm{ind}(C')=\{\{G1\},\{G2\},\{G3\},\{G4\},\{G5\},\{H1\},\{H2\},\{L\}\}$

$U/\mathrm{ind}(C'-C_1)=\{\{G1\},\{G2\},\{G3\},\{G4\},\{G5\},\{H1,H2\},\{L\}\}\neq U/\mathrm{ind}(C')$

$U/\mathrm{ind}(C'-C_2)=\{\{G1\},\{G2\},\{G3\},\{G4\},\{G5\},\{H1\},\{H2\},\{L\}\}=U/\mathrm{ind}(C')$

$U/\text{ind}(C'-C_3)=\{\{G1\},\{G2\},\{G3\},\{G4\},\{G5\},\{H1\},\{H2\},\{L\}\}=U/\text{ind}(C')$

$U/\text{ind}(C'-C_4)=\{\{G1\},\{G2\},\{G3\},\{G4\},\{G5\},\{H1\},\{H2\},\{L\}\}=U/\text{ind}(C')$

$U/\text{ind}(C'-C_8)=\{\{G1\},\{G2\},\{G3\},\{G4\},\{G5\},\{H1\},\{H2\},\{L\}\}=U/\text{ind}(C')$

$U/\text{ind}(C'-C_{13})=\{\{G1\},\{G2\},\{G3\},\{G4\},\{G5\},\{H1\},\{H2\},\{L\}\}=U/\text{ind}(C')$

$U/\text{ind}(D)=\{\{G1\},\{G2\},\{G3\},\{G4\},\{G5\},\{H1\},\{H2\},\{L\}\}$

由此可知，属性 C_1 在条件属性集 C' 中相对于决策属性是必要的，C_2，C_3，C_4，C_8，C_{13} 在条件属性集 C' 中相对于决策属性是不必要的，该条件属性集的核是 $\text{core}(C')=C_1$。

3）计算各条件属性相对于核的重要度。由于 $U/\text{ind}(\{C_1\})=U/\text{ind}(C')$，以属性重要度为启发信息，从信息系统的核出发，采用添加法获取信息系统的属性约简。计算添加属性后的等价类，有

$U/\text{ind}(\{C_1\})=\{\{G1,G2,G3\},\{G4\},\{G5,L\},\{H1\},\{H2\}\}$

$U/\text{ind}(\{C_1,C_2\})=\{\{G1,G2\},\{G3\},\{G4\},\{G5,L\},\{H1\},\{H2\}\}$

$U/\text{ind}(\{C_1,C_3\})=\{\{G1\},\{G2,G3\},\{G4\},\{G5\},\{H1\},\{H2\},\{L\}\}$

$U/\text{ind}(\{C_1,C_4\})=\{\{G1,G2,G3\},\{G4\},\{G5\},\{H1\},\{H2\},\{L\}\}$

$U/\text{ind}(\{C_1,C_8\})=\{\{G1,G2,G3\},\{G4\},\{G5\},\{H1\},\{H2\},\{L\}\}$

$U/\text{ind}(\{C_1,C_{13}\})=\{\{G1\},\{G2\},\{G3\},\{G4\},\{G5,L\},\{H1\},\{H2\}\}$

计算条件属性的正域，有

$\text{pos}_{C_1}(D)=\bigcup\{Y\in U/C_1 \mid Y\subseteq D\}=\{G4,H1,H2\}$

$\text{pos}_{(C_1,C_2)}(D)=\bigcup\{Y\in U/\{C_1,C_2\} \mid Y\subseteq D\}=\{G3,G4,H1,H2\}$

$\text{pos}_{(C_1,C_3)}(D)=\bigcup\{Y\in U/\{C_1,C_3\} \mid Y\subseteq D\}=\{G1,G4,G5,H_1,H_2,L\}$

$\text{pos}_{(C_1,C_4)}(D)=\bigcup\{Y\in U/\{C_1,C_4\} \mid Y\subseteq D\}=\{G4,G5,H_1,H_2,L\}$

$\text{pos}_{(C_1,C_8)}(D)=\bigcup\{Y\in U/\{C_1,C_8\} \mid Y\subseteq D\}=\{G4,G5,H_1,H_2,L\}$

$\text{pos}_{(C_1,C_{13})}(D)=\bigcup\{Y\in U/\{C_1,C_{13}\} \mid Y\subseteq D\}=\{G1,G2,G3,G4,H_1,H_2\}$

计算决策属性对各条件属性的依赖度，有

$$\gamma_{C_1}(D)=\frac{|\text{pos}_{C_1}(D)|}{|U|}=\frac{3}{8}$$

$$\gamma_{(C_1,C_2)}(D)=\frac{|\text{pos}_{(C_1,C_2)}(D)|}{|U|}=\frac{4}{8}$$

$$\gamma_{(C_1,C_3)}(D)=\frac{|\text{pos}_{(C_1,C_3)}(D)|}{|U|}=\frac{6}{8}$$

$$\gamma_{(C_1,C_4)}(D)=\frac{|\text{pos}_{(C_1,C_4)}(D)|}{|U|}=\frac{5}{8}$$

$$\gamma_{(C_1,C_8)}(D)=\frac{|\text{pos}_{(C_1,C_8)}(D)|}{|U|}=\frac{5}{8}$$

$$\gamma_{(C_1,C_{13})}(D)=\frac{|\text{pos}_{(C_1,C_{13})}(D)|}{|U|}=\frac{6}{8}$$

于是得到条件属性集 C' 中各属性相对于核的重要度为

$$\gamma_{C_2C_1}(D)=\gamma_{(C_1,C_2)}(D)-\gamma_{C_1}(D)=\frac{4}{8}-\frac{3}{8}=0.125$$

$$\gamma_{C_3C_1}(D)=\gamma_{(C_1,C_3)}(D)-\gamma_{C_1}(D)=\frac{6}{8}-\frac{3}{8}=0.375$$

$$\gamma_{C_4C_1}(D)=\gamma_{(C_1,C_4)}(D)-\gamma_{C_1}(D)=\frac{5}{8}-\frac{3}{8}=0.250$$

$$\gamma_{C_8C_1}(D)=\gamma_{(C_1,C_8)}(D)-\gamma_{C_1}(D)=\frac{5}{8}-\frac{3}{8}=0.250$$

$$\gamma_{C_{13}C_1}(D)=\gamma_{(C_1,C_{13})}(D)-\gamma_{C_1}(D)=\frac{6}{8}-\frac{3}{8}=0.375$$

4)根据重要度进行属性约简。按照重要度大小进行排序，设 $P=B\cup\{C_3,C_{13}\}=\{C_1,C_3,C_{13}\}$，则有

$$U/\mathrm{ind}(P)=\{\{G1\},\{G2\},\{G3\},\{G4\},\{G5\},\{H1\},\{H2\},\{L\}\}=U/\mathrm{ind}(C')$$

于是可得条件属性集的一个约简为 $C''=\{C_1,C_3,C_{13}\}$。因此，约简后的预警卫星系统作战效能评估指标为：一类威胁区域覆盖率、三类威胁区域覆盖率、支援替代同类卫星所需的轨道机动量。

(5)评估指标权重计算。根据条件属性的重要度，对其进行归一化处理，可得到预警卫星作战效能评估指标的权重系数。条件属性集 C'' 中各属性的等价类为

$$U/\mathrm{ind}(\{C_1\})=\{\{G1,G2,G3\},\{G4\},\{G5,L\},\{H1\},\{H2\}\}$$
$$U/\mathrm{ind}(\{C_3\})=\{\{G1\},\{G2,G3\},\{G4,H1,H2\},\{G5\},\{L\}\}$$
$$U/\mathrm{ind}(\{C_{13}\})=\{\{G1\},\{G2\},\{G3,G4,G5,L\},\{H1,H2\}\}$$

条件属性集 C'' 中各属性的正域为

$$\mathrm{pos}_{C_1}(D)=\bigcup\{Y\in U/C_1\mid Y\subseteq D\}=\{G4,H1,H2\}$$
$$\mathrm{pos}_{C_3}(D)=\bigcup\{Y\in U/C_3\mid Y\subseteq D\}=\{G1,G5,L\}$$
$$\mathrm{pos}_{C_{13}}(D)=\bigcup\{Y\in U/C_3\mid Y\subseteq D\}=\{G1,G2\}$$

决策属性对各属性的依赖度为

$$\gamma_{C_1}(D)=\frac{|\mathrm{pos}_{C_1}(D)|}{|U|}=\frac{3}{8}$$

$$\gamma_{C_3}(D)=\frac{|\mathrm{pos}_{C_3}(D)|}{|U|}=\frac{3}{8}$$

$$\gamma_{C_{13}}(D)=\frac{|\mathrm{pos}_{C_{13}}(D)|}{|U|}=\frac{2}{8}$$

于是可得各属性指标的相对权重为

$$\begin{cases}w(C_1)=w(C_3)=0.375\\ w(C_{13})=0.250\end{cases}$$

(6)进行作战效能评估。根据评估指标体系的约简结果，将 3 项指标对应的各对象指标值进行无量纲化处理，结果见表 6 - 11。

表 6 - 11　约简及无量纲化后的评估指标体系

论域 U	条件属性 C		
	C_1	C_3	C_{13}
G1	0	0.159 4	0.443 5

续表

论域 U	条件属性 C		
	C_1	C_3	C_{13}
G2	0	0	0.641 6
G3	0	0	0.695 1
G4	1.138 9	0.031 78	0.695 1
G5	2.667 6	0.101 00	0.695 1
H1	0.768 5	0.037 38	0
H2	0.913 5	0.033 80	0
L	2.531 4	0.244 70	0.695 1

根据指标权夏和无量纲化后的指标值，通过线性加权的方法，计算预警卫星的作战效能评估值，得

$$E_{G1}=w(C_1)y_{G1}(C_1)+w(C_3)y_{G1}(C_3)+w(C_{13})y_{G1}(C_{13})=0.170\ 65$$
$$E_{G2}=w(C_1)y_{G2}(C_1)+w(C_3)y_{G2}(C_3)+w(C_{13})y_{G2}(C_{13})=0.160\ 40$$
$$E_{G3}=w(C_1)y_{G3}(C_1)+w(C_3)y_{G3}(C_3)+w(C_{13})y_{G3}(C_{13})=0.173\ 80$$
$$E_{G4}=w(C_1)y_{G4}(C_1)+w(C_3)y_{G4}(C_3)+w(C_{13})y_{G4}(C_{13})=0.612\ 78$$
$$E_{G5}=w(C_1)y_{G5}(C_1)+w(C_3)y_{G5}(C_3)+w(C_{13})y_{G5}(C_{13})=1.212\ 00$$
$$E_{H1}=w(C_1)y_{H1}(C_1)+w(C_3)y_{H1}(C_3)+w(C_{13})y_{H1}(C_{13})=0.302\ 20$$
$$E_{H2}=w(C_1)y_{H2}(C_1)+w(C_3)y_{H2}(C_3)+w(C_{13})y_{H2}(C_{13})=0.355\ 20$$
$$E_L=w(C_1)y_L(C_1)+w(C_3)y_L(C_3)+w(C_{13})y_L(C_{13})=1.215\ 00$$

于是得到基于粗糙集的预警卫星作战效能评估的排序结果为

$$L>G5>G4>H2>H1>G3>G1>G2$$

即 LEO 预警卫星的作战效能最大。

2. 卫星导航系统作战效能评估

由于卫星导航系统的组成结构、内外关系、运行机制、运行环境、系统操作等极为复杂，且包含大量的不确定性信息。因此，粗糙集理论是卫星导航系统效能评估较为理想的选择。

(1)构建评估指标体系。卫星导航系统效能评估的目的是评估其任务或功能的满足程度。卫星导航系统的主要功能有导航定位、授时、指挥协调、通信、测量测绘等。如果要考虑战时环境下的效能评估，则还需强调系统的生存能力和对抗能力。因此，结合卫星导航系统的作战任务需求，按照效能评估指标体系建立的原则、方法和步骤，可建立卫星导航系统作战效能评估指标体系如图 6-3 所示。

以某卫星导航系统综合测试实验场对卫星导航系统进行数据测试为背景，根据该实验场的卫星导航系统战技性能及在实际检测过程中的数据为依据，选取 6 组具有代表性的数据，并由专家系统对各次检验数据分别打分，建立卫星导航系统评价初始数据表(见表 6-12)。

表 6－12　卫星导航系统评价初始数据

论　域	实验测试	GD1	GD2	GD3	GD4	GD5	GD6
指标离散值	覆盖范围(C_1)	—	—	—	—	—	—
	系统容量(C_2)	—	—	—	—	—	—
	定位精度(C_3)/m	20	26	27	23	28	25
	定位响应时间(C_4)/ms	300	320	360	325	310	340
	信息更新率(C_5)	0.90	0.89	0.87	0.86	0.92	0.88
	精确测速能力(C_6)	0.93	0.95	0.93	0.92	0.96	0.91
	抗毁能力(C_7)	0.91	0.88	0.89	0.86	0.91	0.87
	可靠性(C_8)	0.80	0.85	0.83	0.86	0.81	0.79
	可用性(C_9)	0.91	0.93	0.96	0.92	0.93	0.95
	维修性(C_{10})	0.93	0.92	0.94	0.92	0.90	0.91
	信息加密能力(C_{11})	0.78	0.82	0.80	0.81	0.83	0.79
	抗干扰能力(C_{12})	0.90	0.92	0.90	0.91	0.92	0.89
	反利用能力(C_{13})	0.91	0.90	0.92	0.94	0.93	0.92
	指挥协调能力(C_{14})	0.85	0.82	0.87	0.84	0.83	0.85
	通信能力(C_{15})	0.83	0.85	0.83	0.87	0.81	0.79
	授时能力(C_{16})	0.93	0.92	0.91	0.94	0.90	0.91
	测量测绘能力(C_{17})	0.90	0.93	0.95	0.92	0.92	0.94
专家评分值	专家 1	90	55	70	85	65	80
	专家 2	95	60	80	90	80	95
	专家 3	85	50	65	75	70	70
	专家 4	75	45	70	95	60	85
	专家 5	95	70	70	80	60	75
总分		270	165	210	255	195	240

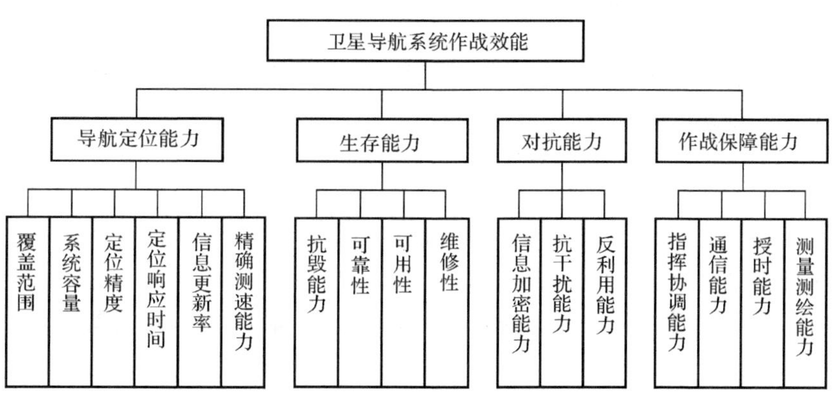

图 6－3　卫星导航系统作战效能评估指标体系

(2)系统评价决策与属性约简。根据初始评价数据表,可设卫星导航知识表达系统为 $S=<U,A>$,研究对象集合 $U=\{GD1,GD2,GD3,GD4,GD5,GD6\}$,属性集合 $A=C\cup D$,其中条件属性集合 $C=\{C_1,C_2,\cdots,C_{17}\}$表示各指标的集合,决策属性集合 $D=\{D_1,D_2,D_3,D_4,D_5,D_6\}$表示去掉最低、最高分后相加得到的总得分。为便于使用粗糙集理论对卫星导航系统作战效能进行研究,需要对初始数据表 6-12 中各属性进行离散化处理,这里采用全局聚类法进行离散化处理,得到卫星导航知识表达系统(见表 6-13)。

表 6-13　卫星导航系统评价信息表

论　域	实验测试	GD1	GD2	GD3	GD4	GD5	GD6
指标离散值	覆盖范围(C_1)	3	1	2	3	2	2
	系统容量(C_2)	1	0	1	1	1	1
	定位精度(C_3)	2	0	1	2	1	1
	定位响应时间(C_4)	4	1	3	4	3	3
	信息更新率(C_5)	2	0	1	1	1	1
	精确测速能力(C_6)	3	0	1	3	1	1
	抗毁能力(C_7)	1	0	1	1	1	1
	可靠性(C_8)	2	1	2	2	1	1
	可用性(C_9)	0	0	1	0	1	1
	维修性(C_{10})	2	0	1	2	1	1
	信息加密能力(C_{11})	2	0	1	2	1	1
	抗干扰能力(C_{12})	2	1	1	2	1	2
	反利用能力(C_{13})	2	1	2	2	1	1
	指挥协调能力(C_{14})	2	0	1	1	1	1
	通信能力(C_{15})	2	0	1	0	1	1
	授时能力(C_{16})	2	1	1	2	1	1
	测量测绘能力(C_{17})	3	0	1	2	1	0
决策属性		3	1	2	2	1	2

由于卫星导航系统作战效能评估指标体系比较复杂,需要对其进行简化,具体步骤如下:

1)计算各属性的等价类:$U/\mathrm{ind}(C-C_i)$;

2)计算各属性的正域:$\mathrm{pos}_{C-C_i}(D)$;

3)计算各属性的依赖度:$\gamma_{C-C_i}(D)=\dfrac{|\mathrm{pos}_{C-C_i}(D)|}{|U|}$;

4)计算各属性的重要度:$\sigma_{CD}(C_i)=\gamma_C(D)-\gamma_{C-C_i}(D)$。

从评估指标体系中删去属性重要度 $\sigma_{CD}(C_i)=0$ 的指标,保留属性重要度 $\sigma_{CD}(C_i)>0$ 的指标,可得到新的条件属性集 $B=\{B_1,B_2,B_3,B_4,B_5\}$,分别对应于指标定位精度($C_3$)、信息更新率($C_5$)、可靠性($C_8$)、抗干扰能力($C_{12}$)、授时能力($C_{16}$)。由此可建立新的知识表达系统 $S'=$

$<U,A'>$，属性集合 $A'=B\cup D$，可得新的评价决策表(见表 6-14)。

表 6-14　简化的卫星导航系统评价决策表

论　域	条件属性					决策属性
	B_1	B_2	B_3	B_4	B_5	D
GD1	2	2	2	2	2	3
GD2	0	0	1	1	1	1
GD3	1	1	2	1	1	2
GD4	2	1	2	2	2	2
GD5	1	1	1	1	1	1
GD6	1	1	1	2	1	2

(3)属性重要度及权重计算。对简化后的卫星导航系统评价决策表各属性再次计算属性重要度，具体步骤如下：

1)计算各属性的等价类：

$$U/\mathrm{ind}(B-B_1)=\{\{GD1\},\{GD2\},\{GD3\},\{GD4\},\{GD5\},\{GD6\}\}$$

$$U/\mathrm{ind}(B-B_2)=\{\{GD1,GD4\},\{GD2\},\{GD3\},\{GD5\},\{GD6\}\}$$

$$U/\mathrm{ind}(B-B_3)=\{\{GD1\},\{GD2\},\{GD3,GD5\},\{GD4\},\{GD6\}\}$$

$$U/\mathrm{ind}(B-B_4)=\{\{GD1\},\{GD2\},\{GD3\},\{GD4\},\{GD5,GD6\}\}$$

$$U/\mathrm{ind}(B-B_5)=\{\{GD1\},\{GD2\},\{GD3\},\{GD4\},\{GD5\},\{GD6\}\}$$

$$U/\mathrm{ind}(B)=\{\{GD1\},\{GD2\},\{GD3\},\{GD4\},\{GD5\},\{GD6\}\}$$

$$U/\mathrm{ind}(D)=\{\{GD1\},\{GD2,GD5\},\{GD3,GD4,GD6\}\}$$

2)计算各属性的正域：

$$\mathrm{pos}_B(D)=\bigcup\{Y\in U/|Y\subseteq D\}=\{GD1,GD2,GD3,GD4,GD5,GD6\}$$

$$\mathrm{pos}_{B-B_1}(D)=\bigcup\{Y\in U/(B-B_1)|Y\subseteq D\}=\{GD1,GD2,GD3,GD4,GD5,GD6\}$$

$$\mathrm{pos}_{B-B_2}(D)=\bigcup\{Y\in U/(B-B_2)|Y\subseteq D\}=\{GD2,GD3,GD5,GD6\}$$

$$\mathrm{pos}_{B-B_3}(D)=\bigcup\{Y\in U/(B-B_3)|Y\subseteq D\}=\{GD1,GD2,GD4,GD6\}$$

$$\mathrm{pos}_{B-B_4}(D)=\bigcup\{Y\in U/(B-B_4)|Y\subseteq D\}=\{GD1,GD2,GD3,GD4\}$$

$$\mathrm{pos}_{B-B_5}(D)=\bigcup\{Y\in U/(B-B_5)|Y\subseteq D\}=\{GD1,GD2,GD3,GD4,GD5,GD6\}$$

3)计算各属性的依赖度：

$$\gamma_B(D)=\frac{|\mathrm{pos}_B(D)|}{|U|}=\frac{6}{6}$$

$$\gamma_{B-B_1}(D)=\frac{|\mathrm{pos}_{B-B_1}(D)|}{|U|}=\frac{6}{6}$$

$$\gamma_{B-B_2}(D)=\frac{|\mathrm{pos}_{B-B_2}(D)|}{|U|}=\frac{4}{6}$$

$$\gamma_{B-B_3}(D)=\frac{|\mathrm{pos}_{B-B_3}(D)|}{|U|}=\frac{4}{6}$$

$$\gamma_{B-B_4}(D)=\frac{|\mathrm{pos}_{B-B_4}(D)|}{|U|}=\frac{4}{6}$$

$$\gamma_{B-B_5}(D)=\frac{|\mathrm{pos}_{B-B_5}(D)|}{|U|}=\frac{6}{6}$$

4)计算各属性的重要度：

$$\sigma_{BD}(B_1)=\gamma_B(D)-\gamma_{B-B_1}(D)=\frac{6}{6}-\frac{6}{6}=0$$

$$\sigma_{BD}(B_2)=\gamma_B(D)-\gamma_{B-B_2}(D)=\frac{6}{6}-\frac{4}{6}=\frac{2}{6}$$

$$\sigma_{BD}(B_3)=\gamma_B(D)-\gamma_{B-B_3}(D)=\frac{6}{6}-\frac{4}{6}=\frac{2}{6}$$

$$\sigma_{BD}(B_4)=\gamma_B(D)-\gamma_{B-B_4}(D)=\frac{6}{6}-\frac{4}{6}=\frac{2}{6}$$

$$\sigma_{BD}(B_5)=\gamma_B(D)-\gamma_{B-B_5}(D)=\frac{6}{6}-\frac{6}{6}=0$$

5)计算指标的权重：

删去属性重要度为 0 的指标，保留属性重要度大于 0 的指标，于是可得简化后的条件属性集为 $B'=\{B_2,B_3,B_4\}$，分别对应于指标信息更新率(C_5)、可靠性(C_8)、抗干扰能力(C_{12})。由于三个指标的重要度相同，于是可得指标信息更新率(C_5)、可靠性(C_8)、抗干扰能力(C_{12})的权重均为 1/3。

(4)卫星导航系统效能评估。假定获得 5 次具体的实验测试数据，按照上面确定的各指标离散化处理标准，得到各指标的离散化值(见表 6-15)。

表 6-15 卫星导航系统实际测试数据离散值表

论 域		SD1	SD2	SD3	SD4	SD5
指标离散值	覆盖范围(C_1)	1	2	3	2	3
	系统容量(C_2)	1	0	1	1	0
	定位精度(C_3)	2	2	2	3	1
	定位响应时间(C_4)	4	3	4	3	1
	信息更新率(C_5)	2	1	2	1	0
	精确测速能力(C_6)	3	2	3	1	0
	抗毁能力(C_7)	1	2	1	1	0
	可靠性(C_8)	1	1	2	1	1
	可用性(C_9)	0	1	0	1	0
	维修性(C_{10})	2	1	2	1	1
	信息加密能力(C_{11})	2	1	2	1	0

续表

论　域		SD1	SD2	SD3	SD4	SD5
指标离散值	抗干扰能力(C_{12})	2	1	2	1	0
	反利用能力(C_{13})	1	2	1	2	0
	指挥协调能力(C_{14})	2	1	2	1	1
	通信能力(C_{15})	4	1	4	1	0
	授时能力(C_{16})	1	1	2	1	2
	测量测绘能力(C_{17})	3	1	3	1	2

按照线性加权求和法计算各次测试的卫星导航系统作战效能值,有

$$E_1=\frac{1}{3}(2+1+2)=1.67$$

$$E_2=\frac{1}{3}(1+1+1)=1.00$$

$$E_3=\frac{1}{3}(2+2+2)=2.00$$

$$E_4=\frac{1}{3}(1+1+1)=1.00$$

$$E_5=\frac{1}{3}(0+1+0)=0.33$$

由此可知,第 3 次实验测试的效果最佳,然后依次是第 1 次、第 2 和 4 次,第 5 次实验测试效果最差。

6.2　探索性分析方法

6.2.1　探索性分析方法基本原理

探索性分析(Exploratory Analysis,EA)方法自 20 世纪 70 年代被正式提出后,即受到广泛的重视,特别是西方发达国家宏观决策机构和智囊组织。对于探索性分析方法的研究和应用以 RAND 公司最为突出,20 世纪 90 年代以来将该方法广泛应用于一系列的系统分析与系统建模活动中,包括研制联合一体化应急模型(Joint Integrated Contingency Model,JICM)、战略评估系统(Rand Strategy Assessment System,RSAS),武器优化配置问题(Weapon Mix Problem)、作战效能评估问题(Measure of Operations Evaluation)以及美国面对特定冲突的政策选择问题(Options for U. S. Policy)等,形成了一批具有巨大影响力的成果,极大地推动了探索性分析方法的发展。

1. 探索性分析的基本思想

探索性分析的基本思想是,通过考察大量不确定条件下各种方案的不同结果,理解和发现复杂现象背后数据变量之间的影响关系,并广泛试探各种可能的结果。

通过探索性分析，可以深入理解各种不确定性因素对于特定问题的影响，全面把握各种关键要素，探索可以完成相应任务需求的系统各种能力与策略，寻求满意解以及后续调整方案。探索性分析强调在输入与输出之间进行双向探索来分析解的变化规律，寻找满足不同需求的多种解决方案。

探索性分析的基本思路是，先求得在特定想定下问题的最优解，再分析某些因素在一定范围内变化时解的变化情况。探索性分析采取“从外到内”的处理问题方式，首先全面尝试不同的因素组合下问题的结果，再从中分析不确定性因素与问题结果的内在关系，进而给出对各种不确定性因素具有鲁棒性的方案。

2.探索性分析的关键问题

探索性分析具有两个重要难题：探索性建模和探索数据分析。

探索性建模的关键是建立多分辨率模型，多分辨率模型的特点是高分辨率模型能够抓住事物的细节，而低分辨率模型能更好地揭示事物宏观的特性，主动元建模技术是建立多分辨率模型的有效方法。

探索性分析过程中会产生大量的数据，需要对探索数据进行有效的管理、处理及分析，从中找出隐藏的规律，通过数据可视化及输入与输出之间的双向探索有利于快速得出分析结果。

3.探索性分析方法的分类

探索性分析方法按照处理问题的方式不同，可以分为输入参数探索分析、概率探索分析以及结合前两种的混合探索分析。

(1)输入参数探索分析。输入参数探索分析就是将输入参数定义为离散化的变量，并参考这些参数的实际含义将其组合，构成输入参数的多种取值组合方案，多次运行模型，进行参数探索，对结果进行综合分析研究。

(2)概率探索性分析。概率探索性分析是对输入参数探索分析的补充，它将输入参数表示为具有特定分布函数的随机变量，运用解析方法或蒙特卡罗方法来计算结果，分析不确定性对结果的影响。概率探索性分析存在的不足是，不能有效反映不确定性变量之间的因果关系，问题的某些方面可能得不到有效分析和深入理解。

(3)混合探索分析。混合探索分析就是上述两种方法的混合，即在使用不确定分布处理一些变量的不确定性后，可以将另外一些可控的关键变量恰当地用离散化的参数来表示。如在军事行动效果分析中，可以将行动方案和威胁大小用离散化的参数表示，而将预警时间这样的变量用概率分布表示。

4.探索性分析的基本步骤

探索性分析是一种解决问题的思想，并没有固定的模式和步骤，需要结合具体的方法和模型使用。一般来讲，探索性分析主要包括问题分析、不确定性因素分析、探索性建模、探索实验、结果分析、撰写结论等环节，其基本步骤如图6-4所示。

(1)问题分析。明确探索性分析的研究目标，并尽可能地获取关于对象系统和研究目标的信息。

(2)不确定性因素分析。找出可能对问题结果有较大影响的不确定性因素，并分析各个不确定性因素可能的取值范围，形成由多种取值的组合方案构成的“方案空间”。

(3)探索性建模。构建反映系统宏观特征的高层低分辨率模型和反映系统细节特征的底层高分辨率模型，将各种不确定性因素与系统目标联系起来，这种联系可以只是定性的描述，建模过程可以是自顶向下或自底向上的，也可以是两种方式混合的。

(4)探索实验。根据建立的多分辨率模型，进行探索性计算，即在方案空间内广泛尝试各种不确定性因素组合导致的系统结果。

(5)结果分析。通过数据可视化等技术对实验计算结果进行分析，挖掘数据中隐藏的系统信息，该项工作有时候也和探索实验结合在一起，通过交互式的双向探索分析不确定性因素与结果的关系。

(6)得出结论。根据分析结果，提出系统优化的建议或给出适应问题不同条件的措施。

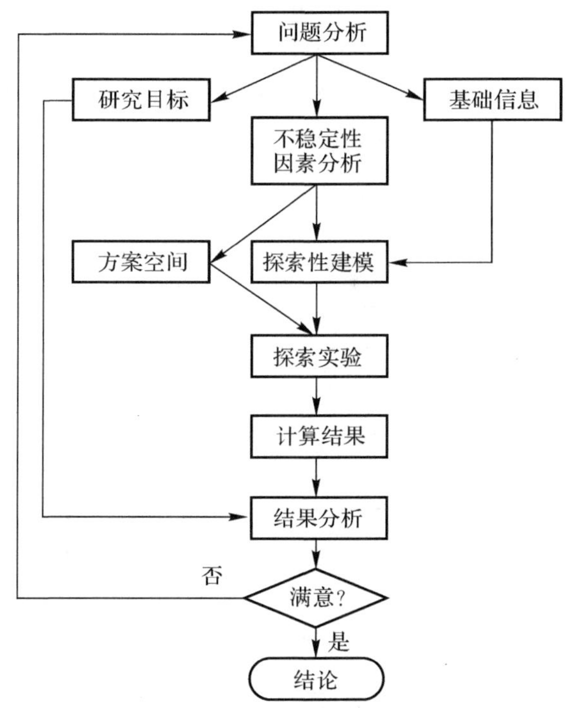

图 6-4　探索性分析的基本步骤

5.探索性分析的主要技术

(1)多分辨率建模技术。探索性分析的主要困难在于巨大的计算量，故利用多分辨率建模技术可减小计算量。根据高分辨率模型的计算结果建立低分辨率模型，能大幅度地减小模型的自由度和不必要的细节，可缩减探索性分析的计算时间。

(2)元模型技术。元模型指通过对原始模型的输入参数一输出结果系统进行拟合而得到新的数学模型。构建元模型的方法称为元建模方法，该方法一般采用多项式回归分析、多元自适应回归样条、径向基函数、Kriging 方法及神经网络方法等。元模型技术是减小探索性分析计算量的又一重要方法。

(3)综合集成技术。由于探索性分析研究的是复杂巨系统，需多方面的领域专家进行合作，首先弄清楚系统的运行机理，建立系统概念模型以取得领域专家对系统的无歧义理解，再建立解析模型、仿真模型，并在此基础上建立探索性分析模型。综合集成技术可指导探索性分析模型的建立与分析。

(4)探索空间指标缩减技术。实现探索性分析的困难是探索空间太大，计算复杂性高。其指标个数直接影响实际问题的分析。可减少空间规模的基本手段有利用综合指标、利用方差分析判断显著因素、主成分分析和确定性模型等4种技术。

(5)新的计算技术。探索性分析为处理不确定性必须进行大量的计算，随着计算机硬件水平的提高及并行计算技术、分布式计算技术和网格计算技术的应用，为解决探索性分析的计算量大的困难提供了硬件和软件的支持。

6.2.2 探索性分析方法一般过程

探索性分析可以全面分析各种不确定因素对应用效果的影响，可为复杂武器系统效能评估提供方法论支撑，应用探索性分析的思想对武器系统的战术技术性能参数与系统作战效能之间的关系进行双向探索分析，可为武器系统的发展论证、作战使用等提供丰富的评估结论和相关建议。基于探索性分析的武器系统效能评估流程如图6-5所示。

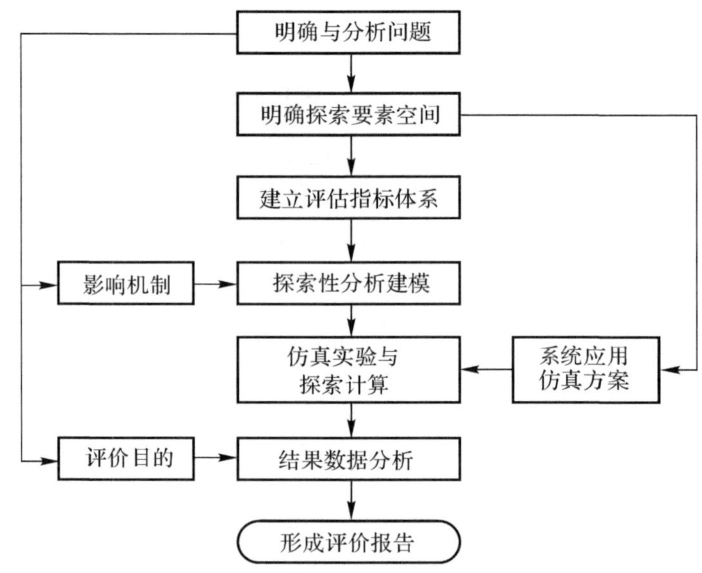

图6-5 基于探索性分析的武器系统效能评估流程

1. 明确与分析问题

确定研究问题边界与研究目标是进行探索性分析的前提，因此，首先必须要对评估工作进行广泛讨论和深入分析，以便明确具体的任务和条件等问题。武器系统的效能不仅与武器系统本身的战术技术性能有关，而且还与需要完成的作战任务、具体的作战使用环境等密切相关，这就要求对效能评估背景、评估目的、评估对象、评估要求等进行界定。

2. 确定探索要素空间

影响武器系统效能的因素多种多样，很多具有典型的不确定性，利用探索性分析进行武器系统效能评估，需要在明确问题的基础上对影响评估目标的各种不确定性因素进行分析和确认，包括界定各要素的内涵、确认各要素数值的变化范围、分析各要素相互间影响关系、估计各要素的重要性等工作，并进一步构建各要素的"要素空间"。通常可采用查阅文献资料、咨询相关专家、进行综合集成研讨等方式，以便充分利用各类先验知识，确保要素空间构建的合理性和可用性。

3. 建立评估指标体系

在构建探索分析要素空间时，需要考虑各种可能的影响因素，往往会导致要素空间的覆盖范围宽、数量规模大，各要素之间关系复杂，很多时候可能超出人们有限的认知水平或有限的资源限制条件，因此，需要在一定程度上进行简化，通常是通过构建评估指标体系来完成简化。效能评估指标体系的构建，需要根据各要素的关系以及重要程度，进行要素的聚合、省略、固定取值等操作，并对指标进行相关性分析、合理性分析、优化与量化等工作。

4. 探索性分析建模

探索性分析建模是基于探索性分析进行效能评估的关键，通常要求从多个视角对问题域中的不确定性进行探索性分析建模，不同的视角主要反映在对模型参数、输入变量和模型结构的选择上。在探索性分析建模过程中，需要考虑的重点不是作战双方的对抗过程，而是武器系统支持与提升各类作战单元的作战能力，对于信息保障类武器装备，还应包括目标搜索、情报侦察、目标指示、通信保障、决策支持、时空基准等。探索性分析建模方法主要有解析模型建模方法、统计模型建模方法、仿真模型建模方法等。

5. 仿真实验与探索计算

探索性分析的最终目标是支持决策，因此，在探索性模型建立以后还需要进行大量的仿真和计算。仿真实验与探索计算的本质就是对各种不确定性因素按不同的规则进行组合或取值，形成武器系统方案集，通过仿真实验探索不同方案集下的应用效果，形成大规模的“输入一输出”数据，并在统计分析的支持下进行“要素空间一指标体系一应用效果”之间的双向探索，以评估武器系统的效能。仿真实验与探索计算的一般过程如图 6 - 6 所示。

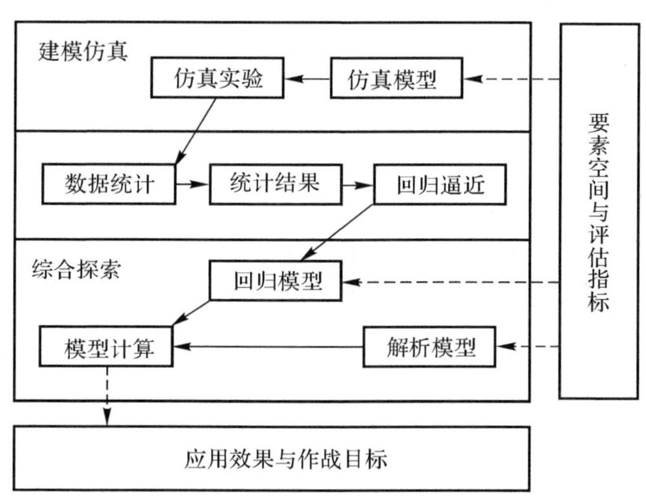

图 6 - 6　仿真实验与探索计算的一般过程

6. 结果数据分析

探索性分析结果是基于多种规则生成的不同类型参数和不同参数值组合经过探索计算得到的，因此，利用要素空间与应用效果之间的双向关系对结果进行分析，可以得到各种方案对武器系统整体效能的不同影响，进而分析得出不确定性因素与武器系统效能之间的关系。

6.2.3 探索性分析方法特点和适用范围

1. 主要特点

(1)探索性分析方法的优点如下：

1)探索性分析方法具有启发性和预示性，其洞察力较强，对模型的探索灵活多样，增强了决策的灵活性；

2)探索性分析方法考虑问题全面，提供各种环境下备选方案效能的丰富阐述，能够保证在各种情况下决策的健壮性；

3)探索性分析方法能够中和风险，能在风险和效益之间寻找平衡点，可为不同利益群体提供不同决策支持；

4)探索性分析方法的交互性更好，使用图形化工具和界面，直观且容易理解，也更容易操作。

(2)探索性分析方法的缺点如下：

1)探索性分析方法更多的是一种思想，并没有具体固定的方法和形式，给该方法的实际应用带来一定的困难；

2)使用探索性分析方法时需要建立具有层次结构的多分辨率模型，多分辨率模型体系建立往往比较困难；

3)探索性分析方法的应用受限于计算能力，必须要有效控制问题的维度，通常输入参数的个数不要超过 10 个为宜；

4)使用探索性分析方法时，需要建立和维护大型数据库，同时对探索结果的分析也十分烦琐，往往需要数月甚至数年的时间。

2. 适用范围

(1)探索性分析是一种普适性的思想，已被广泛应用于社会问题分析、环境、经济等许多领域，为很多问题研究提供了新的思路。

(2)探索性分析在军事领域也得到了广泛的应用，主要用于求解近似最优解、不确定因素的重要性排序、面向复杂武器系统效能度量的综合性探索分析等。

(3)探索性分析可以对复杂武器系统效能评估的大量的想定条件、决策项和结果集进行探索分析，在此基础上获取有价值的分析结果，可以为复杂武器系统的效能评估提供有效的解决思路和具体技术支撑。

(4)探索性分析方法在顶层采用高度聚合的低分辨率模型，使得在高层需要分析的聚合参数个数非常有限，从而降低了问题的复杂度，使得分析者能比较全面地把握这些聚合参数。同时由于高度聚合的低分辨率模型运行效率高，使得对高层聚合参数取值空间的探索成为可能。

6.2.4 探索性分析方法应用实例分析

1. 导弹对抗作战效能评估

(1)问题描述。假设红、蓝双方均以网络中心战作为导弹部队的作战样式并均以摧毁对方导弹部队战斗力为己方导弹部队的首要作战目标。在网络中心战背景下，战场高度透明，双方兵力相互暴露，由于各自的指挥控制中心防护严密，双方皆无法一举摧毁对方的指控中心；双方导弹均可攻击对方的任一网络节点和导弹作战单元，且对对方的网络节点和导弹作战单元的毁伤概率相同。设红蓝双方的网络节点数分别为 m 和 n 个，导弹作战单元数分别为 α 和 β 个，双方导弹对抗作战示意图如图 6-7 所示。

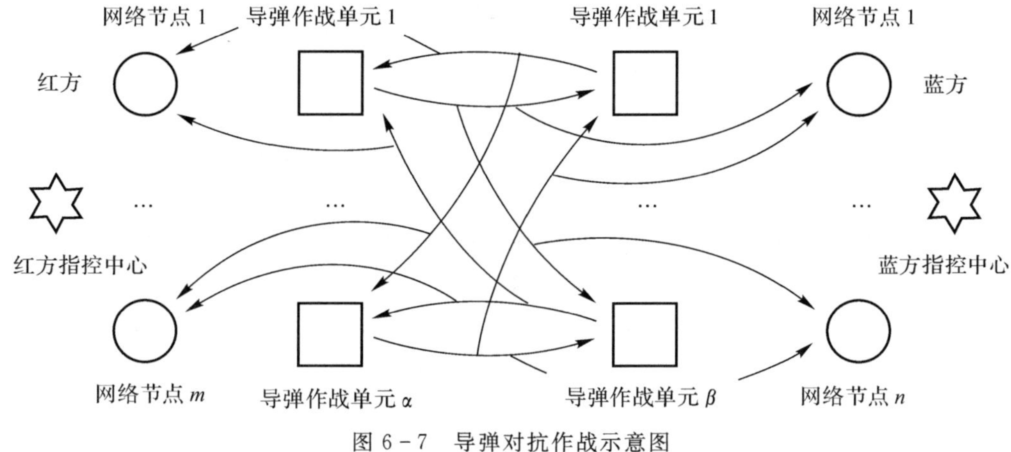

图 6-7　导弹对抗作战示意图

(2)导弹对抗作战的 Lanchester 模型。根据“梅特可夫定律”可知：网络的威力与网络中心节点数量的二次方成正比。如果网络中心战的网络体系中网络节点数为 n，则网络中心战的威力可表示为

$$w=kn^2 \tag{6-21}$$

假设红、蓝双方各拥有一个完整的网络中心战体系，双方初始网络节点数目分别为 M 和 N，初始导弹作战单元数分别为 R 和 B，每枚导弹对敌方目标的平均毁伤概率分别为 P_1 和 P_2；在 t 时刻双方网络节点数目分别为 $m(t)$ 和 $n(t)$，导弹作战单元数目分别为 $r(t)$ 和 $b(t)$，且 $m(0)=M$，$n(0)=N$，$r(0)=R$，$b(0)=B$；双方导弹作战单元作战效能的发挥程度由各自网络中心战的威力确定，比例系数分别为 k_1 和 k_2。双方网络中心战威力可表示为

$$\left.\begin{array}{l} w_1(t)=k_1m^2(t) \\ w_2(t)=k_2n^2(t) \end{array}\right\} \tag{6-22}$$

将红、蓝双方网络中心战威力归一化为各自导弹作战单元作战效能的发挥系数 $q_1(t)$ 和 $q_2(t)$，令

$$\left.\begin{array}{l} W=\max(w_1(t),w_2(t)) \\ q_1(t)=\dfrac{w_1(t)}{W}=\dfrac{k_1m^2(t)}{W} \\ q_2(t)=\dfrac{w_2(t)}{W}=\dfrac{k_2n^2(t)}{W} \end{array}\right\} \tag{6-23}$$

显然有 $0\leqslant q_1(t),q_2(t)\leqslant 1$。

考虑到单发导弹对敌方目标的平均毁伤概率，则红、蓝双方导弹作战单元的作战效能分别为 $q_1(t)P_1$ 和 $q_2(t)P_2$，导弹部队的整体作战效能可表示为各导弹作战单元作战效能之和，于是可得红、蓝双方在 t 时刻的整体作战效能为

$$\left.\begin{array}{l} E_1(t)=r(t)q_1(t)P_1 \\ E_2(t)=b(t)q_2(t)P_2 \end{array}\right\} \tag{6-24}$$

综上可得红、蓝双方导弹对抗作战的 Lanchester 方程模型为

$$\left.\begin{aligned}\frac{\mathrm{d}r(t)}{\mathrm{d}t}+\frac{\mathrm{d}m(t)}{\mathrm{d}t}&=-\frac{b(t)k_2n^2(t)P_2}{W}\\\frac{\mathrm{d}b(t)}{\mathrm{d}t}+\frac{\mathrm{d}n(t)}{\mathrm{d}t}&=-\frac{r(t)k_1m^2(t)P_1}{W}\end{aligned}\right\}\tag{6-25}$$

建立 Lanchester 方程模型后，即可由模型中存在不确定性的参数组合构成参数空间，采用探索性分析方法对导弹对抗作战效能进行分析与评估。

(3)导弹对抗作战探索性分析。对导弹对抗作战效能进行探索性分析的目的是，根据作战任务和作战目标，充分考虑战场态势和各种影响因素，对拟制的多份作战预案的效能进行评估，选出最佳作战方案，辅助指挥员决策。导弹对抗作战探索性分析一般可以分成确定决策目标、确定作战方案和影响因素、建立导弹对抗模型、探索仿真计算、数据综合分析五个步骤，具体流程如图6－8所示。

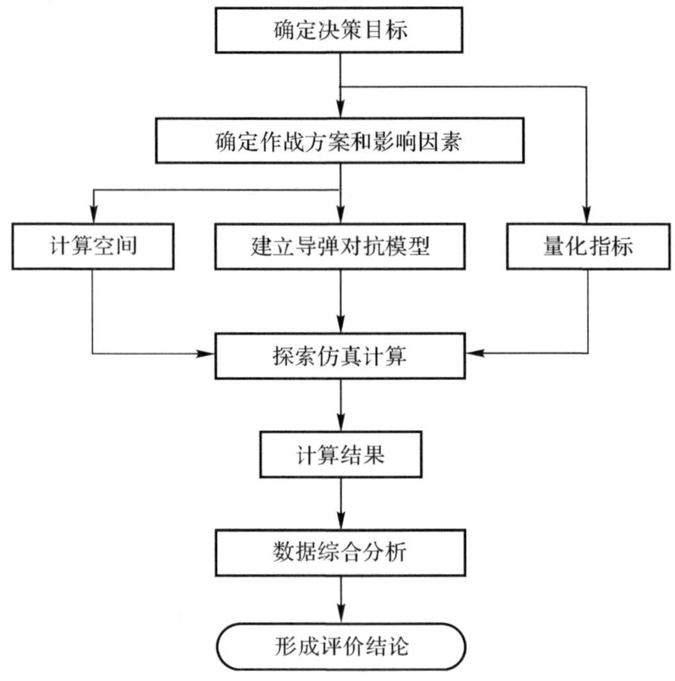

图 6－8　导弹对抗作战探索性分析流程

首先，确定决策分析目标并量化其衡量指标，由作战方案的集合构成策略空间 A，将能力空间和环境空间合并为影响因素空间 S，由 A 和 S 形成探索性分析的参数空间；其次，建立导弹对抗作战模型，以参数空间和量化指标为输入进行探索仿真计算，生成多维数据；最后基于计算结果对作战效能进行综合分析，形成结论。

(4)案例分析。交战的红、蓝双方均利用导弹部队实施远程打击，并把摧毁对方导弹部队的作战能力作为首要打击目标。蓝方采用的作战方案是“打击平台优先”，红方采用的作战方案有“打击平台优先”和“打击网络节点优先”。

1)决策目标。通过对红方导弹部队不同作战方案的效能进行比较，辅助红方指挥员进行合理的作战方案选择决策。

2)分析结果。红方的作战目标是尽可能摧毁蓝方导弹部队的作战能力，分析结果存在三种情况：一是红方达成作战目标，使蓝方的整体作战效能为 0；二是红方没有达成作战目标，自身的整体作战效能为 0；三是双方导弹部队均丧失战斗力，红、蓝双方的整体作战效能均为 0。

3）关键要素。选取红、蓝双方导弹部队的作战方案、力量部署和相关能力指标作为影响分析结果指标的关键要素，各要素的不确定空间见表 6-16。

表 6-16　导弹对抗作战效能探索性分析的关键要素

关键要素	红方	蓝方
作战方案	[打击平台优先，打击网络节点优先]	[打击平台优先]
初始网络节点数	[2000:400:3600]	[2000:400:3600]
初始作战单元数	[2000:400:3600]	[2000:400:3600]
单发导弹平均毁伤概率	[0.6:0.05:0.8]	[0.6:0.05:0.8]
网络中心战威力系数	[0.7:0.05:0.9]	[0.7:0.05:0.9]

将以上关键要素及其取值进行正交组合，可以产生的参数组合数目为

$$2\times1\times5\times5\times5\times5\times5\times5\times5\times5=781\ 250$$

4）探索计算。将上述参数组合逐项取出，输入到导弹对抗作战模型中进行仿真计算，即可得到要素与作战目标的多维数据表。由于蓝方采取“打击平台优先”的作战方案，因此红方的网络节点没有损失，即 $m(t)=M$，下面主要讨论红方采取不同作战方案时的对抗作战模型及作战效能的解算。

若红方采取“打击平台优先”的作战方案，蓝方的网络节没有损失，即 $n(t)=N$，对抗作战模型为

$$\left.\begin{aligned}\frac{\mathrm{d}r(t)}{\mathrm{d}t}&=-\frac{b(t)k_2N^2P_2}{W}\\\frac{\mathrm{d}b(t)}{\mathrm{d}t}&=-\frac{r(t)k_1M^2P_1}{W}\end{aligned}\right\}\tag{6-26}$$

整理可得

$$R^2-r^2(t)=\frac{k_2N^2P_2}{k_1M^2P_1}[B^2-b^2(t)]\tag{6-27}$$

若红方要取得胜利，则必须要满足在时刻 T，$r(T)>0$ 且 $b(T)=0$，于是可得红方获胜条件为

$$\frac{R^2}{B^2}>\frac{k_2N^2P_2}{k_1M^2P_1}\tag{6-28}$$

若式(6-28)成立，令 $b(T)=0$，根据式(6-27)得

$$r(T)=\sqrt{R^2-\frac{k_2N^2P_2}{k_1M^2P_1}B^2}$$

根据式(6-23)得 $q_1(T)=1$，红方的整体作战效能为 $r(T)P_1$，蓝方的整体作战效能为 0。

若式(6-28)不成立，即红方失败，则令 $r(T)=0$，根据式(6-27)得

$$b(T)=\sqrt{B^2-\frac{k_1M^2P_1}{k_2N^2P_2}R^2}$$

根据式(6-23)得 $q_2(T)=1$，蓝方的整体作战效能为 $b(T)P_2$，红方的整体作战效能为 0。

同理可得，若红方采取“打击网络节点优先”的作战方案，红方获胜的条件为

$$\frac{R^2}{N^2}>\frac{2k_2B^2P_2}{3k_1M^2P_1} \tag{6-29}$$

根据式(6-29)的成立与否，求解红方或蓝方导弹部队的整体作战效能。

导弹对抗效能探索计算的流程如图6-9所示。

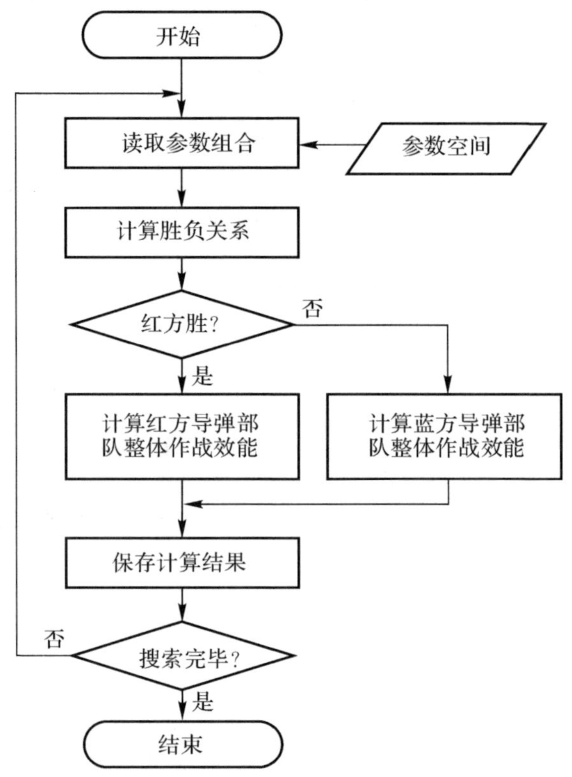

图6-9　导弹对抗作战探索计算流程

5)数据分析。根据探索性分析的决策目标，在数据分析过程中重点考察不同作战方案下，红方导弹部队的胜率及其不同约束条件下的整体作战效能。下面选择几种典型情况进行分析，设作战方案A为“打击平台优先”，作战方案B为“打击网络节点优先”。

情况1：双方作战要素完全相同

输入参数为：$r=b=[2\ 000:400:3\ 600]$，$m=n=[2\ 000:400:3\ 600]$，$p_1=p_2=0.7$，$k_1=k_2=0.7$

若采用作战方案A，双方的的导弹作战单元同时损耗殆尽，红方没有达成作战目标；若采用作战方案B，红方达成作战目标的比例为94.59%。该情况下作战方案B优于作战方案A。

情况2：双方兵力部署不同

输入参数为：$r=[2\ 000:400:3\ 600]$，$m=[2\ 000:400:3\ 600]$，$b=2\ 800$，$n=2\ 800$，$p_1=p_2=0.7$，$k_1=k_2=0.7$

若采用作战方案A，红方达成作战目标的比例为45.75%；若采用作战方案B，红方达成作战目标的比例为75.61%。该情况下作战方案B优于作战方案A。

情况3：作战能力指标不同

输入参数为：$r=b=2\ 800$，$m=n=2\ 800$，$p_1=[0.6:0.05:0.8]$，$p_2=0.7$，$k_1=[0.7:0.05:0.9]$，$k_2=0.7$

若采用作战方案 A，红方达成作战目标的比例为 48.25%；若采用作战方案 B，红方达成作战目标的比例为 100%。该情况下作战方案 B 优于作战方案 A。

2. 电子对抗作战方案评估

电子对抗作战方案由目标选择、任务区分、作战手段、兵力规模与配置等多个决策要素组成，且受各种不确定性因素的影响。基于探索性分析的电子对抗方案评估的基本思路是：考察不确定性条件下各种方案的不同结果，观察不确定性因素对决策目标的影响，全面把握各种关键要素，寻求满意方案以及后续调整方案。

(1)电子对抗作战想定。航空兵编队在战斗出航阶段，要对防空预警系统实施电子对抗作战，其任务是掩护空袭编队出航，目的是压缩防空预警系统对空袭编队的发现距离，缩短对空袭编队的预警时间，以达成空袭编队突击行动的突然性和隐蔽性。

1)电子对抗作战对象，预警机的机载预警雷达，地面警戒雷达，地面管报中心的空地情报通信接收站(接收预警机的探测情报)等。

2)电子对抗作战手段，地面干扰站对机载预警雷达的远距离支援干扰，干扰飞机对地面警戒雷达的远距离支援干扰，无人机对地面警戒雷达的反辐射压制和摧毁，干扰飞机对管报中心情报通信接收站的远距离支援干扰等，在作战实施过程中可单独或综合使用这四种作战手段。

3)电子对抗作战原则，在主攻方向上，集中优势电子对抗力量，综合使用多种手段压制敌防空预警系统，缩短其发现距离和预警时间。

(2)方案评估探索空间。

1)方案评估的内容。作战方案要素是作战方案评估的核心内容，电子对抗作战方案的要素主要包括：电子对抗企图、电子进攻的重要目标和时机、作战部署及作战手段，有时还包括完成作战准备的时限、协同动作的方法及各种保障等。其中，电子对抗作战目标选择、作战手段选择、投入兵力规模等，是电子对抗作战方案的重点内容，对电子对抗作战效能产生重要影响。因此，选取作战目标选择、作战手段选择、投入兵力规模等三个要素作为电子对抗作战方案评估的内容。

2)决策变量的设定。电子对抗作战方案中的每一个决策要素都是根据现实情况具体确定的，所以决策要素对应的变量的取值比较复杂，可采用备选方案的方法来解决决策变量的设定问题，其基本思路是：先把方案分成多个决策要素，为每个决策要素提供一系列备选方案，各要素的备选方案组合起来就形成了完整作战方案，全部方案的集合就是方案评估探索空间。

一般来讲，当作战方案的决策要素比较多时，所形成的方案评估探索空间往往较大，需要对探索空间进行优化。基于方案合理性的探索空间优化方法是一种最常用的方法，其基本思想是，针对具体的作战方案，考察各个方案的合理性，对于明显不合理的作战方案，将其从方案探索空间中删除。对于电子对抗作战方案，因为防空预警系统是一个整体，从体系对抗角度出发，目标选择方案中应包含各类作战对象中威胁程度较高的几个个体，仅这一策略可以排除大量不合理方案。例如，设防空预警系统有 m 部预警雷达、n 部警戒雷达、q 个情报通信接收站，且每类对象中，对空袭编队威胁程度较高、必须予以对抗的个体大约有 1/2，那么至少包含$m/2$ 部预警雷达、$n/2$ 部警戒雷达、$q/2$ 个情报通信接收站的目标选择方案才是合理的，其他不合理的方案则不予评估。采用该优化策略可使方案数量减少为原来的 1/8 左右。

3)构建方案探索空间。电子对抗作战方案评估内容包括目标选择、作战手段、兵力规模三个要素,每个决策要素都有多个备选方案。假设预警雷达、警戒雷达和情报通信接收站数量分别为 m,n 和 q。

目标选择的备选方案是目标组合,每个作战对象都可能被选进目标组合,则目标选择的备选方案大约有 $2^{m+n+q-3}$ 个。

作战手段选择的过程,实际上也包含任务区分的过程。根据电子对抗作战想定,电子对抗作战手段有 4 种,预警雷达和情报通信接收站与作战手段的关系是一对一的,而对警戒雷达的作战手段有两种,所以备选的方案就有 3 种,如果目标选择阶段选定的警戒雷达数目为 $m/2$,那么备选方案大约有 $3^{m/2}$ 个。

一般情况下一套普通(单一波束)干扰装备能一定程度地干扰压制一部对应的雷达,所以对选为作战目标的雷达,若分配 1 套干扰装备记为小规模兵力,分配 2 套干扰装备记为中规模兵力,分配 3 套干扰装备记为大规模兵力。兵力规模备选方案包括小规模、中规模、大规模 3 种,也就是说对应每一个作战手段方案,兵力规模的备选方案有 3 个。

电子对抗作战方案是多阶段决策的产物,而决策树是描述和研究多阶段决策的有效手段,所以电子对抗作战方案库或作战方案评估探索空间可以采用结构化的决策树来表示。基于上述对电子对抗作战方案三个要素的分析,可建立电子对抗作战方案评估探索空间,从根节点到叶节点的一条路径表示一个作战方案,图 6-10 是一个示意性的电子对抗作战方案决策树,其中作战对象有:2 部预警雷达,记为Ⅰ,Ⅱ;4 部警戒雷达,记为Ⅲ,Ⅳ,Ⅴ,Ⅵ;2 个情报通信接收站,记为Ⅶ,Ⅷ。作战手段有:A 表示地面干扰装备对机载预警雷达的远距离支援干扰;B 表示干扰飞机对地面警戒雷达的远距离支援干扰;C 表示无人机对地面警戒雷达的反辐射压制和摧毁;D 表示干扰飞机对情报通信接收站的远距离支援干扰。力量规模记为小、中、大三级。“Ⅱ-A”表示用作战手段 A 对抗目标Ⅱ,“Ⅱ-A-小”表示小规模兵力采用作战手段 A 对抗目标Ⅱ。

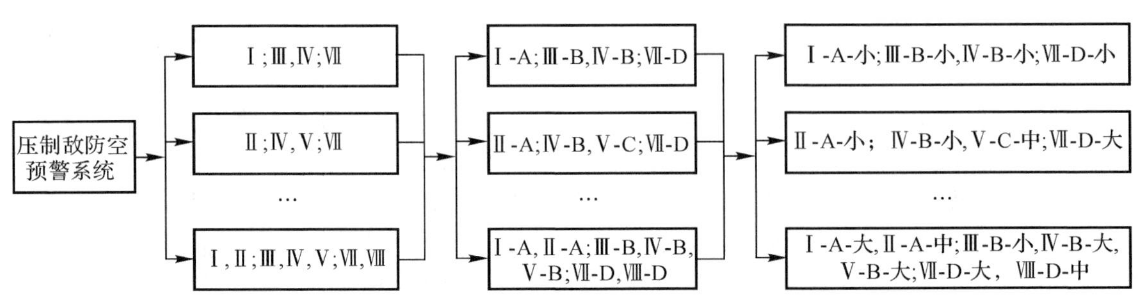

图 6-10 电子对抗作战方案决策树示意图

(3)方案评估指标体系。遵循指标选取的可测性、系统性、独立性、客观性、灵敏性、一致性原则,可建立电子对抗作战方案评估指标体系如图 6-11 所示。最底层是方案描述指标,包括目标选择、作战手段、兵力规模三个要素;中间层是电子对抗效能评价指标,包括对预警雷达压制距离、对预警雷达压制区宽度、对警戒雷达压制距离、对警戒雷达压制区宽度、通信系统误码率等;最高层是方案效能指数,其取值与方案优劣成正比。

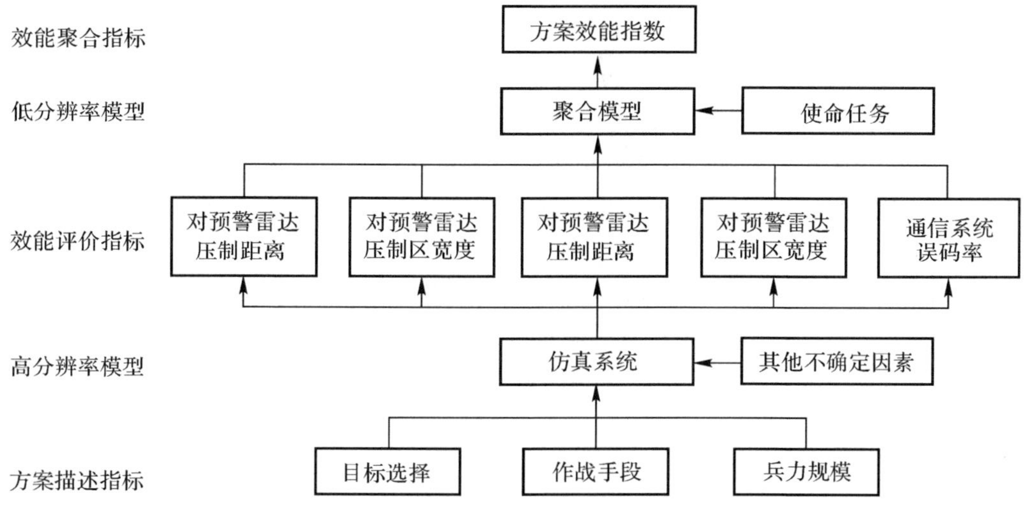

图 6－11　电子对抗作战方案评估指标体系和多分辨率模型

(4)方案评估多分辨率模型。

1)方案评估整体模型。作战方案评估就是根据所获知的作战过程中的各种不确定性因素，基于使命任务需求，评估各个作战方案的优劣，并期望以一个数值来反映优劣程度。基于探索性分析的电子对抗作战方案评估的整体描述模型为

$$Y=f(A,T,Q) \tag{6-30}$$

式中：Y 为效能聚合指标，即方案效能指数；A 为电子对抗作战方案；T 为使命任务需求向量，表示电子对抗作战中一系列的使命度量指标，是根据作战任务得出的；Q 为状态变量，表示决策者所了解而不能控制的不确定性因素。

2) 高分辨率模型。根据整体描述模型，依照自下而上解决问题的思路，首先建立底层的高分辨率模型，其是仿真系统的形式，输人是对抗作战方案，输出是效能评价指标，可以表示为

$$\boldsymbol{X}=g(A,Q) \tag{6-31}$$

式中：$\boldsymbol{X}=(X_1,X_2,X_3,X_4,X_5)^{\mathrm{T}}$ 是效能评价指标向量，表示对防空预警系统各种电子对抗效果的度量指标，X_1，X_2 分别表示对预警雷达的压制距离、压制区宽度，X_3，X_4 分别表示对警戒雷达的压制距离、压制区宽度，X_5 表示通信系统误码率；A 为电子对抗作战方案；Q 为不确定性因素的状态变量，包括两部分，一部分是战场环境，另一部分是敌方的态势和行动。

3) 低分辨率模型。高层的低分辨率模型是效能聚合模型，其为解析式形式，输入是效能评价指标，输出是方案效能指数，可以表示为

$$Y=q(\boldsymbol{X},\boldsymbol{T}) \tag{6-32}$$

式中：Y 为效能聚合指标；$\boldsymbol{X}=(X_1,X_2,X_3,X_4,X_5)^{\mathrm{T}}$ 是效能评价指标向量；$\boldsymbol{T}=(T_1,T_2,T_3,T_4,T_5)$ 是使命任务需求向量，T_1，T_2 分别表示对预警雷达的压制距离、压制区宽度要求，T_3，T_4 分别表示对警戒雷达的压制距离、压制区宽度要求，T_5 表示对通信系统的误码率要求。

在构建模型时需要考虑到以下四点：一是电子对抗方案优劣标准应着眼于使命任务完成情况；二是假定在任务开始之前最高指挥权归地面指挥中心，任务开始后把部分防空指挥权交给预警机上指挥机构，所以对抗预警机情报系统应包括预警雷达和空地情报通信；三是必须要对地面警戒雷达实施有效干扰，其情报通信一般为有线方式；四是根据指挥员的决策意志和偏

好设定权系数。基于以上四点考虑，可建立效能聚合模型如下：

$$Y=\left(w_1\frac{X_1}{T_1}\frac{X_2}{T_2}+w_2\frac{X_3}{T_3}\frac{X_4}{T_4}\frac{X_5}{T_5}\right)\gamma \tag{6-33}$$

式中：X_1,X_2,X_3,X_4,X_5 为效能评价指标；T_1,T_2,T_3,T_4,T_5 为使命任务需求指标；w_1 为对抗预警雷达探测效能的影响权重，w_2 为对抗预警机和空地情报通信效能的影响权重，$w_1+w_2=1$；γ 为兵力规模惩罚因子，表示电子对抗作战方案使用过大兵力规模的惩罚因子，兵力规模越大，γ 值越小。

在实际的电子对抗作战中，往往对预警雷达和警戒雷达提出同样的预期压制效果，即要求 $T_1=T_3$，$T_2=T_4$，可记 T_α 为对预警探测系统的压制距离，T_β 为指定距离上的压制区宽度。对预警探测系统的实际等效压制距离和压制区宽度为预警雷达和警戒雷达的相关指标中的较小值，于是效能聚合模型可变为

$$Y=\left[w_1\frac{\min(X_1,X_3)}{T_\alpha}\frac{\min(X_2,X_4)}{T_\beta}+w_2\frac{X_3}{T_\alpha}\frac{X_4}{T_\beta}\frac{X_5}{T_5}\right]\gamma \tag{6-34}$$

兵力规模的惩罚因子一般取值为 $\gamma\in[0.5,1.5]$，其计算模型为

$$\gamma=w_3\frac{1}{m}\sum_{i=1}^{m}\left(2-\frac{s_i}{s'_i}\right)+w_4\frac{1}{n}\sum_{j=1}^{n}\left(2-\frac{s_j}{s'_j}\right)+w_5\frac{1}{n}\sum_{k=1}^{n}\left(2-\frac{s_k}{s'_k}\right)+w_6\frac{1}{q}\sum_{l=1}^{q}\left(2-\frac{s_l}{s'_l}\right) \tag{6-35}$$

式中：w_3,w_4,w_5,w_6 是四种电子作战手段对兵力规模惩罚因子的影响权重，$w_3+w_4+w_5+w_6=1$；m,n,q 是预警雷达、警戒雷达和情报通信接收站的数量；s_i 表示对第 i 个预警雷达实施有源干扰的兵力规模，$s_i=1,2,3$；s_j 表示对第 j 个地面警戒雷达实施有源干扰的兵力规模，$s_j=1,2,3$；s_k 表示对第 k 个地面警戒雷达实施反辐射压制和摧毁的兵力规模，$s_k=1,2,3$；s_l 表示对第 l 个情报通信接收站实施远距离支援干扰的兵力规模，$s_l=1,2,3$；s'_i 表示对第 i 个预警雷达实施有源干扰的兵力规模为中等适度规模，记为 $s'_i=2$，s'_j，s'_k，s'_l 同理。

(5)方案探索性分析评估框架。根据电子对抗作战方案评估的特点和探索性分析的思想，可建立电子对抗作战方案探索性分析评估框架如图 6-12 所示。

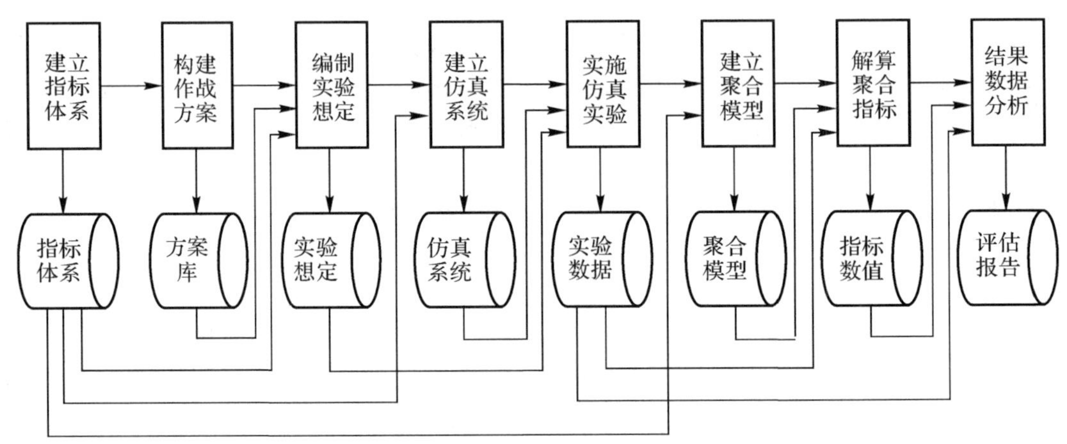

图 6-12　电子对抗作战方案探索性分析评估框架

归纳起来，其包括八个步骤、涉及八个活动及其工作产品。八个活动是建立指标体系、构建作战方案、编制实验想定、建立仿真系统、实施仿真实验、建立聚合模型、解算聚合指标、结果

数据分析；对应的工作产品分别是多层级评估指标体系、方案库或方案评估探索空间、实验想定库、仿真系统软件、实验数据库、解析式聚合模型、聚合指标数值库、方案评估报告。

6.3　场景分析方法

6.3.1　场景分析方法基本原理

武器系统效能最终体现为完成作战任务的程度，而完成作战任务的过程可以用“场景”来描述和分析，作为“图画”式刻画武器系统应用过程的“场景”，不仅为效能评估提供了一种理解和分析的工具，而且“多场景”的综合分析也为武器系统效能评估提供了一个具有稳健性的方法支撑。

1. 场景的概念与内涵

武器系统作战应用场景(Scene)，是指武器系统支持作战单元完成作战任务的相对完整独立的过程片段，在这样的片段中，具备直接应用目标的单一性要求，最为直接紧密体现了武器系统支持作战单元完成特定任务的途径、方式和效果。

武器系统作战应用场景是对武器系统作战应用场合的“图画”式的描述，可以从以下三个方面把握场景的内涵：

(1)场景是作战中的过程“片段”。“片段”的截取不是根据时间与空间进行的，而是以武器系统支持作战单元完成的任务类型以及相关实体间的逻辑关系为依据，其不是简单的“时空片段”，而是具有典型特点的武器系统应用“逻辑片段”，如“远程精确打击导弹武器应用场景”是对导弹武器支持远程打击作战过程的截取，用来反映打击中的导弹武器的作战任务，强调的是远程精确打击中指控、部队等相关要素与导弹武器之间的逻辑交互关系，而与打击发生的时间与空间并不直接关联。

(2)场景选取需要满足直接应用目标的单一性要求。“片段”式的场景要求具有单一、直接的应用目标，如果一个“片段”具有两个或者两个以上截然不同的应用目标，则必须要划分为不同的场景。如导弹武器支持远程打击的直接目标就是单一的，是“摧毁作战目标、实现作战目的”。

(3)场景能够直接体现武器系统支持作战的相关特征。选取的场景“片段”要能够直接紧密体现武器系统支持作战单元完成特定任务的相关特征，包括武器系统作战应用的途径、方式以及应用的效果。如果作战某一“片段”与武器系统支持作战的关系不是直接紧密的关系，需要对这一片段进行进一步凝练，可以通过提问来进行，如提出“系统直接应用在哪里?”“直接影响的作战活动是什么?”“直接的效果体现在什么地方?”等问题，将“片段”进一步压缩，直至能够直接体现武器系统作战应用的方式、效果等特征。

2. 场景分析的目标

在军事领域中与场景相近的概念还有想定、任务等，三者之间既有区别又有联系。想定是军事领域最常使用的概念之一，其定义为“按照训练课题对作战双方的企图、态势以及作战发展情况的设想与假定”。任务也就是作战任务，是指“武装力量在作战中所要达到的目标及承担的责任，分为战略任务、战役任务和战斗任务”。想定是完整“剧本”，场景是多个同类剧本中具有特定标准的“片段”，任务则是参与者的具体“活动”。由此可知，一个想定下往往有多个场景，一个场景下可能有多个任务。

使用“场景”分析，主要达成以下三个方面目标：

(1)用来分析与描述武器系统作战应用的多样化场合，系统地梳理武器系统作战应用的具体类型、相应活动以及直接效果，为研究武器系统作战应用问题提供基本手段。

(2)通过获取与描述应用场景，构建复杂武器系统作战应用的典型场景集，以场景集为基础条件，为武器系统效能评估提供背景支持，保障效能评估的综合性与稳健性。

(3)通过对场景的分析，尽可能完备地考虑武器系统支持作战的未来可能情况，特别是具有更高研究价值与可信度的“近将来”情况，为武器系统作战应用的预测提供依据。

3. 场景的获取方法

场景获取通常有两种方法：综合归纳法和分析演绎方法。

(1)综合归纳法。综合归纳法是指通过对用户、专家的调研来获取相关材料，并对获取的材料进行整理与归纳得到典型应用场景。调研渠道可分为两类：一是对作战部队、军事专家以及本领域技术专家进行访问，获取他们对于武器系统的认识，从中归纳整理出典型的应用场景；二是对已经发生的国内外武器系统参与作战的军事实践进行资料的搜集整理，归纳提炼出具有现实依据的应用场景。

该方法的本质是从相对零散的历史数据或者经验认识出发，通过“搜集—归纳—形成”的逻辑链条，最终提出典型场景集，具体实施步骤如图 6-13 所示。

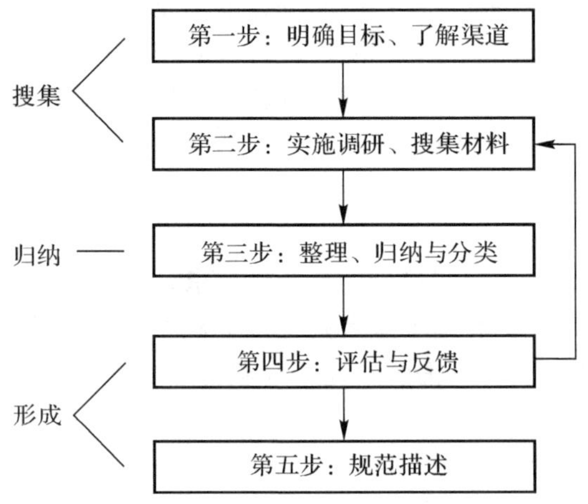

图 6-13　场景获取的综合归纳法实施步骤

第一步：明确目标、了解渠道。明确目标，就是明确是研究各类场景的全集，还是研究某一具体类别的场景集。了解渠道，就是了解场景获取的可能渠道，并制定相应的调研计划或资料搜集计划。场景获取的渠道主要有三个：一是不同用户的认识；二是多领域专家的经验；三是多类型的军事实践，如图 6-14 所示。

第二步：实施调研、搜集材料。按照拟订的计划实施调研或者资料搜集。但在具体调研过程中可能会出现不顺利的情况，此时需要根据实际情况灵活调整调研计划，通过不同渠道获取信息的互补性来达成最终结果的完整性。

第三步：整理、归纳与分类。对调研或者搜集的材料进行分类整理与综合归纳，关键是要综合归纳不同材料的视角。由于材料的来源不同，其描述的角度往往也不相同，需要在整理归纳时有一个统一的视角，并利用这一视角来审视与归纳不同的材料。

第四步：评估与反馈。对归纳得到的场景进行评估与反馈，即通过对已经得到的场景集的完备性与合理性进行分析与评估，以确定是否还需要进一步的调研或者资料搜集。

第五步：规范描述。对经过分类归纳与反馈完善的场景集进行规范化描述，并在必要时进行场景集的覆盖度与重要度估计，为其他相关研究提供基础支撑。

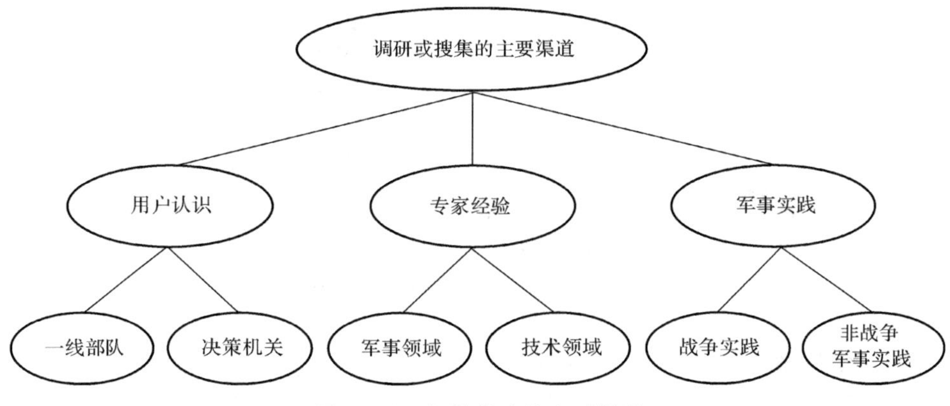

图 6－14　场景获取的主要渠道

(2)分析演绎法。分析演绎法是指从未来战略环境以及可能发生的作战任务着手，通过分析各类作战任务的一般过程与武器系统使用需求，提炼出典型的应用场景。

该方法的本质是基于“未来”可能，通过“搜集－作战分析—应用分析—形成”的逻辑链条，最终提炼出典型场景集，具体实施步骤如图 6－15 所示。

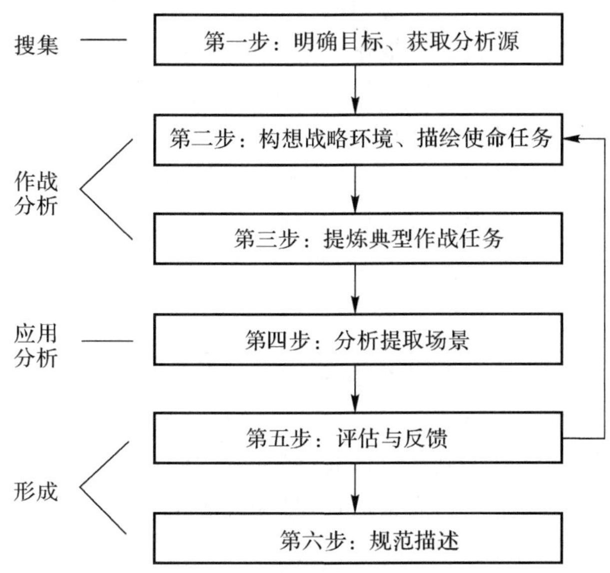

图 6－15　获取场景的分析演绎法实施步骤

第一步：明确目标、获取分析源。由于分析演绎法是基于作战任务的，而作战任务本身是多种多样的，所以获取场景的初始目标不宜过大，一般可从小范围或者特定类别的场景获取开始，然后逐步扩大获取范围。从确定的目标出发，研究与获取分析源对象，源对象是指支撑分析场景的基本素材，一般是关于未来战略环境、对手与威胁、军事力量使命任务以及其他方面的权威出版物，如果缺乏相关的权威出版物，也可以是有关方面的重要文献，如图 6-16 所示。

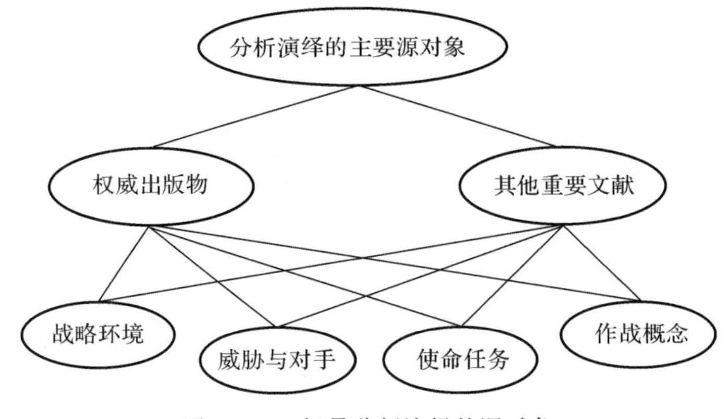

图 6-16　场景分析演绎的源对象

第二步：构想战略环境、描绘使命任务。通过对分析源对象的研究，形成对未来战略环境的构想以及军事力量的使命任务。由于未来战略环境往往是多种可能，同时军事力量的使命任务也不是单一的，所以得到的结果往往是一个未来可能“空间”。

第三步：提炼典型作战任务。基于对未来战略环境以及使命任务的认识，分析提炼针对未来可能的典型作战任务，其涉及到作战任务的分类与描述问题，可借鉴美军提出的“联合作战任务清单”的思路，通过进一步研究完成作战任务的一般过程与关键需求，为作战任务中的场景分析提供基础条件。

第四步：分析提取场景。基于提炼得到的“作战任务清单”，并综合武器系统当前水平及其发展趋势，形成对这些活动的“场景式”描述，即应用场景集。

第五步：评估与反馈。对分析演绎得到的应用场景集的完备性与合理性进行分析与评估，决定是否还需要进一步的源对象搜集与作战任务分析。

第六步：规范描述 。对经过反馈完善的场景集进行规范化描述，并在必要时进行场景集的覆盖度与重要度估计，为其他相关研究提供基础支撑。

6.3.2　场景分析方法一般过程

1. 基于场景的装备效能评估框架

评估框架是指在评估方法、评估模型等要素之上的一般评估过程，包括具体的评估步骤与评估活动，支撑方法或模型以及评估流程中的输入输出关系。

基于场景的装备效能评价框架，是分析武器装备作战任务、构建评估指标、获取与处理评估数据、综合分析与形成评估结论的完整过程，是综合应用相关技术与方法解决装备效能评估问题的综合集成。

装备效能评估框架可分为 4 个阶段：场景分析阶段、指标构建阶段、场景下评价数据的获取阶段以及数据处理与分析评估阶段。

(1)第一阶段：场景分析。该阶段的目标是通过场景分析提出具有典型性的应用场景与场景集，从而明确装备效能评估的具体背景。

首先，通过实际调研与资料的搜集整理，对军事力量遂行多样化使命任务以及不确定的未来作战环境进行分析，获得对武器装备支持作战宏观背景的认识；其次，多渠道获取、分析与凝练场景，进一步对得到的场景进行规范化描述，必要时对各场景的重要度与典型度进行评估，形成对各类场景的全面深入的认识，并以此为基础形成具有一定覆盖面的典型场景集；最后，形成典型场景集代表武器装备作战应用的复杂与不确定的未来情形，直接支持效能评估指标的构建。

该阶段的输入是以文本、专家经验、用户认识等多种形式描述的关于武器装备的使命任务与未来不确定的任务环境，输出是典型场景集。

(2)第二阶段：指标构建。该阶段的目标是构建应用场景下的评估指标体系，为武器装备效能评估提供指标支持。

首先，基于对武器装备能力的一般认识，分析典型场景下的作战应用支持目标、支持能力构成以及相关保障条件，形成各场景下"能力要素—应用能力—应用效果"指标层次结构；其次，形成逻辑层次清晰、定义良好、形式规范的指标体系，为场景下评估数据的获取提供指标准则。

该阶段的输入是上一阶段输出的典型场景集，输出是评估指标体系。

(3)第三阶段：数据获取。该阶段的目标是获取用于武器装备效能评估的相关数据，常用的方法有武器装备运用实验、武器装备作战应用、装备作战模拟仿真等，其中，装备作战模拟仿真的评估数据的获取过程如下：首先，根据选定的场景以及场景下的评估要求，实施应用仿真系统开发，包括仿真想定开发、仿真模型开发、仿真运控与数据搜集程序开发等；其次，运行仿真并记录其中的仿真数据，包括仿真设定数据、仿真中间数据与仿真结果数据等；最后，形成场景仿真的"输入-输出"数据集，并完整地给出评估指标的相关计算。

该阶段的输入是作为评估背景的场景集以及场景下评估指标体系，输出是直接支持武器装备效能评估的数据集。

(4)第四阶段：数据处理与分析评估。该阶段的目标是综合利用前面各个阶段的输出结果，实施效能评估与综合分析，形成装备效能评估结论。主要包括三个方面工作：一是对获取的评估数据进行处理，包括对数据进行校验和统计分析；二是利用已有的评估模型对处理后的数据进行综合计算，得到装备效能评估值；三是根据输入数据与得到的效能指标数值，进行综合分析并给出评估结论。

该阶段的输入是第二阶段形成的评估指标体系和第三阶段得到的评估数据，输出是装备效能评估结论。

2. 基于场景的评估指标体系构建框架

基于场景的评估指标体系构建框架，总体上包括两方面内容：过程规范和产品规范，其中，过程规范是指构建评估指标体系的一般步骤，如图 6－17 所示，其可分为 5 个步骤，并得到 6 类规范产品，见表 6－17。

表 6－17　效能评估指标体系构建的规范产品

产品代号	产品名称	产品说明
IS－1	武器系统作战应用概念图	以直观的表达形式、全局的视角展示场景下武器系统支持作战的概貌，主要用于人与人之间的交流、引导和集中详细讨论，也可作为向高级决策者进行陈述的工具； 规范产品 IS－1 的表现形式以图形为主，辅以文字标注说明必要的信息和数据

续表

产品代号	产品名称	产品说明
IS－2	武器系统作战应用流程图	以作战的逻辑推进为轴线，描述各类作战单元的关键作战活动以及应用活动，进而对武器系统的作战应用活动的流程以及对作战任务的支持关系进行明确刻画，以支持对武器系统评估指标的提取； 规范产品 IS－2 的表现形式一般使用图形，必要时辅以文字说明
IS－3	武器系统能力与应用效果关系图	以图的形式给出的具体场景下武器系统能力与相应应用效果指标之间的关系说明，包括两个部分：一是能力指标以及指标之间的关系；二是每项能力在场景下体现出的应用效果以及两者之间的关系； 规范产品 IS－3 一般使用有向图形式画出，必要时辅以文字说明
IS－4	武器系统效能评估指标体系	整体描述性能指标一能力指标一效果指标三层次指标及其层次之间关系的规范产品.； 可使用两种形式：一是树状图形式，可自上而下分为应用效果指标层、应用能力指标层、能力要素指标层；二是网状图结构，根据实际指标间的逻辑影响关系绘制
IS－5	评估指标度量标准列表	是指对各类评估指标进行量化度量的标准说明，包括两个方面内容：一是使用什么量化指标进行度量；二是最化指标的度量量纲； 规范产品 IS－5 一般使用列表形式给出，表中的每一项是对指标度量标准的具体说明
IS－6	评估指标词典	是指对各类指标进行详细说明而构成的词典式描述，每项指标的说明要包括指标概念、指标类型、指标用途、指标与其他指标之间的关系以及指标的度量标准等方面； 规范产品 IS－6 一般使用列表形式结出，表中的每一项是对一项指标的词典式说明，也可根据需要将指标的说明制作为卡片形式

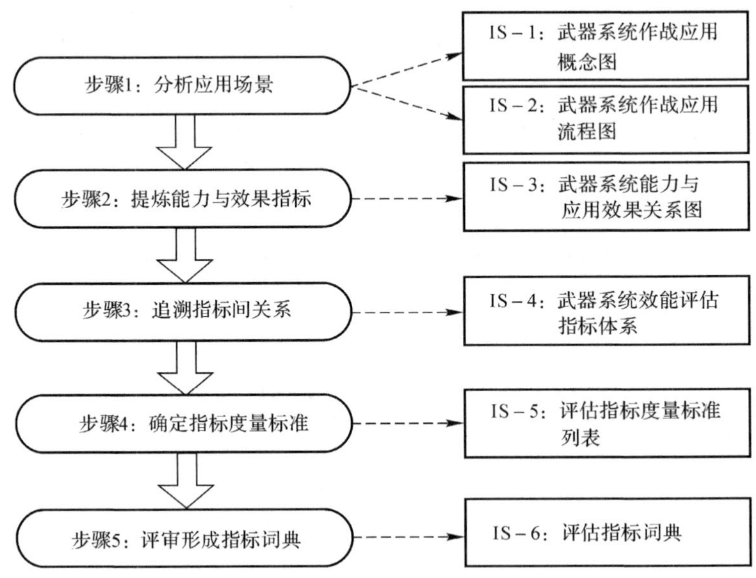

图 6－17　效能评估指标体系构建的一般步骤

(1)步骤 1:分析应用场景。分析场景中武器系统作战应用的具体过程,形成对武器系统作战应用场景的规范描述。在场景描述的基础上,给出第一类规范产品(IS-1)——武器系统作战应用概念图。进一步分析武器系统对作战的影响,界定各类武器系统应用活动与作战单元任务之间的支持关系,形成第二类规范产品(IS-2)——武器系统作战应用流程图。

(2)步骤 2:提炼能力与效果指标。在场景描述的基础上,考察作战目标以及各类武器系统作战任务的直接目标,提取各类应用活动对应的效果指标,并根据武器系统的一般能力分析,确定具体场景下的武器系统的能力指标项,进一步在能力项与效果指标之间建立对应关系,形成第三类规范产品(IS-3)——武器系统能力与应用效果关系图。

(3)步骤 3:追溯指标间关系。以形成的武器系统能力与应用效果关系图为基础,提取武器系统的相关战术技术性能指标参数,明确性能指标、能力项以及效果指标之间的影响关系,构建第四类规范产品(IS-4)——武器系统效能评估指标体系,一般以树状结构或网状结构表现。

(4)步骤 4:确定指标度量标准。考察效能评估指标体系中的各类指标,并根据场景下的具体情况,逐一分析各指标的度量标准与量化方法,必要时实施定性指标的等级量化,将定性指标转化为定量指标,从而使得所有指标都可以进行定量度量,方便后面定量评估的实施。形成第五类规范产品(IS-5)——评估指标度量标准列表。

(5)步骤 5:评审形成指标词典。在前面 4 步的基础上,通过必要的评审与其他方法形成第六类规范产品(IS-6)——评估指标词典。词典中对场景下所有能力要素指标、能力项指标以及应用效果指标给出定义、量化标准及其他必要说明。各类指标的定义一般要满足三个方面要求:一是概念内涵明确,无二义性;二是概念外延界定恰当;三是概念解释准确,符合逻辑。单项指标的卡片式说明如图 6-18 所示。

导弹 CEP

概念:导弹命中精度表示弹道导弹对目标的打击中导弹弹落点对瞄准点的偏离程度,其大小是用射击误差的大小表示。

圆概率误差(CEP):在实际中广泛使用的一种射击精度描述指标是圆概率误差 CEP,它表示的是一个圆的半径,该圆以期望弹落点(或瞄准点)为圆心,弹落点有一半的可能落入该圆内。

作用:可用于描述弹道导弹武器命中误差的大小。案例中可用于表示弹载导航定位系统的作用。

图 6-18　单项指标的卡片式说明示意图

3. 基于场景变权的效能计算模型

变权分析是我国著名学者汪培庄于 20 世纪 80 年代率先提出的一种新的综合决策方法,其中心思想是:根据指标状态值的变化使指标的权重随之变化,以使指标的权重更好地体现相应指标在决策中的作用。假设共需考虑武器系统的 N 个应用场景,每个场景下有相应的一级指标,同时设效能评估指标为 $f_1,f_2,\cdots,f_m$,它们之间相互独立,指标的初始权重向量为 $\boldsymbol{W}=(w_1,w_2,\cdots,w_m)$、状态向量为 $\boldsymbol{X}=(x_1,x_2,\cdots,x_m)$。

(1) 分组合成新指标。根据实际问题的需要将评估指标 $f_1,f_2,\cdots,f_m$ 分成 n 组,要求各组之间没有相同的指标,若第 j 组含有 $f_{j1},f_{j2},\cdots,f_{jq_j}$ 共 q_j 个指标,利用指标状态的合成将它们

合成新指标 $F_j=\bigvee_{k=1}^{q_j} f_{jk}(j=1,2,\cdots,n)$，$F_1,F_2,\cdots,F_n$ 相互独立。

(2) 计算指标状态值。将指标 F_j 的状态值 y_j 看作综合考虑其下层因素 $f_{j1},f_{j2},\cdots,f_{jq_j}$ 的决策值，此时指标 F_j 的状态向量为 $\boldsymbol{X}_j=(x_{j1},x_{j2},\cdots,x_{jq_j})$，假定其常权向量为 $\boldsymbol{A}_j=(a_{j1},a_{j2},\cdots,a_{jq_j})$。构造指标 F_j 的状态变权向量

$$\boldsymbol{S}^{(j)}(x_{j1},x_{j2},\cdots,x_{jq_j})=(S_{j1}(x_{j1},x_{j2},\cdots,x_{jq_j}),\cdots,S_{jq_j}(x_{j1},x_{j2},\cdots,x_{jq_j})) \tag{6-36}$$

采用变权综合得到指标 F_j 的状态值为

$$y_j=\sum_{i=1}^{q_j} a_{ji}(x_{j1},x_{j2},\cdots,x_{jq_j})x_{ji} \tag{6-37}$$

其中变权为

$$a_{ji}(x_{j1},x_{j2},\cdots,x_{jq_j})=a_{ji}S_{j1}(x_{j1},x_{j2},\cdots,x_{jq_j})/\sum_{k=1}^{q_j} a_{jk}S_{jk}(x_{j1},x_{j2},\cdots,x_{jq_j}) \tag{6-38}$$

(3) 对状态值做变权综合。设 $\boldsymbol{A}=(a_1,a_2,\cdots,a_n)$ 为新指标 $F_1,F_2,\cdots,F_n$ 的常权向量，构造状态变权向量：

$$\boldsymbol{S}(y_1,y_2,\cdots,y_n)=(S_1(y_1,y_2,\cdots,y_n),\cdots,S_n(y_1,y_2,\cdots,y_n)) \tag{6-39}$$

得综合指标值：

$$E_n(y_1,y_2,\cdots,y_n)=\sum_{j=1}^{n} a_j(y_1,y_2,\cdots,y_n)y_j \tag{6-40}$$

其中变权

$$a_j(y_1,y_2,\cdots,y_n)=a_jS_j(y_1,y_2,\cdots,y_n)/\sum_{i=1}^{n} a_iS_i(y_1,y_2,\cdots,y_n) \tag{6-41}$$

6.3.3 场景分析方法特点和适用范围

1. 场景分析方法的特点

(1)场景分析方法更加符合人类大脑擅长形象记忆、形象理解、形象感知特性，一个好的场景描述往往抵得过“千言万语”，能够简洁直观地表达复杂的对象。

(2)“作战应用场景”是对武器系统作战应用场合的描述，能够有效刻画武器系统作战应用的具体类型、相应活动和直接效果。

(3)场景分析方法是基于武器系统作战应用场景进行效能评估，通过获取与描述复杂武器系统作战运用的典型场景集，能有效保证武器系统效能评估的综合性和稳健性。

(4)“场景”为评估指标体系构建提供了一种有利视角，可以严谨地说明指标的来龙去脉，使得评估指标的含义更加明确、指标的可重用性更好，同时有助于验证评估指标体系对于评估需求与评估目的的实现程度。

2. 场景分析方法的适用范围

现代武器系统的结构复杂、功能强大、用途广泛，其对最终作战结果的影响链条较长，往往很难直接分析其对最终作战结果的贡献大小。场景分析方法引入“作战应用场景”概念，通过对武器系统作战应用活动的描述，实现对武器系统完成作战任务过程的表达，能够为进一步进行有针对性的分析与评估提供重要的技术支撑。场景分析方法可用于描述和分析现代复杂武器系统，特别适用于侦察预警系统、指挥控制系统、信息支援系统等的效能评估问题。

6.3.4　场景分析方法应用实例分析

1. 天基信息系统作战任务分析

天基信息系统作战任务分析以常规导弹打击海上移动目标为背景，利用场景分析方法进行天基信息系统的效能评估。

地地常规导弹主要依靠弹载的导引头设备，完成对海上移动目标的精确跟踪与打击，其对目标信息的依赖较强，需要目标图像数据、目标电磁辐射特性参数以及目标区海情等数据。假设红方作战目标是，阻止敌方海上大型慢速移动目标进入特定作战海域，一旦进入，对其实施有效打击。作战过程可分为预警侦察、打击准备、打击实施以及打击效果评估等 4 个阶段，天基信息系统由于其平台的高远特征与时空覆盖优势，可以为地地常规导弹远程精确打击提供多方面的关键信息保障，其作战任务包含三个方面：一是对目标以及特定海域进行不间断侦察监视，及时从海量的信息中筛选出海上慢速移动目标的信息，并快速传输打击所必需的图像信息与电磁信息，以供导弹武器系统确定瞄准点与目标特征；二是快速、及时地提供阵地和目标区的气象信息、环境信息等作战保障信息，以便导弹武器系统实施有效的弹道修正；三是对卫星导航能够提供发射阵地的快速定位定向以及导弹飞行制导服务。

2. 天基信息系统应用场景分析

根据导弹系统典型作战样式的一般过程，结合天基信息系统的作战任务，分析天基信息系统参与的作战环节和作战方式，可归纳出天基信息系统典型的作战应用场景集合（见表 6－18）。

表 6－18　天基信息系统作战应用场景集合

<table>
<tr><th>编　号</th><th>场景名称</th><th>天基信息平台</th><th>天基信息需求</th><th>支持作战单元</th></tr>
<tr><td rowspan="4">1</td><td rowspan="4">活动对象探测与态势、威胁评估</td><td>成像侦察卫星</td><td>对象结构属性；对象运动属性；对象编队属性</td><td rowspan="4">指挥所</td></tr>
<tr><td>电子侦察卫星</td><td>海上移动目标信息，包括海上移动目标战斗群的位置、电磁辐射特征参数等信息</td></tr>
<tr><td>气象卫星</td><td>目标区、发射区、航迹区雨、雪、风、能见度等情况</td></tr>
<tr><td>测绘卫星</td><td>进行地形测量，生成、更新军用电子地图</td></tr>
<tr><td>2</td><td>态势、预警信息分发</td><td>通信卫星</td><td>通信频段：×××～×××MHz
通信带宽：×××MHz</td><td>指挥所</td></tr>
<tr><td rowspan="3">3</td><td rowspan="3">活动对象监视与情报搜集</td><td>成像侦察卫星</td><td>接收、汇集图像侦察情报信息；情报整编，融合处理</td><td rowspan="3">指挥所</td></tr>
<tr><td>电子侦察卫星</td><td>接收、汇集电子侦察情报信息；电磁辐射特征参数分析；辐射源信号定位；数据入库管理；信息查询检索；辐射源精确定位、测速、侧向</td></tr>
<tr><td>通信卫星</td><td>中继转发电子侦察和图像侦察信息</td></tr>
</table>

续表

编号	场景名称	天基信息平台	天基信息需求	支持作战单元
4	气象测绘信息获取与分发	气象卫星	目标区、发射区、航迹区雨、雪、风、能见度等情况	指挥所 作战部队
		测绘卫星	进行地形测量，生成、更新军用电子地图	
		通信卫星	中继转发气象测绘信息	
5	火力打击计划生成与分发	通信卫星	提供数据通信传输服务	指挥所 作战部队
6	部队行动监控与生存防护	通信卫星	信息分发；态势广播；提供数据通信传输服务	指挥所 作战部队 武器平台
		导航定位卫星	接收、分发导航定位信息	
		电子侦察卫星	提供敌方导弹预警信息和敌方侦察卫星过顶时间预报	
7	活动对象信息采集装订	电子侦察卫星	提供对象位置信息、海上气象和海洋参数、高精度的图像信息、电子侦察信息	指挥所 作战部队 武器平台
		成像侦察卫星		
		通信卫星	提供数据通信传输服务	
8	火力打击实施信息保障	导航定位卫星	接收、分发导航定位信息	指挥所 武器平台
		通信卫星	提供各级指挥所与作战单元间的通信链路服务	
9	打击效果侦查与评估	电子侦察卫星	提供导弹突防信息、弹头落点信息和目标毁伤信息	指挥所
		成像侦察卫星		
		通信卫星	提供数据通信传输服务	

3. 典型场景下天基信息系统效能计算

选取上表中的场景 3 和场景 8，分别称为场景一——活动对象监视与情报搜集、场景二——火力打击实施信息保障，分析给定两个场景下的天基信息系统评估指标和指标的初始权重，见表 6-19。

表 6-19 天基信息系统作战应用场景与评估指标

场景编号	场景名称	场景权重	一级指标	指标编号	初始权重
场景一	活动对象监视与情报搜集	0.6	目标搜索能力	f_1	0.10
			目标定位能力	f_2	0.25
			目标测速能力	f_3	0.25
场景二	火力打击实施信息保障	0.4	平台定位能力	f_4	0.12
			信息处理能力	f_5	0.06
			信息传输能力	f_6	0.08
			机动通信能力	f_7	0.10
			通信抗干扰能力	f_8	0.04

进一步根据天基信息系统的技术可能和发展趋势，选择两种可能出现的能力指标组合，形成天基信息系统的 2 个备选能力方案，见表 6－20。

表 6－20　天基信息系统能力方案

指　标	f_1	f_2	f_3	f_4	f_5	f_6	f_7	f_8
方案 1	0.49	0.45	0.65	0.60	0.60	0.60	0.48	0.60
方案 2	0.50	0.50	0.50	0.60	0.45	0.50	0.45	0.70

考虑到无论是在场景一还是在场景二中都不应出现较大偏差，所以采用惩罚性变权。指标 $f_1 \sim f_8$ 的取值如表 6－20 所列，根据场景变权方法的结论，两种方案的效能计算公式为

$$E(X)=0.6\sum_{j=1}^{3}\frac{w_j^{(0)}x_j^{\alpha}}{\sum_{j=1}^{3}w_j^{(0)}x_j^{\alpha-1}}+0.4\sum_{j=4}^{8}\frac{w_j^{(0)}x_j^{\alpha}}{\sum_{j=4}^{8}w_j^{(0)}x_j^{\alpha-1}}$$

将方案 1 与方案 2 的相关数据代入，得

$$E_1(X)=0.54, E_2(X)=0.63$$

可见方案 2 的总体效能大于方案 1，其与常权加和的结论是不相同，原因是因为场景一是整个作战行动有效实施的前提，其所占权重较高，而方案 1 在这个场景下指标差异较大，在评估过程中受到惩罚，所以总体效能低于方案 2。

6.4　PLS 通径模型方法

6.4.1　PLS 通径模型方法基本原理

偏最小二乘通径模型结合了偏最小二乘回归(Partial Least－Squares Regression，PLS)方法的算法优点和结构方程模型(Structural Equation Modeling，SEM)的直接建模的优势，是处理多因素复杂影响问题的有效工具，对于分析理解武器系统“能力-效果”的关系具有独特优势，为复杂武器系统的效能评估提供了新的方法论基础。偏最小二乘通径模型(PLS Path Model)在形式与功能上类似于经典的 SEM，其中关于隐变量、显变量等核心概念更是来源于 SEM。

1. SEM 原理

SEM 是一种统计建模方法，主要采用线性建模技术，结合传统的因子分析和回归分析，对现实生活中经常出现的可测变量与隐含变量的交互关系进行分析。

(1)SEM 的变量。SEM 的核心概念是两类性质不同的变量：一类是显变量(Observed Variable)或可测变量，它是具体对象可以直接测量的变量；另一类是隐变量(Latent Variable)，是不可直接测量的变量。通常假设隐变量决定着显变量，而显变量是隐变量的体现。

此外，根据变量是否受到其他变量的影响，又可分为：外生变量(Independent Variable)，其不受其他变量影响，相当于函数的自变量；内生变量(Endogenous Variable)，其受到其他变量影响，相当于函数的因变量。

由此可知，SEM共有4种变量：外生显变量、内生显变量、外生隐变量、内生隐变量。

(2)SEM的构成。SEM通常由两部分构成：测量模型(Measurement Model)和结构模型(Structural Model)。测量模型描述显变量与隐变量之间的关系，用来识别要研究对象的相关要素；结构模型描述隐变量之间的关系，用来反映系统内部的交互关系。

(3)SEM的表示。SEM通常用通径图来表示，通径图能够直观地描述各类变量之间的关系，同时也为模型的参数估计与修正提供了辅助手段。在SEM通径图中，矩形框表示显变量，椭圆形框表示隐变量，带简头的直线或者曲线表示变量间的影响关系，箭头的方向指向被影响变量，图6-19所示为一个SEM通径图，各符号的含义如表6-21所列。

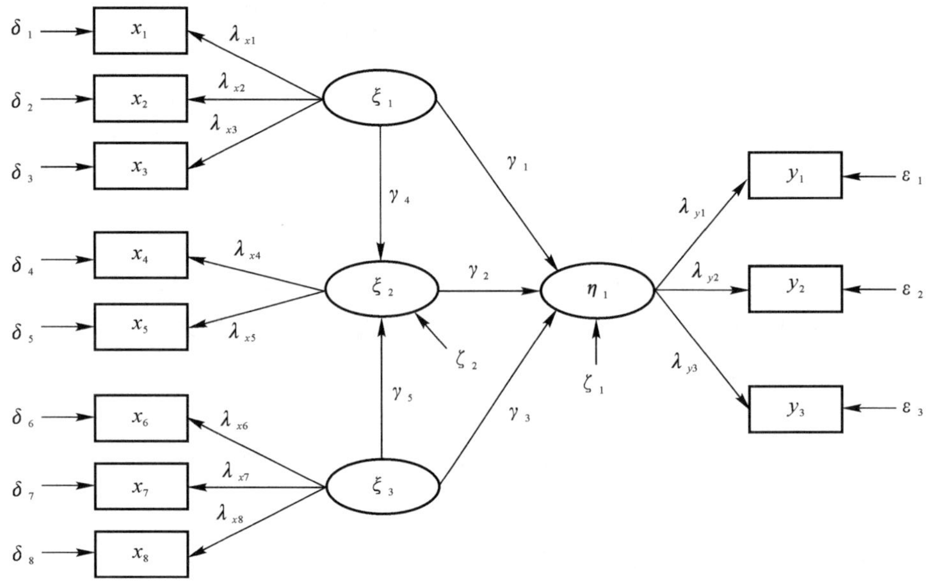

图6-19 结构方程模型通径图

表6-21 结构方程模型符号的含义

符　号	含　义
$x_1 \sim x_3$	对应隐变量 ξ_1 的显变量
$x_4 \sim x_5$	对应隐变量 ξ_2 的显变量
$x_6 \sim x_8$	对应隐变量 ξ_3 的显变量
$y_1 \sim y_3$	对应隐变量 η_1 的显变量
$\xi_1 \sim \xi_3, \eta_1$	一组隐变量，其中 ξ_1, ξ_3 为外生隐变量，ξ_2, η_1 为内生隐变量
$\delta_1 \sim \delta_8$	显变量 $x_1 \sim x_8$ 的测量误差项
$\varepsilon_1 \sim \varepsilon_3$	显变量 $y_1 \sim y_3$ 的测量误差项
ζ_1、ζ_2	内生隐变量 ξ_2, η_1 的误差项

2. PLS通径模型原理

PLS通径模型类似于结构方程模型，同样由测量模型和结构模型组成，测量模型也称为外部模型，结构模型也称为内部模型。假设有 K 个隐变量，分别记为 $\xi_k(k=1,2,\cdots,K)$，每个隐变量都对应着一组显变量，其中第 k 个隐变量对应着 p_k 个显变量，可记为 $X_k=(x_{k1},x_{k2},\cdots,x_{kp_k})$。

(1)PLS 通径模型中的测量模型。PLS 通径模型中测量模型的显变量与隐变量的关系，通常可以有两种表现方式：反映方式(Reflective Ways)和构成方式(Formative Ways)。

1) 反映方式。反映方式是指用隐变量表示显变量的方式，由于每一个显变量都与唯一的隐变量关联，所以可以用一元线性方程表示：

$$x_{kl}=\lambda_{kl}\xi_k+\delta_{kl}\quad(k=1,2,\cdots,K;l=1,2,\cdots,p_k)\tag{6-42}$$

式中：残差 δ_{kl} 的均值为 0，且与隐变量 ξ_k 不相关；λ_{kl} 称为外部负载(Outer Loadings)。

由此可以看出，PLS 通径模型把显变量理解成隐变量固定情况下的条件数学期望，即

$$E(x_{kl}\mid\xi_k)=\lambda_{kl}\xi_k\tag{6-43}$$

需要说明的是，PLS 通径分析认为在反映方式中，每个显变量只反映事物某一方面的特征，对应的隐变量要求是唯一的，称为唯一维度假设，并采用各种办法对此进行检验，通用的有 3 种方式：显变量组的主成分分析、科隆巴奇系数 α(Cronbach's α) 和迪依-高德斯丹系数 ρ(Dillon－Goldstein's ρ)，其中最常用的是科隆巴奇系数。当显变量不满足唯一维度要求时，可以通过删除变量或者拆分变量等方法来改进。

2) 构成方式。构成方式是指用显变量表示隐变量的方式，隐变量表示为相应的显变量组中所有变量的线性组合：

$$\xi_k=\sum_{l=1}^{p_k}\bar{\omega}_l x_{kl}+\varepsilon_k\quad(k=1,2,\cdots,K)\tag{6-44}$$

式中：残差 ε_k 的均值为 0，且与显变量不相关；$\bar{\omega}_l$ 称为外部权重(Outer Weight)。

由此可以看出，PLS 通径模型把隐变量理解成显变量固定情况下的条件数学期望，即

$$E(\xi_k\mid x_{k1},x_{k2},\cdots,x_{kp_k})=\sum_{l=1}^{p_k}\bar{\omega}_l x_{kl}\quad(k=1,2,\cdots,K)\tag{6-45}$$

需要说明的是，PLS 通径模型的这种理解与对能力与效果的关系理解是一致的，即效果是能力的体现，能力的量可以通过效果来反映。

(2)PLS 通径模型中的结构模型。结构模型描述不同隐变量之间的因果关系，可用一组线性方程组表示，即

$$\xi_k=\sum_{i=1,i\neq k}^{K}\beta_{ki}\xi_i+\zeta_k\quad(k=1,2,\cdots,K)\tag{6-46}$$

式中：残差 ζ_k 的均值为 0，且与隐变量无关；β_{ki} 表示隐变量之间的相互关系，可以取正值、负值或者零。

(3)SEM 的识别方法。SEM 的识别就是检验模型中的未知参数是否可以进行估计，如果模型是不可识别的，则需要对模型进行重新设定。SEM 的识别规则主要有 t 规则和两步规则等。

1)t 规则。t 规则是 SEM 识别的一个必要非充分条件。假如在 SEM 模型中有 p 个内生可测变量和 q 个外生可测变量，则可以产生 $(p+q)(p+q+1)/2$ 个不同的方差和协方差，进而可以得到 $(p+q)(p+q+1)/2$ 个不同的含有未知参数的方程。因此，只要待估计的未知参数的个数 t 满足 $t<(p+q)(p+q+1)/2$，SEM 模型就是可识别的。

2）两步规则。两步规则是 SEM 识别的充分非必要条件。该规则主要包括测量模型识别和结构模型识别两步。

第一步，测量模型识别，判断隐变量与可测变量间是否可识别。将内生、外生等所有可测变量都记作 $\boldsymbol{X}$ 变量，所有隐变量都记作 ξ 变量，则测量模型可记作 $\boldsymbol{X}=\boldsymbol{\Lambda}_X\xi+\boldsymbol{\delta}$，可以按照两指标规则或三指标规则进行识别。

a. 两指标规则。每个隐变量至少有两个指标，即载荷矩阵 $\boldsymbol{\Lambda}_X$ 的每一列至少有两个非零元素；每个指标只测量一个隐变量，即载荷矩阵 $\boldsymbol{\Lambda}_X$ 的每一行有且仅有一个非零元素；对每一个隐变量，至少有另一个隐变量与之相关，即隐变量的协方差 Φ 的每一行，对角线以外至少有一个非零元素。误差不相关，即误差的协方差矩阵 $\boldsymbol{\Theta}_\delta$ 为对角阵。

b. 三指标规则。每个隐变量至少有三个指标，即载荷矩阵 $\boldsymbol{\Lambda}_X$ 的每一列至少有三个非零元素；每个指标只测量一个隐变量，即载荷矩阵 $\boldsymbol{\Lambda}_X$ 的每一行有且仅有一个非零元素；误差之间不相关，即误差的协方差矩阵 $\boldsymbol{\Theta}_\delta$ 为对角阵。

第二步，结构模型识别，判断隐变量与隐变量之间是否可以识别。如果内生隐变量协方差矩阵 $\boldsymbol{B}=\boldsymbol{0}$，那么结构模型是可识别的。

（4）模型中参数的估计方法。

1）外部估计。由 PLS 通径模型中的测量模型的构成方式可知，隐变量可以用显变量的线性组合来估计，记隐变量 ξ_k 的估计值为 $\hat{\xi}_k$，若不考虑残差项，用显变量的值对隐变量进行估计，则隐变量 ξ_k 的外部估计为

$$\hat{\xi}_k=\sum_{l=1}^{p_k}\bar{\omega}_l x_{kl}=\boldsymbol{w}_k\cdot\boldsymbol{X}_k\quad(k=1,2,\cdots,K)\tag{6-47}$$

式中：w_k 为外部权重向量。

2）内部估计。由 PLS 通径模型中的结构模型可知，隐变量 ξ_k 还可以利用与之关联的其他隐变量来估计，则隐变量 ξ_k 的内部估计为

$$\boldsymbol{Z}_k=\sum_{i=1,\beta_{ki}\neq 0}^{K}e_{ki}\hat{\xi}_i\quad(k=1,2,\cdots,K)\tag{6-48}$$

式中：β_{ki} 为隐变量之间的相互关系；e_{ki} 为内部权重系数，可按照下式进行计算，即

$$e_{ki}=\mathrm{sign}[r(\hat{\xi}_k,\hat{\xi}_i)]=\begin{cases}1 & [r(\hat{\xi}_k,\hat{\xi}_i)>0]\\-1 & [r(\hat{\xi}_k,\hat{\xi}_i)<0]\\0 & [r(\hat{\xi}_k,\hat{\xi}_i)=0]\end{cases}\tag{6-49}$$

式中：sign 是符号函数；$r(\hat{\xi}_k,\hat{\xi}_i)$ 表示外部估计量 $\hat{\xi}_k$ 与 $\hat{\xi}_i$ 的相关系数。在此基础上，可用 $\boldsymbol{Z}_k$ 对 $\boldsymbol{X}_k$ 作偏最小二乘回归的第一个轴向量作为外部权重向量 $\boldsymbol{w}_k$，即

$$\boldsymbol{w}_k=\boldsymbol{X}_k^{\mathrm{T}}\boldsymbol{Z}_k/n\quad(k=1,2,\cdots,K)\tag{6-50}$$

3）迭代算法。PLS 通径模型一般采用迭代算法来计算隐变量，然后根据隐变量的估计值来计算测量模型和结构模型，其一般包含以下 5 个步骤：

步骤 1：取隐变量估计 $\hat{\xi}_k$ 的初始值等于 x_{kl}。

步骤 2：根据内部估计式(6－48) 计算 $\boldsymbol{Z}_k$ 的估计值。

步骤 3：根据 $\boldsymbol{Z}_k$ 的估计值，利用式(6－50) 计算外部权重向量 $\boldsymbol{w}_k$。

步骤 4：通过外部估计式(6－47)，计算隐变量的新估计 $\hat{\xi}_k$。

步骤 5：重复步骤 2，直到计算收敛为止，即两次相近迭代间的误差小于一定范围，如取小

于10^{-4}。

以最终得到的 $\hat{\xi}_k$ 作为隐变量 ξ_k 的估计值，最终有

$$\hat{x}_{kl} = \lambda_{kl}\hat{\xi}_k \quad (k=1,2,\cdots,K;l=1,2,\cdots,p_k) \tag{6-51}$$

然后再用多元回归模型估计结构模型中的各项参数。对于内生隐变量 ξ_k，有

$$\hat{\xi}_k = \sum_{i=1,\beta_{ki}\neq 0}^{K} \beta_{ki}\hat{\xi}_i \quad (k=1,2,\cdots,K) \tag{6-52}$$

式中：β_{ki} 表示隐变量 ξ_k 与 ξ_i 之间的相关性，等于 0 表示不相关。

6.4.2 PLS 通径模型方法一般过程

运用 PLS 通径模型进行武器系统效能评估，主要基于以下两方面的考虑，一是 PLS 通径模型的内部与外部模型形式，为效果与能力之间的关系描述提供直观形象的描述工具；二是 PLS 通径模型的迭代算法，提供了定量分析武器系统能力与效果以及能力与能力之间关系的方法。基于 PLS 通径模型的武器系统效能评估步骤如图 6-20 所示。

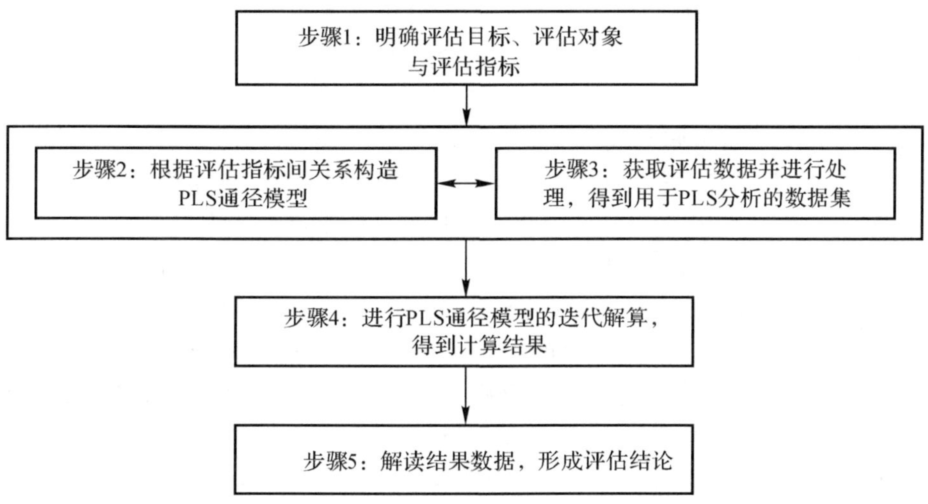
步骤1：明确评估目标、评估对象
与评估指标
步骤2：根据评估指标间关系构造
PLS通径模型
步骤3：获取评估数据并进行处
理，得到用于PLS分析的数据集
步骤4：进行PLS通径模型的迭代解算，
得到计算结果
步骤5：解读结果数据，形成评估结论

图 6-20　基于 PLS 通径模型的武器系统效能评估过程

(1)明确评估目标、评估对象与评估指标。进行武器系统的作战应用场景分析，明确需要达成的评估目标、评估的主要对象以及评估的相关指标。评估指标包括各项能力指标、应用效果指标，最终形成指标内涵清晰、度量方法明确、指标间关系准确的评估指标体系，特别是要明确能力直接反映在哪些应用效果指标上，为实施基于 PLS 通径模型的指标计算奠定基础条件。

(2)根据评估指标间关系构造 PLS 通径模型。基于得到的效能评估指标体系，清晰界定能力指标之间，以及能力指标与应用效果指标之间的影响关系，将能力指标视为隐变量，将效果指标视为显变量，构造武器系统效能评估的 PLS 通径模型，其中测量模型对应于能力指标与应用效果指标之间的关系，结构模型对应于应用能力指标之间的关系。

(3)获取评估数据并进行处理，得到用于 PLS 回归分析的数据集。根据武器系统效能评估目标的要求，获取用于效能评估的数据，如实施仿真，记录仿真数据，对相同设定下的多次仿真数据进行统计处理，必要时对数据进行完整性检查，提高数据的可靠性和有效性，并进一步

对统计得到的数据实施处理，处理后的数据集用于PLS通径模型的解算。

(4)进行PLS通径模型的迭代解算，得到计算结果。以经过处理的评估数据作为输入，利用PLS通径模型参数的估计方法进行迭代解算，得到收敛解以及其他计算结果，并对PLS通径模型进行唯一维度假设检验，如果通不过相应检验还需要对所构建的通径模型以及得到的数据进行反馈完善。

(5)解读结果数据，形成评估结论。基于得到的计算结果，写出能力指标与效果指标之间的量化表达式，以及能力指标之间的影响关系表达式，分析不同设定方案下各能力的大小排序等。深入研究这些定量关系，形成能力状态排序、各类能力因素的影响、不同类型能力对效果的贡献度等方面的具体结论。

6.4.3 PLS通径模型方法特点和适用范围

1. 主要特点

(1)PLS通径模型是偏最小二乘回归(PLS)与结构方程模型(SEM)的结合，偏最小二乘回归(PLS)提供了一种多因变量对多自变量的回归建模方法，特别是当变量之间存在高度相关性时，用偏最小二乘回归进行建模，其分析结论更加可靠，整体性更强。

(2)偏最小二乘回归(PLS)可以有效解决变量之间的多重相关性问题，适合在样本容量小于变量个数的情况下进行回归建模。偏最小二乘回归(PLS)采用对数据信息进行分解和筛选的方式，有效地提取对系统解释性最强的综合变量，剔除多重相关信息和无解释意义信息的干扰，同时偏最小二乘回归(PLS)方法也可以较好地解决样本点个数小于变量个数的问题。

(3)偏最小二乘回归(PLS)实现了多种多元统计分析方法的综合应用，可将建模类型的预测分析方法与非模型式的数据分析方法有机地结合起来，在一个算法框架下同时实现回归建模、数据结构简化以及变量间的相关分析，为多维复杂系统的分析带来了极大便利。

(4)PLS通径模型的工作目标与结构方程模型是类似的，但其克服了结构方程模型存在的问题，采用了偏最小二乘回归而不是协方差估计的求解思路，无须对显变量做正态分布假设，也不存在模型不可识别的问题，对样本点个数的要求也更为宽松，是一种比结构方程模型更为实用有效的方法。

(5)PLS通径模型方法主要针对因变量与自变量之间多重共线性难以使用传统最小二乘回归(PLS)方法的问题，同时它又比传统的主成分回归分析能有效缩减解释变量个数，且含义更明确、计算量更小，较好地解决了许多以往用普通多元线性回归难以解决的问题。

2. 适用范围

PLS通径模型综合了偏最小二乘回归(PLS)的算法优点和结构方程模型(SEM)的建模优势，是处理多因素复杂影响问题的有效工具，可用于分析多组变量结合之间的统计关系，加之其在样本点数量要求上较为宽松，尤其适合复杂武器系统的效能评估问题研究。

(1)武器系统的效能评估可归结为3个层次指标之间的关系问题，即性能指标、能力指标与效能指标，其中能力指标是武器系统效能分析的桥梁，能力是指武器系统遂行作战任务的平均水平，一般包括3个方面的要点：能力是指在规定条件下达到一定标准的预期效果；能力与任务之间关系不是一对一的直接关系，往往反映在支持多个相关任务上；能力是通过完成任务的效果来体现的。

(2)PLS通径模型的核心概念是显变量和隐变量，并通过通径模型来描述显变量与隐变量、隐变量与隐变量之间的关系，其为分析描述武器系统的各种能力，以及能力与效果之间的关系提供了有力工具。

(3)武器系统的同一能力项对应的多个显变量是同一方面的效果指标，而反映作战效果的效果指标具有自然的整体性，所以武器系统的作战应用效果指标数据往往存在着严重的多重共线性关系，PLS 通径模型利用最小二乘回归(PLS)方法估计相关参数，具有更高的可靠性，有效克服了变量之间的多重共线性问题。

(4)仿真是获取评估数据的一个重要途径，仿真数据虽依赖于仿真设定、仿真运行的效率以及可用时间等多方面的因素，很难确保最后得到的有效样本点数据的规模。PLS 通径模型对样本点数据规模的要求要宽松得多，在样本点规模较小时也可以进行有效的分析，十分适用于仿真数据的统计分析。

(5)使用 PLS 通径模型进行武器系统效能评估，其假定隐变量与显变量之间是一种线性关系，但武器系统能力与应用效果之间的线性关系假设并不总是成立，但这并不妨碍基于 PLS 通径模型实施效能评估，主要是基于以下考虑：一是具体的武器系统能力项都作为 PLS 通径模型中的隐变量看待，均是“构造性概念”，其取值的绝对值并没有明显含义，相对值才是重要的，而通过“效果”以及线性关系来评估能力值已经可以体现其相对变化；二是在很多情况下，非线性关系一定程度上可以转化为线性关系，如多项式分解、对数转换、线性插值等方法，这样在方法层面上，使用线性模型是合理的。

6.4.4　PLS 通径模型方法应用实例分析

1. 天基信息系统作战效能评估

(1)天基信息系统作战任务分析。常规弹道导弹打击机场是典型的导弹远程精确打击作战样式，其打击过程为：首先通过侦察卫星获得预定攻击目标的最新信息，并通过接收与处理卫星信息辅助生成目标的最新情报，为导弹打击前目标点的确定提供直接依据；其次通过卫星战场环境探测获知有关导弹飞航区与目标区的关键气象参数，导弹武器平台完成发射前的阵地定位定向；最后在发射前将这几方面信息综合生成导弹装订参数，在接到打击命令后发射导弹，并在飞行中段实施卫星辅助制导，最后在飞行结束后母弹解爆，实施对机场的打击。通常打击完成后需要通过侦察卫星来获得目标毁伤情况的信息，并视需要决定是否进入新的一波攻击。

天基信息系统的作战任务：一是卫星侦察监视提供机场目标最新数据，对机场这类固定大型目标来说，一般平时均有信息的积累，战时需要的是对其信息进行及时的更新；二是卫星气象环境探测辅助进行导弹弹道修订，主要是飞航区中影响导弹飞行的大气密度、风场等参数；三是卫星导航提供的发射阵地位置精度以及导弹飞行中的制导服务。

天基信息系统的作战应用效果是，天基信息系统的直接应用目标是增强导弹对机场目标的精确打击，体现在目标机场在打击后的毁伤情况以及我方导弹的打击效率上。度量跑道的破坏标准时采用“最小升降窗口”的概念，即对于某个特定的机场，必须在跑道上存在一个最小的未被破坏的矩形区域，使得飞机以该矩形区域升降，此矩形区域为最小升降窗口。可以用矩形来描述最小升降窗口，最小升降窗口的大小是由机场所升降的飞机类型来确定的，飞机类型不同，所对应的最小升降窗口的大小也不相同，这里设定机场为 U 字形，最小起降窗口为 800 m×15 m。

(2)PLS 通径模型的构建。考虑天基信息系统在导弹打击机场目标过程中的具体作用，总结出描述其作战效能的 5 个能力指标为卫星侦察资源能力、卫星侦察信息处理与作战保障能力、战场环境信息保障能力、卫星导航保障能力、卫星信息增强精确打击能力，其中最后一项能力为综合保障能力，并相应给出 5 组共 10 个天基信息系统作战应用效果指标，构成如图 6-21 所示的评估指标影响关系图。

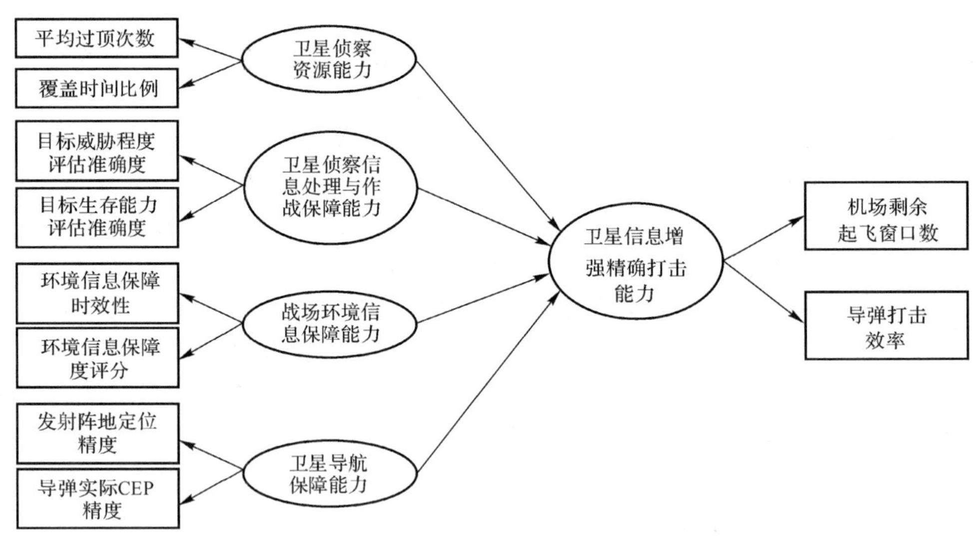

图 6-21　天基信息系统效能评估指标影响关系图

根据天基信息系统效能评估指标体系中确定的能力项与效果指标之间的关系，设定卫星侦察资源能力、卫星侦察信息处理与作战保障能力、卫星战场环境探测保障能力、卫星导航保障能力以及卫星信息增强精确打击能力作为隐变量，将仿真中可以直接记录或统计计算得到的应用效果指标作为显变量，构建如图 6-22 所示的 PLS 通径模型，各符号的含义见表 6-22。

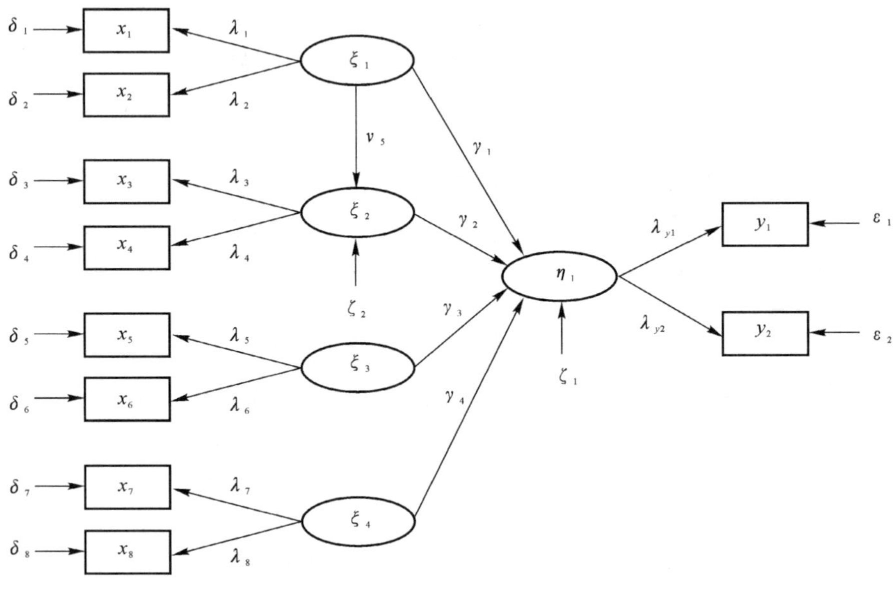

图 6-22　天基信息系统效能评估的 PLS 通径模型

表 6-22　PLS 通径模型中各符号的含义

符　号	含　义	符　号	含　义
ξ_1	卫星侦察资源能力	ξ_2	卫星侦察信息处理与作战保障能力
ξ_3	卫星战场环境探测保障能力	ξ_4	卫星导航保障能力
η_1	卫星信息增强精确打击能力	ζ_1,ζ_2	内生隐变量 ξ_2,η_1 的误差项
x_1	平均过顶次数	x_2	平均覆盖时间比例
x_3	目标威胁程度评估准确度	x_4	目标生存能力评估准确度
x_5	环境探测信息保障时效性	x_6	环境探测信息保障度评分
x_7	发射阵地定位精度	x_8	导弹实际 *CEP* 精度
y_1	机场剩余起飞窗口数	y_2	导弹打击效率
$\delta_1\sim\delta_8$	$x_1\sim x_8$ 的测量误差项	$\varepsilon_1\sim\varepsilon_2$	$y_1\sim y_2$ 的测量误差项

PLS 通经模型的测量方程(反映方式)可表示为

$$\boldsymbol{X}=\boldsymbol{\Lambda}_X\xi+\boldsymbol{\delta} \tag{6-53}$$

$$\begin{bmatrix} x_1\\ x_2\\ x_3\\ x_4\\ x_5\\ x_6\\ x_7\\ x_8 \end{bmatrix}=\begin{bmatrix} \lambda_1 & & & \\ \lambda_2 & & & \\ & \lambda_3 & & \\ & \lambda_4 & & \\ & & \lambda_5 & \\ & & \lambda_6 & \\ & & & \lambda_7\\ & & & \lambda_8 \end{bmatrix}\begin{bmatrix} \xi_1\\ \xi_2\\ \xi_3\\ \xi_4 \end{bmatrix}+\begin{bmatrix} \delta_1\\ \delta_2\\ \delta_3\\ \delta_4\\ \delta_5\\ \delta_6\\ \delta_7\\ \delta_8 \end{bmatrix} \tag{6-54}$$

$$\boldsymbol{Y}=\boldsymbol{\Lambda}_Y\eta_1+\boldsymbol{\varepsilon} \tag{6-55}$$

$$\begin{bmatrix} y_1\\ y_2 \end{bmatrix}=\begin{bmatrix} \lambda_{y_1}\\ \lambda_{y_2} \end{bmatrix}\eta_1+\begin{bmatrix} \varepsilon_1\\ \varepsilon_2 \end{bmatrix} \tag{6-56}$$

模型的结构方程可表示为

$$\xi_2=\gamma_5\cdot\xi_1+\zeta_2 \tag{6-57}$$

$$\eta_1=\gamma_1\cdot\xi_1+\gamma_2\cdot\xi_2+\gamma_3\cdot\xi_3+\gamma_4\cdot\xi_4+\zeta_1 \tag{6-58}$$

(3)评估数据获取与处理。通过作战仿真获取相关评估数据,分别针对卫星侦察能力、卫星环境探测能力以及卫星导航能力设定仿真输入,综合考虑可用的卫星资源裕度、卫星信息的可达度、与作战应用终端的交链度以及作战环境的复杂度,共设定了 11 个变量,每个设为 2 个至 3 个等级不等,进一步考虑其具体含义与可能组合,经过评审形成共 43 组仿真方案。

在仿真结束后,对仿真数据进行统计处理,得到效果指标的具体数值,将得到的效果数据集以及描述能力指标与应用效果指标关系的 PLS 通径模型,输入到 PLS 计算软件 SmartPLS 2.0 中,经过一步迭代,数据就收敛到稳定解,5 个隐变量对应的科隆巴奇系数 α 均大于 0.9,通过了 PLS 通径模型算法要求的唯一维度假设,得到图 6-23 所示的计算结果,图中各隐变量的含义见表 6－23。

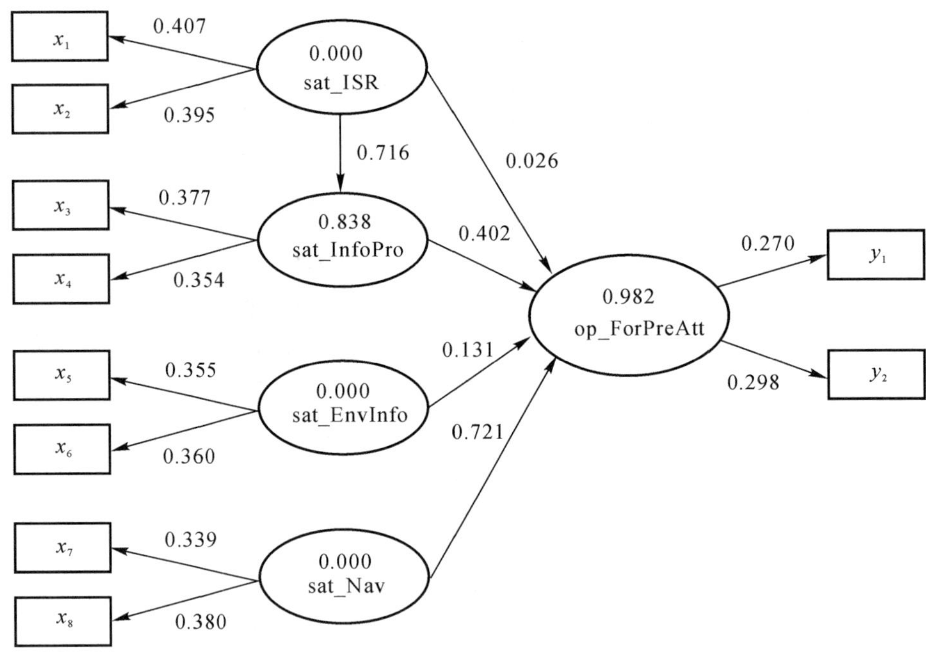

图 6－23　PLS 通径模型解算结果

表 6－23　PLS 通径模型中隐变量的含义

序　号	变量名称	变量含义
1	sat_ISR	卫星侦察资源能力(ξ_1)
2	sat_InfoPro	卫星侦察信息处理与作战保障能力(ξ_2)
3	sat_EnvInfo	卫星战场环境探测保障能力(ξ_3)
4	sat_Nav	卫星导航保障能力(ξ_4)
5	op_ForPreAtt	卫星信息增强精确打击能力(η_1)

PLS 通经模型中各有向箭头上的数字表示对应的隐变量与显变量之间的负荷系数，以反映方式得到外部模型结果(见表 6－24)。

表 6－24　隐变量与显变量之间的负荷系数

变　量	ξ_1	ξ_2	ξ_3	ξ_4	η_1
x_1	0.406 627				
x_2	0.394 628				
x_3		0.377 033			
x_4		0.353 599			
x_5			0.355 075		

续表

变　量	ξ_1	ξ_2	ξ_3	ξ_4	η_1
x_6			0.360 228		
x_7				0.338 711	
x_8				0.379 941	
y_1					0.270 407
y_2					0.298 087

以构成方式表达的显变量与隐变量的关系见表 6-25,其中各显变量都是经过“增益化”处理后的数值。

表 6-25　隐变量与显变量之间关系的构成方式表达

序　号	隐变量	隐变量的显变量表达
1	卫星侦察资源能力(ξ_1)	$E(\xi_1 \mid x_1, x_2)=0.492x_1+0.508x_2$
2	卫星侦察信息处理与作战保障能力(ξ_2)	$E(\xi_2 \mid x_3, x_4)=0.497x_3+0.503x_4$
3	卫星战场环境探测保障能力(ξ_3)	$E(\xi_3 \mid x_5, x_6)=0.486x_5+0.514x_6$
4	卫星导航保障能力(ξ_4)	$E(\xi_4 \mid x_7, x_8)=0.458x_7+0.542x_8$
5	卫星信息增强精确打击能力(η_1)	$E(\eta_1 \mid y_1, y_2)=0.469y_1+0.531y_2$

结构模型可表达为

$$\xi_2=0.716\xi_1 \tag{6-59}$$

$$\eta_1=0.026\xi_1+0.402\xi_2+0.131\xi_3+0.721\xi_4 \tag{6-60}$$

上面两个内部模型的标准 R^2 系数分别 0.838 和 0.982,均超过一般评估标准规定的下限值(一般在 0.5～0.7 之间)),表明这两个内部模型均有良好的预测效果。稳定解中各仿真方案对应的天基信息系统能力值见表 6-26。

表 6-26　PLS 通径模型解算得到的能力指标数值

序　号	ξ_1	ξ_2	ξ_3	ξ_4	η_1	序　号	ξ_1	ξ_2	ξ_3	ξ_4	η_1
1	0.000	0.000	0.000	0.000	0.000	23	0.973	0.902	0.554	0.760	0.788
2	0.325	0.457	0.000	0.000	0.259	24	0.274	0.283	0.834	0.459	0.696
3	0.867	0.525	0.000	0.000	0.184	25	0.808	0.915	0.833	0.769	0.869
4	1.000	0.782	0.000	0.000	0.238	26	0.447	0.410	0.557	0.458	0.614
5	0.355	0.591	0.000	0.000	0.278	27	0.638	0.314	0.552	0.472	0.598
6	0.847	0.700	0.000	0.000	0.245	28	0.750	0.986	0.542	0.778	0.724
7	0.940	0.964	0.000	0.000	0.393	29	0.942	0.934	0.555	0.768	0.746
8	0.000	0.000	0.276	0.000	0.158	30	0.447	0.316	0.826	0.452	0.714

续表

序　号	ξ_1	ξ_2	ξ_3	ξ_4	η_1	序　号	ξ_1	ξ_2	ξ_3	ξ_4	η_1
9	0.000	0.000	0.446	0.000	0.138	31	0.909	1.000	0.841	0.780	0.849
10	0.000	0.000	0.807	0.000	0.145	32	0.279	0.416	0.689	0.671	0.740
11	0.000	0.000	0.441	0.000	0.121	33	0.616	0.290	0.690	0.686	0.724
12	0.000	0.000	0.632	0.000	0.082	34	0.612	0.966	0.685	0.994	0.830
13	0.000	0.000	0.933	0.000	0.145	35	0.824	0.896	0.694	0.995	0.888
14	0.000	0.000	0.000	0.535	0.418	36	0.275	0.319	0.972	0.669	0.807
15	0.000	0.000	0.000	0.695	0.496	37	0.803	1.000	0.995	0.978	0.984
16	0.000	0.000	0.000	0.837	0.579	38	0.441	0.351	0.688	0.682	0.757
17	0.000	0.000	0.000	0.695	0.537	39	0.807	0.404	0.681	0.694	0.761
18	0.000	0.000	0.000	0.824	0.574	40	0.772	1.000	0.690	0.973	0.880
19	0.000	0.000	0.000	0.969	0.572	41	0.923	1.000	0.683	0.978	0.895
20	0.369	0.451	0.275	0.545	0.632	42	0.445	0.374	0.968	0.684	0.802
21	0.338	0.473	0.435	0.536	0.597	43	0.982	1.000	0.997	0.971	0.986
22	0.894	0.761	0.790	0.549	0.698	44	1.000	1.000	1.000	1.000	1.000

(4)评估结果分析。

1)能力状态排序与方案优化分析。各仿真方案代表的是不同的天基信息系统能力状态，按照“卫星信息增强精确打击能力”的大小进行排序，可以从中选取最好的配置方案，表 6－27 为评估值大于 0.85 的 7 个方案。

表 6－27　按照服务能力评估值的仿真方案排序

排　序	仿真方案	服务能力评估值	方案说明
1	44	1.000	理想基准点
2	43	0.986	卫星资源裕度为高案、信息可达度为加强水平、终端交链度为成熟级、环境复杂度低，均为理想情况
3	37	0.984	卫星侦察与环境探测复杂度高，为非理想环境，其他同 43 号方案
4	41	0.895	卫星导航资源与终端交链度为低案，其他同 43 号方案
5	35	0.888	卫星导航资源与终端交链度为低案，卫星侦察与环境探测复杂度高，为非理想环境，其他同 43 号方案
6	40	0.880	卫星导航资源与终端交链度、卫星侦察与环境探测相应的终端交链度为初始级水平，其他同 43 号方案
7	25	0.869	卫星侦察与环境探测复杂度高，为非理想环境，有导航对抗，其他同 43 号方案

通过对这些方案进行分析，可以得到以下结论：

a. 卫星资源裕度基本上是高案(仿真设定中的未来水平)，只有 40 号方案中导航资源水平为低案。而整体上，卫星资源裕度为低案设定时“卫星信息增强精确打击能力”均值为 0.678，与这 7 个方案下的能力评估值相差较多，说明高水平的卫星资源是保障精确打击的基础条件，发展高覆盖度与高时效的卫星系统是保障远程精确打击作战的基本前提。

b. 方案中卫星信息的可达度均要求为加强水平，而对于终端交链度的要求并不一致，如排名 3，4，5，6 的方案终端交链度均不是“完全成熟级”设定，说明本场景下对终端交链度的要求并不特别高，这可能与常规导弹作战过程相对简单，保障流程较为简单相关；

c. 方案中除了排名最后的 25 号方案中有导航对抗，其他均为无对抗情况，同时根据对所有方案的统计可知，所有存在导航对抗情况下的增强精确打击能力的平均值为 0.668，所有无导航对抗情况下的平均值为 0.783，说明导航对抗对于远程精确打击的影响较大。

2)各类能力要素的影响分析。在仿真设定中，给出卫星资源裕度、信息可达性、终端交链度和环境复杂度等 4 类能力因素的具体输入，场景仿真与 PLS 通径模型算法得到相应的天基信息系统能力项数值，其中“卫星信息增强精确打击能力”作为体现最终战果指标机场剩余起飞窗口数与导弹打击效率的隐变量，是考察卫星信息作战支持能力的主要依据，根据这一能力项的评估数值可以对各类能力要素的影响进行量化分析。表 6－28 为不同能力要素水平下的服务能力平均值，其中第三列给出的是卫星信息增强精确打击能力这一服务能力在不同情况下的平均值，第四列是相应项极大值与极小值之间的差。

表 6－28　不同能力要素水平下的能力评估平均值

<table>
<tr><th>能力因素</th><th>设定水平</th><th>服务能力平均值</th><th>最值的差额</th></tr>
<tr><td rowspan="5">卫星资源裕度</td><td>无卫星侦察资源</td><td>0.331</td><td rowspan="3">0.199</td></tr>
<tr><td>无环境探测资源</td><td>0.398</td></tr>
<tr><td>无导航资源</td><td>0.199</td></tr>
<tr><td>均设定为低案</td><td>0.678</td><td rowspan="2">0.244</td></tr>
<tr><td>均设定为高案</td><td>0.922</td></tr>
<tr><td rowspan="2">信息可达度</td><td>均设定为基本水平</td><td>0.720</td><td rowspan="2">0.021</td></tr>
<tr><td>均设定为加强水平</td><td>0.801</td></tr>
<tr><td rowspan="2">终端交链度</td><td>均设定为初始级</td><td>0.707</td><td rowspan="2">0.215</td></tr>
<tr><td>均设定为成熟级</td><td>0.922</td></tr>
<tr><td rowspan="4">环境复杂度</td><td>自然环境设为一般，无导航对抗</td><td>0.829</td><td rowspan="4">自然环境 0.016
导航对抗 0.133</td></tr>
<tr><td>自然环境设为理想，无导航对抗</td><td>0.847</td></tr>
<tr><td>自然环境设为一般，有导航对抗</td><td>0.708</td></tr>
<tr><td>自然环境设为理想，有导航对抗</td><td>0.714</td></tr>
</table>

通过对表中数据的分析，可以得到以下结论：

a. 卫星资源裕度的变化对服务能力的影响最大，说明有无卫星信息系统支持以及卫星信息资源的高低水平，对于远程精确打击机场作战至关重要。低案卫星信息资源对增强精确打击的程度为 67.8%，高案卫星信息资源对增强精确打击的程度为 92.2%，其相对于低案提高了 36%。

b. 终端交链度由初始水平提升到成熟水平时，服务能力提升了 21.5%，而终端交链度往往是由指挥体制、保障体制、训练水平、技术标准等“软”条件决定的，说明提高天基信息系统的“软”条件建设意义重大。

c. 环境复杂度的变化对于服务能力的影响，其中导航对抗的影响更为显著，最大变化范用为 0.133，而自然环境带来的影响变化范围为 0.016。在战场自然环境设定为理想情况下，有导航对抗相对无导航对抗对于卫星信息增强精确打击能力降低了 20%，而在自然环境复杂度更高的一般环境设定下，导航对抗的影响则相对小一些，为 14.6%，均表明卫星导航对抗比单纯自然环境复杂度的影响都要显著得多。

d. 信息可达度的变化对于服务能力的的影响，从基本水平到加强了信息处理精度和送达速度的加强水平，其对于服务能力的影响不大显著。主要有两方面的原因：一是常规导弹打击机场作战使用的弹型所需的装订参数数据量较小，对信息送达速度不敏感；二是作为打击目标的机场是大型固定目标，平时有较好的目标整编情报储备，卫星侦察信息只是对机场的细节情况进行了及时更新，因而对信息处理的精度并不敏感。

3）不同卫星资源及其应用的贡献度评估。由图 6－23 可知，天基信息系统的卫星侦察资源能力、卫星侦察信息处理与作战保障能力、卫星战场环境探测保障能力、卫星导航保障能力对各项能力对卫星增强精度打击能力的直接影响权重分别是 0.026，0.402，0.131，0.721，此外，卫星侦察资源能力对卫星增强精度打击能力的间接影响权重为 0.716×0.402＝0.288，则卫星侦察资源能力对卫星增强精度打击能力的影响权重为 0.026＋0.288＝0.314。对影响权重进行归一化处理，最后可得天基信息系统各项能力对卫星增强精度打击能力的贡献度及排序（见表 6－29）。

表 6－29　天基信息系统各项能力的贡献度及排序

能力项	卫星侦察资源能力	卫星侦察信息处理与作战保障能力	卫星战场环境探测保障能力	卫星导航保障能力
影响权重	0.314	0.402	0.131	0.314
贡献度	21.5%	27.5%	8.9%	49.1%
结果排序	3	2	4	1

由此可知，天基信息系统的卫星导航保障能力对增强导弹远程精确打击能力的贡献度最大，接近 50%；卫星侦察信息处理与作战保障能力的贡献度次之，稍大于 25%；卫星环境探测能力的贡献度最低，不到 10%。

2. 防空反导体系反导作战效能评估

（1）防空反导作战想定与方案设计。

1）防空反导作战想定描述。

a. 蓝方（空袭方）想定，发射战术弹道导弹（Tactical Ballistic Missile，TBM）对红方（防御方）某重要区域进行打击，采取单批次发射方式共发射 36 枚 TBM。

b. 红方(防御方)想定，地面防空反导部队在蓝方来袭 TBM 方向部署防空反导体系，抗击来袭的 TBM，以保护重要区域安全。

2)防空反导作战方案设计。红方部署的防空反导体系主要由预警探测系统、指挥控制系统和拦截打击系统构成。预警探测系统发现、识别并跟踪目标后，将目标信息通过通信系统传输给指挥控制系统，指挥控制系统对进行信息处理和态势评估，并生成反导作战命令，控制拦截打击系统的跟踪制导系统对目标进行探测跟踪，并根据作战指挥命令适时进行拦截，最后将拦截结果传送给指挥控制系统。

防空反导作战方案包括防空反导武器装备的类型和数量、装备配置方式、体系基本部署等要素见表 6－30。

表 6－30　防空反导作战方案构成要素与组成方式

方案构成要素	要素组成方式	编　号
预警探测系统	1 架 X 型战术预警机、1 部 Y 型预警雷达	A
	2 架 X 型战术预警机	B
	2 部 Y 型预警雷达	C
体系基本部署	单层部署(区域外 150 km)	D
	双层部署(间距 150～200 km)	E
装备配置方式	线性配置	F
	集团配置	G
武器装备数量	14 部 Z 型防空反导装备(双层部署则每层 5 部)	H
	18 部 Z 型防空反导装备(双层部署则每层 7 部)	I
	22 部 Z 型防空反导装备(双层部署则每层 9 部)	J

注:Z 型防空反导装备自身包括目标指示雷达和制导雷达，可受预警探测系统引导，也可独立探测、发现和跟踪目标。

对表 6－30 中的要素组成方式进行全排列，可形成对 TBM 进行拦截的 36 种作战方案，见表 6－31。

表 6－31　反 TBM 作战方案

方案编号	预警探测系统	体系基本部署	装备配置方式	武器装备数量
1	A	D	F	H
2	B	D	F	H
3	C	D	F	H
4	A	E	F	H
5	B	E	F	H
6	C	E	F	H
7	A	D	G	H

续表

方案编号	预警探测系统	体系基本部署	装备配置方式	武器装备数量
8	B	D	G	H
9	C	D	G	H
10	A	E	G	H
11	B	E	G	H
12	C	E	G	H
13	A	D	F	I
14	B	D	F	I
15	C	D	F	I
16	A	E	F	I
17	B	E	F	I
18	C	E	F	I
19	A	D	G	I
20	B	D	G	I
21	C	D	G	I
22	A	E	G	I
23	B	E	G	I
24	C	E	G	I
25	A	D	F	J
26	B	D	F	J
27	C	D	F	J
28	A	E	F	J
29	B	E	F	J
30	C	E	F	J
31	A	D	G	J
32	B	D	G	J
33	C	D	G	J
34	A	E	G	J
35	B	E	G	J
36	C	E	G	J

(2)反导作战效能评估指标体系构建。通过对红方防空反导体系构成及反导作战流程，可将防空反导体系的反导作战能力用发现 TBM 能力、指挥控制能力、拦截 TBM 能力和保障生

存能力来表示，各项能力之间的关系如图 6－24 所示。

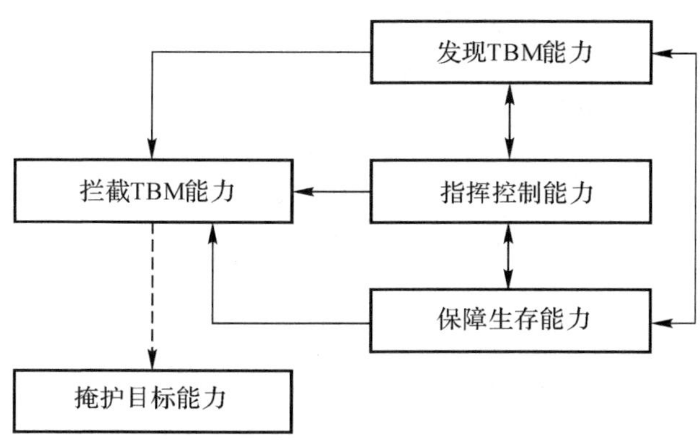

图 6－24　防空反导体系各项能力间的关系

防空反导体系的各项能力可由相应的战术技术性能指标来体现。其中：发现 TBM 能力可用发现 TBM 概率、探测识别 TBM 概率、反导预警时间等指标描述；指挥控制能力可用决策响应时间、信息传输时间等指标描述；拦截 TBM 能力可用击落 TBM 概率、TBM 突防概率、掩护总面积等指标描述；保障生存能力可用探测指示系统战损概率、发射拦截系统战损概率等指标描述。于是，可得防空反导体系反导作战效能评估指标体系如图 6－25 所示。

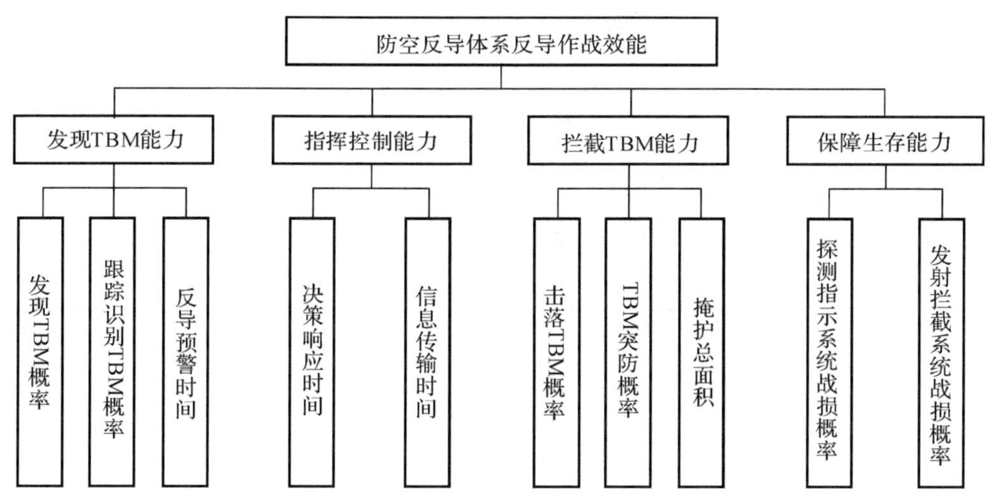

图 6－25　防空反导体系反导作战效能评估指标体系

(3)反导作战效能评估 PLS 通径模型构建与识别。

1) 防空反导体系 PLS 通径模型构建。根据防空反导体系反导作战效能评估指标体系中的能力项与效果指标之间的关系，设定发现 TBM 能力、指挥控制能力、保障生存能力、拦截 TBM 能力为隐变量，将仿真中可以直接记录或统计计算得到的效果指标作为显变量，构建如图 6－26 所示的防空反导体系反导作战效能评估 PLS 通径模型，各符号的含义见表 6－32。

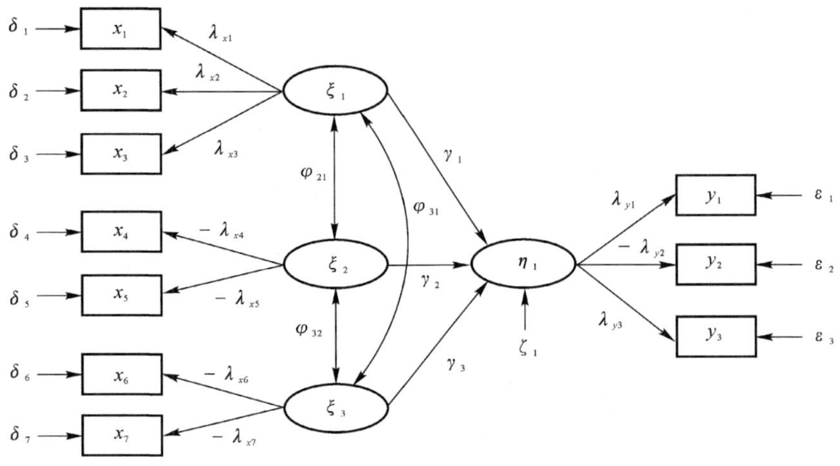

图 6-26　反导作战效能评估 PLS 通径模型

表 6-32　PLS 通径模型中各符号的含义

隐变量		显变量
外生变量	ξ_1:发现 TBM 能力	x_1:发现 TBM 概率
		x_2:跟踪识别 TBM 概率
		x_3:反导预警时间(单位:s)
	ξ_2:指挥控制能力	x_4:决策响应时间(单位:s)
		x_5:信息传输时间(单位:s)
	ξ_3:保障生存能力	x_6:探测指示系统战损概率
		x_7:发射拦截系统战损概率
内生变量	η_1:拦截 TBM 能力	y_1:击落 TBM 概率
		y_2:TBM 突防概率
		y_3:掩护总面积(单位:km^2)

PLS 通经模型的测量方程为

$$\boldsymbol{X}=\boldsymbol{\Lambda}_X\xi+\boldsymbol{\delta} \tag{6-61}$$

$$\begin{bmatrix}x_1\\x_2\\x_3\\x_4\\x_5\\x_6\\x_7\end{bmatrix}=\begin{bmatrix}\lambda_{x_1} & & \\ \lambda_{x_2} & & \\ \lambda_{x_3} & & \\ & -\lambda_{x_4} & \\ & -\lambda_{x_5} & \\ & & -\lambda_{x_6} \\ & & -\lambda_{x_7}\end{bmatrix}\begin{bmatrix}\xi_1\\\xi_2\\\xi_3\end{bmatrix}+\begin{bmatrix}\delta_1\\\delta_2\\\delta_3\\\delta_4\\\delta_5\\\delta_6\\\delta_7\end{bmatrix} \tag{6-62}$$

$$\boldsymbol{Y}=\boldsymbol{\Lambda}_Y\eta_1+\boldsymbol{\varepsilon} \tag{6-63}$$

$$\begin{bmatrix} y_1 \\ y_2 \\ y_3 \end{bmatrix} = \begin{bmatrix} \lambda_{y_1} \\ -\lambda_{y_2} \\ \lambda_{y_3} \end{bmatrix} \eta_1 + \begin{bmatrix} \varepsilon_1 \\ \varepsilon_2 \\ \varepsilon_3 \end{bmatrix} \tag{6-64}$$

2)防空反导体系反导作战能力评估模型。发现 TBM 能力评估模型为

$$\xi_1 = \frac{1}{\lambda_{x_1}}(x_1 - \delta_1) + \frac{1}{\lambda_{x_2}}(x_2 - \delta_2) + \frac{1}{\lambda_{x_3}}(x_3 - \delta_3) \tag{6-65}$$

指挥控制能力评估模型为

$$\xi_2 = -\frac{1}{\lambda_{x_4}}(x_4 - \delta_4) - \frac{1}{\lambda_{x_5}}(x_5 - \delta_5) \tag{6-66}$$

保障生存能力评估模型为

$$\xi_3 = -\frac{1}{\lambda_{x_6}}(x_6 - \delta_6) - \frac{1}{\lambda_{x_7}}(x_7 - \delta_7) \tag{6-67}$$

拦截 TBM 能力评估模型为

$$\eta_1 = \frac{1}{\lambda_{y_1}}(y_1 - \varepsilon_1) - \frac{1}{\lambda_{y_2}}(y_2 - \varepsilon_2) + \frac{1}{\lambda_{y_3}}(y_3 - \varepsilon_3) \tag{6-68}$$

3)防空反导体系 PLS 通径模型识别。反导作战效能评估 PLS 通径模型共有 7 个内生可测变量、3 个外生可测变量和 27 个需要估计的参数。根据 t 准则，$t=27<(p+q)(p+q+1)/2=(7+3)(7+3+1)/2=55$，因此，该模型式是可以识别的。

(4)模型参数估计数据的获取与处理。

1)反 TBM 作战方案仿真。通过防空反导体系反导作战仿真，得到 36 个方案的各项性能指标值，经过统计处理及标准化后的数据见表 6-33。

表 6-33　反导作战方案的性能指标值

方　案	x_1	x_2	x_3	x_4	x_5	x_6	x_7	y_1	y_2	y_3
1	0.720	0.692	0.858	1.000	0.998	0.262	0.261	0.530	0.166	0.755
2	0.636	0.608	0.797	0.973	0.951	0.292	0.291	0.502	0.194	0.729
3	0.664	0.580	0.774	0.964	0.949	0.293	0.291	0.530	0.194	0.701
4	0.776	0.720	0.868	0.999	1.000	0.260	0.254	0.558	0.166	0.782
5	0.720	0.692	0.835	0.936	0.950	0.282	0.292	0.558	0.194	0.763
6	0.692	0.664	0.812	0.941	0.947	0.285	0.289	0.530	0.222	0.713
7	0.776	0.748	0.870	0.990	0.990	0.235	0.239	0.558	0.138	0.809
8	0.720	0.664	0.841	0.933	0.948	0.272	0.272	0.530	0.166	0.778
9	0.720	0.636	0.835	0.940	0.945	0.273	0.274	0.558	0.166	0.755
10	0.916	0.860	0.942	0.937	0.829	0.181	0.180	0.776	0.082	0.853
11	0.860	0.804	0.888	0.907	0.791	0.211	0.223	0.748	0.110	0.831
12	0.804	0.804	0.875	0.905	0.765	0.228	0.232	0.748	0.138	0.839
13	0.804	0.748	0.889	0.990	0.990	0.220	0.224	0.608	0.110	0.811
14	0.776	0.720	0.824	0.929	0.939	0.266	0.266	0.558	0.166	0.803

续表

方案	x_1	x_2	x_3	x_4	x_5	x_6	x_7	y_1	y_2	y_3
15	0.748	0.692	0.855	0.928	0.938	0.266	0.266	0.580	0.166	0.783
16	0.972	0.944	0.990	0.872	0.770	0.128	0.134	0.916	0.028	0.904
17	0.944	0.888	0.928	0.841	0.740	0.134	0.145	0.860	0.082	0.881
18	0.916	0.888	0.903	0.835	0.734	0.136	0.147	0.860	0.054	0.860
19	0.860	0.804	0.929	0.945	0.881	0.182	0.185	0.720	0.082	0.841
20	0.776	0.720	0.791	0.913	0.866	0.221	0.226	0.664	0.138	0.823
21	0.748	0.692	0.765	0.914	0.854	0.223	0.235	0.692	0.110	0.833
22	0.804	0.748	0.967	0.906	0.790	0.152	0.158	0.832	0.054	0.871
23	0.748	0.692	0.783	0.882	0.761	0.163	0.165	0.776	0.082	0.839
24	0.720	0.692	0.75	0.881	0.735	0.164	0.166	0.804	0.082	0.807
25	0.860	0.804	0.894	0.962	0.953	0.212	0.213	0.692	0.110	0.822
26	0.804	0.748	0.801	0.921	0.923	0.266	0.266	0.636	0.166	0.803
27	0.776	0.692	0.775	0.922	0.915	0.322	0.322	0.664	0.222	0.791
28	0.972	0.944	0.999	0.861	0.767	0.127	0.132	0.916	0.028	0.904
29	0.860	0.804	0.889	0.835	0.734	0.155	0.156	0.860	0.054	0.895
30	0.832	0.776	0.823	0.812	0.711	0.163	0.164	0.888	0.082	0.877
31	0.972	0.888	0.990	0.891	0.787	0.132	0.141	0.916	0.028	0.904
32	0.916	0.860	0.942	0.865	0.722	0.136	0.147	0.804	0.028	0.861
33	0.916	0.860	0.942	0.854	0.753	0.137	0.149	0.832	0.028	0.857
34	0.972	0.944	1.000	0.860	0.757	0.127	0.131	0.916	0.028	0.910
35	0.916	0.888	0.964	0.801	0.696	0.132	0.142	0.888	0.054	0.890
36	0.888	0.860	0.944	0.794	0.673	0.131	0.142	0.888	0.054	0.884

2)SEM 模型的参数估计。将各方案的仿真结果以及反导作战能力评估模型输入 SEM 分析软件 LISREL 8.0，软件采用极大似然法进行参数估计，参数估计值如图 6－27 所示，见表 6－34。

表 6－34　反导作战能力评估 SEM 参数估计表

参　数	λ_{x_1}	λ_{x_2}	λ_{x_3}	λ_{x_4}	λ_{x_5}	λ_{x_6}	λ_{x_7}	λ_{y_1}	λ_{y_2}
估计值	0.75	0.78	0.81	0.83	0.79	0.82	0.84	0.86	0.80
参　数	λ_{y_3}	δ_1	δ_2	δ_3	δ_4	δ_5	δ_6	δ_7	ε_1
估计值	0.82	0.16	0.16	0.12	0.23	0.18	0.16	0.21	0.17
参　数	ε_2	ε_3	γ_1	γ_2	γ_3	φ_{21}	φ_{31}	φ_{32}	ζ_1
估计值	0.22	0.27	0.85	0.68	0.91	0.80	0.71	0.82	0.11

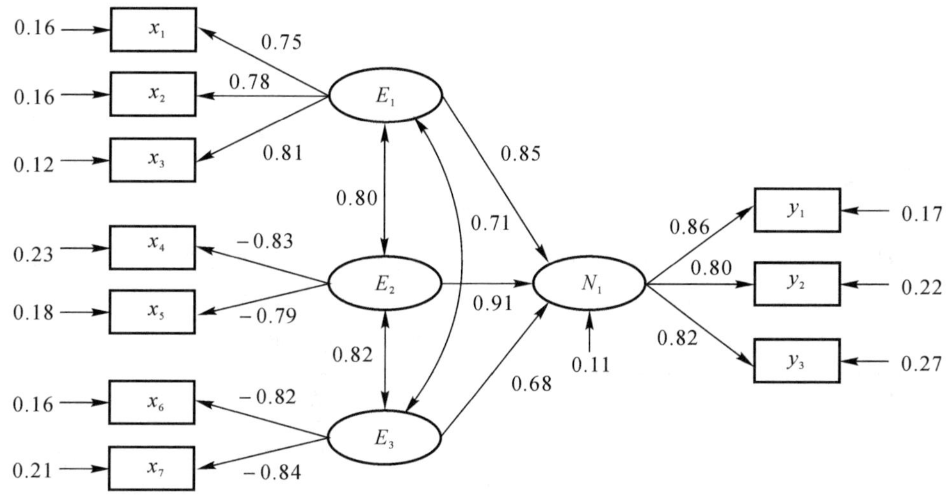

图 6-27　反导作战能力评估 SEM 参数估计示意图

3)SEM 模型估计参数的检验。SEM 分析软件 LISREL 8.0 给出了模型参数估计值的 t 检验值,SEM 模型中 27 个参数的 t 检验值见表 6-35,表明模型的估计参数都是显著的,即每个估计的参数都是必要的。

表 6-35　SEM 模型参数估计值的 t 检验值

参　数	λ_{x_1}	λ_{x_2}	λ_{x_3}	λ_{x_4}	λ_{x_5}	λ_{x_6}	λ_{x_7}	λ_{y_1}	λ_{y_2}
t 值	6.45	7.89	9.45	5.67	5.98	7.43	5.92	10.01	9.24
参　数	λ_{y_3}	δ_1	δ_2	δ_3	δ_4	δ_5	δ_6	δ_7	ε_1
t 值	6.81	7.91	8.82	7.06	7.25	9.05	8.47	9.43	5.05
参　数	ε_2	ε_3	γ_1	γ_2	γ_3	φ_{21}	φ_{31}	φ_{32}	ζ_1
t 值	5.98	6.79	4.67	4.99	5.89	6.77	6.78	5.41	9.09

(5)反导作战效能评估与分析。

1)防空反导体系反导作战效能计算。利用 SEM 模型的参数估计值,可得防空反导体系反导作战能力评估模型如下:

发现 TBM 能力评估模型为

$$\xi_1=1.333x_1+1.282x_2+1.235x_3-0.567$$

指挥控制能力评估模型为

$$\xi_2=-1.205x_4-1.266x_5+0.553$$

保障生存能力评估模型为

$$\xi_3=-1.219x_6-1.191x_7+0.445$$

拦截 TBM 能力评估模型为

$$\eta_1=1.163y_1-1.250y_2+1.219y_3+0.252$$

根据以上公式计算反导作战能力,并经标准化处理,最终得到反导作战效能评估值。其

中，标准化公式为

$$c_i = \frac{c_i'}{c_{\max}'} \times 100\% \tag{6-69}$$

式中：c_i 为最终的作战效能评估值；c_i'为根据公式计算得到的作战效能初始值；$c_{\max}'$为根据公式计算得到作战效能初始值中的最大值。

由于拦截 TBM 能力是评估防空反导体系反导作战效能的主要依据，所以通过计算各作战方案的拦截 TBM 能力来评估体系反导作战效能，并以此为依据选择满意的作战方案。拦截 TBM 能力最高的前 6 种作战方案的作效能评估值及其方案组成见表 6-36。

表 6-36 拦截 TBM 能力最高的前 6 种作战方案

方案编号	拦截 TBM 能力评估值	方案组成
34	100	1 架 X 型战术预警机、1 部 Y 型预警雷达(A)，双层防线(E)，集团配置(G)，22 部 Z 型防空反导装备(J)
28	100	1 架 X 型战术预警机、1 部 Y 型预警雷达(A)，双层防线(E)，线性配置(F)，22 部 Z 型防空反导装备(J)
16	100	1 架 X 型战术预警机、1 部 Y 型预警雷达(A)，双层防线(E)，线性配置(F)，18 部 Z 型防空反导装备(I)
31	99.9	1 架 X 型战术预警机、1 部 Y 型预警雷达(A)，单层防线(D)，集团配置(G)，22 部 Z 型防空反导装备(J)
22	91.8	1 架 X 型战术预警机、1 部 Y 型预警雷达(A)，双层防线(E)，集团配置(G)，18 部 Z 型防空反导装备(I)
10	84.9	1 架 X 型战术预警机、1 部 Y 型预警雷达(A)，双层防线(E)，集团配置(G)，14 部 Z 型防空反导装备(H)

2)反导作战效能评估结果分析如下：

a. 以拦截 TBM 能力值高低为标准，可将最佳的 6 个作战方案划分为两部分：第一部分为前四个方案，作战能力评估值十分接近，而且评估值很高；第二部分为后两个方案，作战能力评估值相对较低。因此，在选选择最优作战方案时，主要考虑方案 34、方案 28、方案 16 和方案 31。

b. 最佳的 6 个作战方案中的预警探测系统都由 1 架 X 型战术预警机和 1 部 Y 型预警雷达组成，说明空基预警系统与陆基预警系统配合使用是提高防空反导体系拦截 TBM 能力的重要手段。

c. 防空反导体系中防空反导装备的基本配置方式对防空反导体系拦截 TBM 能力具有重要影响，同时，体系中防空反导装备的基本配置方式与其配置数量以及体系的基本部署具有一定联系。

d. 为确保防空反导体系具有较高的拦截 TBM 能力，预警探测系统需要将空基预警系统与陆基预警系统配合使用。当防空反导装备线形配置时，采用双层防线，且部署数量适中的防空反导装备；当防空反导装备集团配置时，应部署数量较多的防空反导装备。

3)反导作战方案的选择。通过观察前面的分析可知，可将 6 个最佳方案中的前四个方案作为满意方案，其中前三个方案的拦截 TBM 能力评估值相同，方案 31 的拦截 TBM 能力评估值也同前三个方案评估值十分接近。但是方案 34、方案 28 和方案 31 中防空反导装备的数量明显多于方案 16，所以应选取方案 16 作为防空反导体系最优的反导作战方案。

6.5 仿真分析方法

6.5.1 效能仿真评估基本原理

1. 系统仿真技术及其分类

系统仿真技术是以相似原理、模型理论、信息技术、系统理论与工程应用领域有关专门技术为基础，以计算机和专用设备为工具，利用真实系统、真实或概念系统的模型进行动态实验研究的一门多学科综合的技术性学科。其主要研究内容是仿真系统建立与应用中的理论、方法和工程技术。

仿真技术具有可靠、安全、经济、无破坏性和可多次重复等优点，在国防军事领域得到了广泛的应用，无论是新概念武器的先期技术演示、新的战术战法研究、指挥与战斗人员训练，还是武器装备建设发展论证、装备作战使用验证等方面，都需要仿真技术的支持。美国的“国防技术领域计划”将“建模与仿真”列为“有助于大大改善军事能力的四大支柱：战备、现代化、部队结构、持续能力的一项重要技术”。

军事领域仿真可分为模拟仿真、虚拟仿真和实战仿真三类。模拟仿真是指回路中不含人和实物的仿真，可以看成是装备采办领域对数字仿真的专称。虚拟仿真是指在虚拟环境中进行的人在回路的仿真。实战仿真是指由实际的战斗人员操作使用实际的武器装备，在接近实际的作战环境中进行的武器装备实验和作战演练。

2. 效能仿真评估的基本思路

装备作战效能是装备战术技术性能在作战活动中的综合体现，在进行装备作战效能评估分析时，必须要考虑装备的作战过程和作战环境，其中作战过程既包含装备完成作战任务的过程，也包括装备的对抗过程。利用仿真方法可以建立反映装备作战过程的模型，将作战过程中使用的对抗手段和作战环境的变化作为影响因素，通过计算分析在不同作战条件下的装备作战效能。

效能仿真评估的基本思路：通过在给定数值条件下运行模型来进行模拟仿真实验，由实验得到的结果数据直接或经过统计处理后给出效能指标估计值。效能仿真评估的典型模式有数学仿真、系统试验床和系统原型仿真等。其中数学仿真是使用最广泛的效能评估方法，其具体思路是，通过对具体作战任务的详细分析，抽象出其中的作战实体，然后对各作战实体的属性、操作及其交互关系进行具体的描述，建立概念模型，在概念模型的基础上进行编程设计，从而建立起仿真模型，通过定量的数据输入，得出合理的数据输出，最后再对输出的数据进行统计分析或结合一定的解析模型进行评估，从而得到装备作战效能评估结果。

3. 效能仿真评估中的角色组成

装备效能仿真评估并不是效能评估者可以独自完成的，评估目的的确定需要决策者制定，评估指标体系构建和评估方法选择需要决策者、效能评估者、相关领域人员等共同讨论制定，武器装备仿真系统的开发需要仿真系统的开发人员。一般来讲，装备效能仿真评估中的角色主要有以下几种。

(1)决策者。在整个装备效能仿真评估过程中,决策者是效能评估者的委托人,其决定了装备效能仿真评估的目的。

(2)效能评估者。效能评估者首先需要完整传达决策者的意图,并细化为若干使命和想定,这些想定指导仿真系统开发者对装备系统建模与仿真。此外,效能评估者需要根据仿真结果对装备效能进行评估、分析与优化,将效能评估结果和建议反馈给决策者。

(3)被评估者。装备效能仿真评估的被评估者一般是武器装备,但有时被评估者也包含武器装备的使用者或者指挥者。

(4)仿真系统开发者。装备效能仿真评估离不开装备仿真系统,装备仿真系统的建立需要仿真系统开发者。仿真系统开发者的工作是根据想定确定武器装备的数量、种类、作战环境等,并进行建模与仿真。仿真过程中需要保留哪些数据和保存格式,需要根据效能评估者的要求予以实现。

(5)其他利益相关者。装备效能仿真评估与决策过程中,可能还存在其他相关人员,如决策过程中决策者需要听取政治、财政等部门的意见,确定想定时需要相关领域人员讨论想定的合理性。将这些相关人员统称为其他利益相关者。

4.效能仿真评估系统功能要求

根据装备作战效能仿真的需要,作战效能仿真系统一般应具有以下功能。

(1)武器装备建模与集成。模型是仿真应用系统的核心,面向作战效能评估的仿真模型开发分为两个层次:体系建模与系统建模。体系是由多个相互联系、相互制约的系统,为完成特定的任务而构成的联合体,其表现为强烈的对抗关系和协作关系,在实体和关系上具体很强的动态性,这就造成了模型描述和集成上的困难。因此,需要作战效能仿真系统具有将不同武器装备的模型按照体系对抗的特点进行建模和集成的功能,从而为作战效能仿真实验提供良好的模型基础。

(2)基于模型的想定生成。作战效能仿真系统需要在对抗环境下检验装备的作战效果,所以需要特定的作战想定为模型提供作战环境、作战任务和指挥控制等方面的约束条件。作战想定应基于相关的装备模型,在作战平台、作战系统、部件模块、自然环境等通用模型的基础上,指导某次作战任务中的战场环境设置、作战平台配置、武器系统配备、作战使用原则等作战想定内容,形成想定系统模型,否则将会造成模型与想定的不一致性。

(3)仿真实验设计与管理。仿真实验管理系统的作用是生成和管理仿真实验框架,也就是说,根据实验需求所规定的实验类型与实验目的,指导实验所应用的背景想定、实验类型和实验方法,确定实验因子的变化规律,建立实验指标与模型响应的关系,明确仿真实验的终结方式。

(4)仿真系统运行与控制。仿真运行控制系统应支持装备模型的仿真运行,想定模型的调度执行,启动、暂停、继续和结束,与合成战场环境和其他仿真模型的交互,仿真结果数据的存储和管理,已有模型的集成和运行,与仿真实验管理系统的交互,按照实验要求进行仿真实验等。

(5)仿真运行结果的分析。仿真结果分析系统提供对设计方法的分析,并进行直接分析结果的计算。计算结果应尽可能直观,可用于正确性验证、趋势预测等。完成这一功能所采用的方法要适用于效能评估的需求,满足评估的精度、格式等要求。

(6)仿真结果的综合评估。作战效能仿真系统的作用是建立评估指标模型与评估关系模型,并对评估指标模型与评估关系模型进行运算,最终获得综合评估关系。装备体系对抗的效能评估需要结合武器装备的对抗过程和使用特点进行评价,所以效能评估的基础是评估模型。当评估关系比较复杂时,可以借助仿真结果分析系统求得原子评估关系后,利用建立的综合评估关系模型进行关系运算,获得效能综合评估关系。

5.效能仿真评估的形式化描述

装备效能评估通常包含评估目的、评估主体、评估对象、评估指标、指标权重、评估方法和评估结果等要素。结合装备效能仿真评估的人员角色组成、装备全生命周期、效能仿真评估目的等,可用以下七元组对装备效能仿真评估进行形式化描述,即

$$Ev=\{G,P,Sim,D,I,M,R\} \tag{6-70}$$

式中各变量的含义如下:

(1)G 为效能仿真评估目的,包括认知、选择、证明、监督和发展。

(2)P 为效能仿真评估相关人员角色,包括决策者、效能评估者、被评估者、仿真系统开发者、其他利益相关者。

(3)$Sim=\{T,X,\Omega,Q,Y,\delta,\lambda\}$为仿真系统,其中 T 为时间集,X 为输入集,Ω 为输入段集,Q 为内部状态集,Y 为输出集,δ 为状态转移函数,λ 为输出函数。

(4)D 为与装备效能仿真评估相关的仿真实验数据,包括仿真想定数据、仿真过程数据和仿真结果数据。

(5)I 为效能评估指标体系集合。典型的树型指标体系结构可表示为根节点(Root)、枝节点(Branches)、叶节点(Leaves)三部分,即 $I=\{R_o,Br,Le\}$。其中,根节点为武器装备效能指标,枝节点为指标体系中的中间节点,叶节点代表指标体系中的底层指标。指标体系的综合过程是从底层指标到效能指标的层层综合,而底层指标的计算来自仿真实验数据。

(6)M 为效能评估方法,包括底层指标计算方法和综合评估方法。底层指标一般为武器装备的单项效能或单一性能指标,不同武器装备的底层指标计算方法各不相同,但一般比较成熟。常用的综合评估方法有德尔菲法、专家赋权法、层次分析法、ADC、模糊综合评判、理想点法、灰色关联分析、主成分分析法等。

(7)R 为效能评估结果,包括装备效能评估的评分值结果和方案排序结果,评分值结果一般用[0,1]的数值表示,对于单一武器装备的单项效能而言,有时用某一物理量表示效能值;方案排序结果是方案优劣的序号。

6.5.2　效能仿真评估一般过程

1.装备效能仿真的层级结构

随着仿真技术在武器系统和装备体系研究中的广泛应用,武器系统的作战效能仿真形成了不同层次的仿真模型及相应的仿真系统,按模型分辨率的高低,可将装备效能仿真分为以下 4 个层次。

(1)工程仿真层。装备工程仿真主要用于在给定的作战需求背景下,从工程研制的角度分析和评估单个装备或其分系统、部件的设计性能,以及与性能有关的其他技术指标。工程仿真是基于物理学的基本原理,以较高的精度描述装备实体的内在物理性质和工程特性。工程仿真系统的输入一般是装备的物理参数、控制参数和环境参数,输出是装备或其分系统、部件的

性能参数。工程仿真模型可以描述某装备的设计性能，也可描述该装备与作战平台、预警探测系统、指挥控制系统、电子对抗系统等之间的信息接口关系。

(2)交战仿真层。装备交战仿真主要用于在战术行动想定下评估某装备对特定目标的作战效能。评估可以在单对单、少对少、多对多的条件下进行，少对少是指所考虑的装备数量少于实战要求的数量，多对多则意味着可以在数量上符号实战的要求。交战仿真系统的输入通常要借助工程仿真系统给出的各种设计性能指标，输出包括损毁率、摧毁概率、突防概率、生存概率等效能指标。交战仿真模型可以描述一方武器装备攻击敌方特定目标，另一方武器对进攻武器实施防御的攻防对抗过程。

(3)使命仿真层。装备使命仿真主要用于在战役行动想定下评估使用多种装备完成特定作战任务的效能。评估通常在少对单或多对多的条件下进行，并且要明确各种装备之间的指挥、控制、通信和情报关系。使命仿真系统的输入通常要借助工程仿真系统给出的各种总体性能指标和交战仿真系统给出的作战效能指标，输出包括损失交换比、任务成功率等综合性效能指标。使命仿真模型可以描述一方武器装备遂行特定作战任务，另一方武器装备实施防御和反击的作战过程。

(4)体系仿真层。装备体系仿真主要用于在战区行动想定下评估协同使用多军兵种装备完成联合作战任务的效能。评估是在多对多的条件下进行的，并且含有对兵力结构、指挥体系、保障能力的必要描述，其对装备本身的描述一般是聚合性和象征性的。体系仿真系统的输入通常要借助工程仿真、交战仿真和使命仿真得到的各种结果，输出包括输赢概率等整体性效能指标及装备需求、主攻方向、出击次数等有作战应用价值的结果。体系仿真模型可以描述一方装备体系遂行联合作战任务，另一方装备体系实施防御和反击的大规模作战过程。

2. 效能仿真评估的工作内容

装备效能仿真评估过程，不仅包含装备效能评估，有时也需要效能分析和效能优化。装备效能仿真评估过程中涉及的主要工作内容有以下几项。

(1)效能综合评估。当装备的设计、生产、使用和保障方案变更的时候，需要对变更后的方案进行综合评估，分析方案变更对装备效能的影响。此外，对于未来可能发生的战争或冲突，需要进行装备效能预测，从效能综合评估结果分析本身的优势和不足，并为其做好装备的准备。

(2)方案对比选择。无论是武器装备的方案论证阶段、工程研制阶段、研制生产阶段，还是使用保障阶段、退役报废阶段，都存在多个方案的对比和选择问题，此时通过比较多方案下的效能为方案选择提供支持。

(3)装备效能分析。装备效能分析包括费效分析、灵敏度分析、主因子分析、回归分析等。其中：效费分析是分析费用增长对效能增长程度的影响，供决策者在费用和效能之间选择合适的方案；灵敏度分析是为了得到影响效能的重要因子，了解自身劣势，进而提高装备效能；主因子分析是为了得到对效能贡献较大的因素，了解自身优势，可适当简化装备系统而对效能影响不大；回归分析是为了得到装备性能对装备效能的影响，建立回归模型后可以不运行仿真系统快速估计装备效能。

(4)装备效能优化。决策者总是希望在有限的资源下达到最佳的效果，即效能值最大化，因此需要调整想定的参数，达到效能优化的目的。

3. 效能仿真评估过程的形式化描述

基于装备效能仿真的层次结构和效能仿真评估的工作内容，可对装备效能仿真评估过程进行形式化描述如下：

假设装备的“规定使用目标”可分解为 n 个使命，记为 $\mathrm{MI}_1,\mathrm{MI}_2,\cdots,\mathrm{MI}_n$，用 Me_i 表示武器装备在使命 MI_i 下的效能，则武器装备效能 E 与各使命下效能 Me_i 之间的关系可表示为

$$E=f(\mathrm{Me}_1,\mathrm{Me}_2,\cdots,\mathrm{Me}_n) \tag{6-71}$$

假设使命 MI_i 包含 m 个想定，记为 $\mathrm{S}_{i1},\mathrm{S}_{i2},\cdots,\mathrm{S}_{im}$，用 Se_{ij} 表示武器装备在想定 S_{ij} 下的效能，则武器装备使命 MI_i 下的效能 Me_i 与对应想定下效能 Se_{ij} 之间的关系可表示为

$$\mathrm{Me}_i=g_i(\mathrm{Se}_{i1},\mathrm{Se}_{i2},\cdots,\mathrm{Se}_{im}) \tag{6-72}$$

假设想定 S_{ij} 包含 t 个武器装备，分别为 $\mathrm{W}_{ij1},\mathrm{W}_{ij2},\cdots,\mathrm{W}_{ijt}$，用 We_{ijk} 表示武器装备在仿真运行 W_{ijk} 下的效能，则武器装备想定 S_{ij} 下的效能 Se_{ij} 与对应的仿真运行下效能 We_{ijk} 之间的关系可表示为

$$\mathrm{Se}_{ij}=\mathrm{h}_{ij}(\mathrm{We}_{ij1},\mathrm{We}_{ij2},\cdots,\mathrm{We}_{ijt}) \tag{6-73}$$

武器装备在仿真运行 W_{ijk} 下的效能 We_{ijk} 是由仿真运行结果 Y_{ijk} 提取得到，即

$$We_{ijk}=l_{ijk}(Y_{ijk}) \tag{6-74}$$

式中的提取函数 $l_{ijk}(\cdot)$ 随着关注武器装备的种类和数量而变化。若装备的数量少，其任务较为单一，效能评估指标以性能相关的指标为主，如拦截概率、摧毁概率、生存概率等；若装备的数量大，则用特定任务的完成情况来描述效能，如战损比、任务成功概率、输赢概率等。

4. 效能仿真评估的参与式评估模式

以理性研究范式为向导，德国萨尔大学的评估中心(Center for Evaluation，CEval)提出了参与式评估模式。根据参与式评估模式，可给出装备效能仿真评估的参与式评估模式如图 6-28 所示。

由图可知，装备效能仿真评估的参与式评估模式分为三个主要环节：发现环节、研究环节和应用环节。

(1)发现环节。发现环节包括评估对象、评估目标、评估标准和效能评估者的确定，回答了“评估谁”“评估目的”“评估准则”和“谁来评估”的问题。该环节通常由决策者决定，同时需要被评估者、效能评估者和其他利益相关者的参与。

(2)研究环节。研究环节是装备效能仿真评估的执行过程，需要效能评估者的专业知识和决策者、被评估者、其他利益相关者的情境知识，将效能分解为使命和想定、构建效能评估指标体系、选择评估方法，继而仿真系统开发者对仿真系统建模与仿真，效能评估者则负责仿真结果提取、指标综合、效能分析与优化等过程，最后效能评估者给出评估的结果和相关建议，将效能评估结果陈述给决策者、被评估者和其他利益相关者。

(3)应用环节。在应用环节中，根据效能评估者对效能评估结果的陈述，决策者、被评估者和其他利益相关者依据其期望，共同评价效能评估结果并领会相关建议，最终给出应用决策，并进一步转化应用，该阶段中效能评估者局限在主持人的角色，只陈述效能评估结果。

5. 装备效能仿真评估的基本框架

装备效能仿真评估整个过程涉及指标体系构建、评估方法选择、仿真系统设计、仿真系统运行、仿真数据采集、装备效能评估、装备效能分析等内容，考虑到仿真系统对于装备效能评估的重要支撑作用，参考传统的装备效能评估框架，可得到装备效能仿真评估的基本框架，其一

般过程如图 6-29 所示。

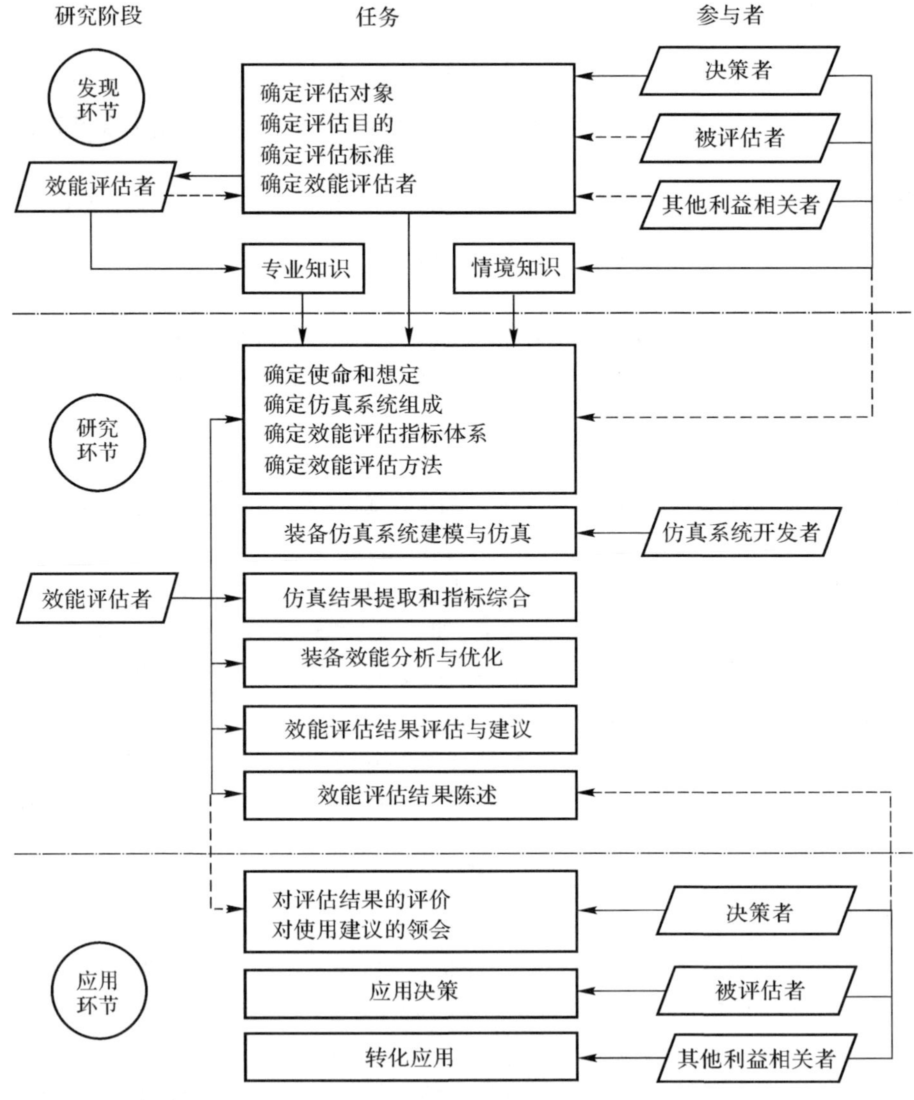

图 6-28　装备效能仿真评估的参与式评估模式

(1)确定研究目标。确定研究目标是指分析待研究的装备效能评估问题,明确效能评估者所要达到的研究目的。

(2)确定系统边界。确定系统边界是指确定装备系统的边界,明确效能评估研究的范围,并给出必要的假设和条件约束。

(3)确定评估模型和评估指标体系。通过分析研究评估对象系统,选择合适的效能评估方法,构建相应的效能评估模型,并建立装备效能评估指标体系。

(4)确定各备选系统方案集。通过分析评估对象的评估指标的取值范围,针对各评估指标的不同取值,形成不同数值组合的多个装备系统方案。

(5)建立各备选系统方案的仿真模型。针对不同的备选系统方案,在建模仿真工具支撑下,基于已有的仿真模型库,建立各备选系统方案的仿真模型,并对仿真模型进行有效管理。

(6)仿真实验设计。针对装备效能评估的目的,进行仿真实验方案设计,依据仿真系统的仿真实验要求,进行仿真系统的仿真模型配置,并设定相关数据和仿真运行参数。

(7)仿真运行与数据采集。在仿真工具的支撑下,按照配置的仿真模型,通过输入相关数据和运行参数设置,控制仿真系统的运行,并采集仿真过程数据和运行结果数据。

(8)评估数据准备。对获得的仿真过程数据、仿真结果数据和其他用于评估的数据进行预处理,根据仿真数据和评估指标之间的映射关系得到评估指标数据。

(9)效能评估与分析。利用评估指标数据进行装备效能评估计算,并对效能评估结果进行综合分析,如果相关分析结论满足要求,即可停止,如果不满足,则进行反馈迭代。

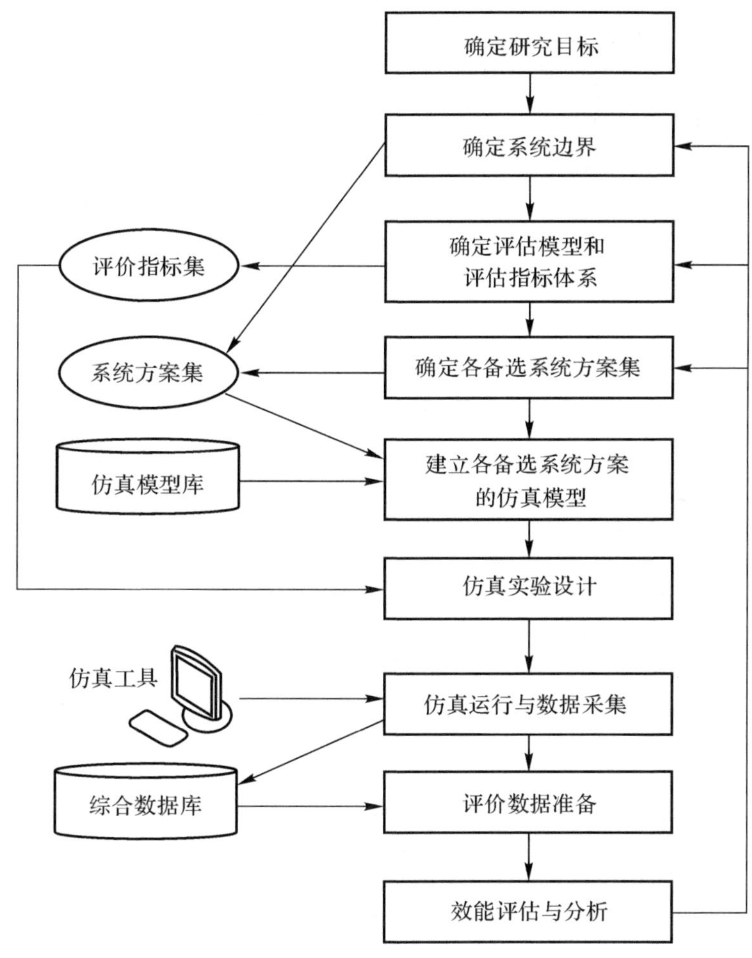

图 6-29　装备效能仿真评估的基本框架

6.5.3　效能仿真实验设计方法

仿真实验设计是以概率论和数理统计为理论基础,以仿真模型为研究对象,合理安排仿真实验的一种方法论。其主要研究如何高效而经济地获取仿真实验数据,并科学地分析处理数据,以得出正确的结论。

1.常用的仿真实验设计方法

(1)完全随机设计。完全随机设计又称单因子实验或一次一因子实验,是最简单的实验设计方法之一,其设计单纯,即每次实验只变动一个因子,而其余因子保持固定,研究单因子的变化规律。该方法的优点是设计与分析比较简单,但是所能考察的因子个数以及因子水平较少、实验精度较差,且只能用于研究单个因子的主效应,无法考察因子之间的交互作用。

(2)正交设计。正交设计是一种采用部分因子实验设计的方法,在较少的运行次数下可以获得较多的信息。正交设计采用正交表对因子水平加以安排,以确定最佳的设计点组合,并根据正交性准则来挑选代表点,使得这些点能够反映实验范围内各个因素和实验指标之间的关系。正交设计挑选代表点具有两个特点:均匀分散和整齐可比。"均匀分散"使得实验点具有可比性,"整齐可比"便于实验数据的分析和处理。使用正交表来安排实验的一般步骤为:选择合适的正交表;将因子放到正交表的表头上;奖正交表中的数字替换为相应因子的水平;根据正交表安排实验。表 6-37 为一张 9 行 4 列的正交表,记为 $L_9(3^4)$,其中"L"表示正交表,"9"表示 9 个不同条件的实验,"4"表示正交表最多可安排 4 个因子,"3"表示每个因子取 3 个水平。

表 6-37 正交表示例

序　号	因子 1	因子 2	因子 3	因子 4
1	1	1	1	1
2	1	2	2	2
3	1	3	3	3
4	2	1	2	3
5	2	2	3	1
6	2	3	1	2
7	3	1	3	2
8	3	2	1	3
9	3	3	2	1

(3)均匀设计。均匀设计是将实验点均匀分布于设计空间的一种实验设计方法。均匀设计从全面实验中挑选出部分代表性的实验点,这些实验点在实验范围内充分均衡分散,并反映装备的主要特征。均匀设计的优点是能够以较少的实验次数更好地表示设计空间,特别是因子水平比较多的情况。均匀设计也采用设计表来安排实验,均匀设计表记为 $U_n(q^s)$ 或 $U_n^*(q^s)$,其中"U"表示均匀设计表,"n"表示 n 个不同条件的实验,"s"表示正交表最多可安排 s 个因子,"q"表示每个因子取 q 个水平,有"$*$"的均匀设计表表示更好的均匀性。表 6-38 给出了一个均匀设计表 $U_6^*(6^4)$,表示该均匀设计表包含 4 个因子,每个因子有 6 个水平,总共要

做 6 次实验。

表 6－38　均匀设计表示例

序　号	因子 1	因子 2	因子 3	因子 4
1	1	2	3	6
2	2	4	6	5
3	3	6	2	4
4	4	1	5	3
5	5	3	1	2
6	6	5	4	1

(4)析因设计。析因设计又称网格化设计，网格无须保持一致，即可以存在一种 $2^{k_1}3^{k_2}$ 设计，其中有 k_1 个因子具有 2 个水平，k_2 个因子具有 3 个水平。如果网格保持一致，即每个因子都有 m 个水平，则根据是否对所有的处理组合进行实验，分为全析因设计和部分析因设计。全析因设计的优点是可用来分析全部主效应，以及因子间各级的交互作用。一般来讲，当因子多于 5 个时，建议使用部分析因设计。

部分析因设计是对全析因设计所考虑的处理组合进行合适的选择，只对其中部分处理组合进行实验运行。在部分析因设计中，涉及到"混淆"这一重要概念，比如用因子 x_1 和因子 x_2 的交互作用来估计因子 x_3 的主效应，这样就把因子 x_3 的主效应估计量与因子 x_1，x_2 的交互作用估计量混淆在一起。"混淆"是构建部分析因设计的基础，可以通过"混淆"来实现对某些交互作用的估计，但其不能对所有的高阶交互作用都进行估计。

(5)中心复合设计。中心复合设计是一种进行分批实验的方法，它在两水平设计的基础上，增加若干个中心点(重复取样)，并且每个因子增加两个"星点"而得到，每个因子新增的两个星点重新给定了它的最大与最小值，其设计过程如图 6－30 所示。

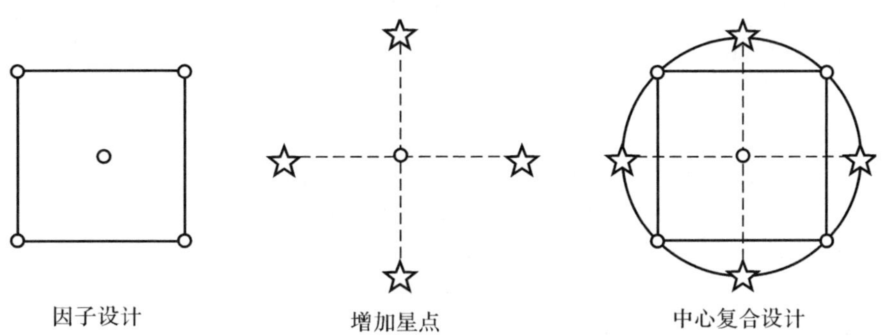

图 6－30　中心复合设计过程示意图

中心复合设计具有以下优点：

1)可以有序运行。它的点自然地分成两个子集，第一个子集估计线性作用和任何 2 个因子的相互作用；第二个子集(增广点集)估计曲线作用。如果由第一个子集得到的分析数据表明缺乏明显的曲线作用时，就不需要再增广第二个子集。

2)实验效率非常高。它提供了实验变量效果的许多信息,只要求运行很少的次数就可以得到全局实验误差。

(6)拉丁方设计。拉丁方是指用拉丁字母(或阿拉伯数字)排列的具有一定性质的方阵。拉丁方的阶数即为拉丁方的行数或列数,拉丁方具有正交性且行列皆有,拉丁方的行或列调换不改变其性质。用拉丁方编制的实验设计称为拉丁方设计,用拉丁方行或列为区组的实验设计称为拉丁方区组设计。拉丁方设计是一种对2~4个干扰因子进行区组的有效设计,在具体应用时,首先依据实验的实际情况和要求,选一个所需阶数的标准拉丁方,然后在对该拉丁方表随机地调换其行和列来安排实验。

利用拉丁方控制两向干扰具有以下特点:处理数受到限制,一般为2~4个;可直接利用行和列控制两向干扰,不需要另外列干扰控制表,也不需要另外安排重复实验,因为用一个完整的拉丁方安排实验已包含有重复实验,重复次数等于其阶数,拉丁方也可用于控制单因素实验时的两向干扰;两个方向的干扰控制都是完全区组设计,两个方向的区组数相等;可以不进行指标矫正,同一序号的实验多次重复结果的平均值即为其矫正值。

(7)随机化区组设计。随机化区组设计是指先按一定规则将实验单元划分为若干同质组,然后再将各种处理随机地指派给各个区组的一种实验设计方法。随机化区组实验是应用复制、随机化和区组三个基本原理设计的实验。

随机化区组设计的优点是:设计与分析简单,易于掌握,即使出现缺失情况,仍可以进行估计;能提供无偏的实验误差估计,实验精度较之完全随机设计高;对实验要求不苛刻,只要求区组内同质,所以适应范围较广;单因子实验和多因子实验都可以使用,可以分析出因子间的交互作用。

随机化区组设计的缺点在于:处理数不宜过多,控制在10个左右,当处理数太多时,区组内实验单元数增多,会降低区组的效率;仅实行单方面区组,精确度不如拉丁方设计。

2.仿真实验设计方法的选择

Lucas等人认为"实验设计的适当性主要取决于模型曲面的外形和可行样本数目,没有放之四海而皆准的设计。"Kleijnen提出了评估仿真实验设计的标准,主要包含6个方面:想定的数量;正交性;效率或能力;空间填充和偏差保护;处理因子水平组合约束的能力;设计构造和分析的难易程度。基于相关学者的研究成果,可将仿真实验设计的性质归结为以下15个方面:

(1)简易性。表示该设计方法原理简单,或者构建起来简单,实施操作比较容易。

(2)可控性。表示该设计方法可以由用户制定其运行次数,控制实验的运行规模。

(3)用途广泛性。表示该设计方法胜任于多种实验目的。

(4)普适性。表示该设计方法具有拟合多种类型模型的能力,如线性模型、二次模型或更复杂的模型等。

(5)模型独立性。表示该设计方法不受模型的约束,指在实验设计构建之前无需建立特定的模型,如果在某一假设支持的模型上该实验设计表现出所需的性质,尽管该模型最终被证实是错误的,而该实验设计对于新建立的模型还能具有所需的性质。

(6)输入多样性。表示该设计方法支持连续和离散变量的组合输入。

(7)高效性。表示该设计方法可以快捷有效地分析大量变量(10个以上)的能力。

(8)正交性。在p维因素空间内,如果实验方案$\varepsilon(N)$使得所有的j个因素的不同水平x_{ij}

满足

$$\left.\begin{aligned}\sum_{i=1}^{N} x_{ij} = 0 \qquad & (j=1,2,\cdots,p) \\ \sum_{i=1}^{N} x_{ih} x_{ij} = 0 \quad & (h \neq j)\end{aligned}\right\} \tag{6-75}$$

则称该实验方案具有正交性。一种设计方法如果使所选的实验方案具有正交性，则称该设计方法具有正交性。正交性可以减少实验次数，消除各种效应间的相关性，使得因素效应、交互作用效应等的计算大大简化，是实验设计应用中最广泛的一种性质。

(9) 旋转性。在 p 维因素空间内，如果实验方案 $\varepsilon(N)$ 使得实验指标回归值 $\hat{y}$ 的预测方差 $D(\hat{y})$ 仅与实验点到实验中心的距离 ρ 有关，则称实验方案 $\varepsilon(N)$ 具有旋转性。若某设计方法使得预测方差只依赖于设计点到设计中心的距离，换句话说，在任一点 x 上被预测的响应的方差只依赖于 x 到设计中心点的距离，则称该设计方法具有旋转性。具有旋转性的设计可以绕其中心点旋转，而不会改变 x 的预测方差。旋转性能够保证实验空间中同一球面行各点的预测方差相等，这样就消除了方差的方向性，减少方差对预测的影响，为进一步优化创造条件。

(10) 均匀性。如果实验方案 $\varepsilon(N)$ 使所有实验点按一定的规律充分均匀地分布在实验区域内，每个实验点都具有一定的代表性，则称该实验方案具有均匀性。若某设计方法选择的实验点在空间中具有均匀分布的能力，则称该设计方法具有均匀性。

(11) 空间填充性。表示该设计方法可以表现设计空间的所有部分，即该设计可以分散实验点使得某一输入区域的所有部分都能均等地表现，设计空间内部不存在较大范围的需要解释但未采用的区域。

(12) 序贯性。表示该设计方法具有可以通过增加额外的运行获得所需性质的能力。此外，允许利用最新搜集的信息来选择新的实验点的设计方法具有序贯性。

(13) 稳健性。若实验方案 $\varepsilon(N)$ 对各种噪声因素不敏感，或者具有较好的抗干扰性，则称该实验方案具有稳健性。如果某设计方法选择的实验方案具有稳健性，称该设计方法具有稳健性。换句话说，该设计方法对不同类型的数据组合都能获得较好的结果。

(14) 预测有效性。表示该设计方法在未经实验的输入上进行有效预测的能力。也就是说，如果实验设计的主要目的是搜集需要的数据来构建元模型以预测在未实验输入上的响应，该模型对实验区域外的数据仍然有效，并能产生较好的预测质量，则称所对应的设计方法具有预测有效性。

(15) 易用性。表示该设计方法易于使用程序快速实现，或者将该设计方法产生的计算成本低，则可视为该设计方法具有易用性。

通过对常用实验设计方法的分析，可得性质比较结果(见表 6-39)。

表 6-39　仿真实验设计方法性质比较

性　质	完全随机设计	随机区组设计	析因设计	中心复合设计	拉丁方设计	正交设计	均匀设计	边界设计
简易性	1	1	1	0.5	0.5	0.5	0.5	0.5
可控性	1	0.5	0.5	0	1	1	1	0.5

续表

性　质	完全随机设计	随机区组设计	析因设计	中心复合设计	拉丁方设计	正交设计	均匀设计	边界设计
用途广泛性	0	0	1	0.5	0.5	0.5	0.5	0.5
普适性	1	1	0.5	0.5	1	1	1	0.5
模型独立性	1	1	0	0.5	1	1	1	0
输入多样性	1	1	0.5	0.5	1	1	1	0.5
高效性	0	0.5	0.5	0.5	1	1	1	0.5
正交性	0	0	1	1	0.5	0	0	1
旋转性	0	0	0	1	1	0.5	0.5	0
均匀性	0	0.5	0.5	0.5	0.5	0.5	1	0.5
空间填充性	0	0	0	0	1	1	1	0
序贯性	0.5	0.5	1	1	0.5	0	0	1
稳健性	0	0	0.5	1	0.5	0.5	0.5	0.5
预测有效性	1	1	0	0.5	0	0.5	0.5	0
易用性	1	1	1	1	1	0.5	1	0.5
评分	7.5	8.0	8.0	9.0	11.0	9.5	10.5	6.5

说明："1"表示该设计方法很容易具有该性质；"0.5"表示该设计方法在一定的限制下具有该性质；"0"表示该设计方法很难支持或很难具有该性质。

3. 仿真实验设计过程

仿真实验设计大致可分为以下5个步骤：

(1)明确仿真实验目标。根据仿真实验目标的不同可以分为校验型实验、筛选型实验、探索型实验、评估型实验等实验类型，不同实验目标和实验类型所采用的实验设计方法会有不同。

(2)仿真变量的辨识和分类。仿真实验设计不仅要考虑作为实验设计因子的独立变量和作为实验响应的因变量，而且要考虑噪声变量和中间变量。

(3)选择可以描述仿真模型行为的概率模型。

(4)选择实验设计方法。常用的实验设计方法包括正交设计方法、均匀设计方法、拉丁方设计方法、全因子实验设计方法和自由实验设计方法等，实验设计方法决定了实验因子、水平的组合以及仿真实验的次数。

(5)验证所选的实验设计方法。主要检查所选的实验设计方法能否满足置信度或置信区间的约束。

6.5.4　仿真数据的综合校验方法

仿真对于装备效能评估来说，其最为核心的价值在于提供了一种高性价比的评估数据获取途径，但在实际的仿真实施过程中，影响最终数据质量的因素众多，包括输入数据、仿真设定、仿真模型、软件系统等。特殊设定测试法(the Test Method with Special Configuration, TMSC)被认为是一种有效的仿真数据综合校验方法,已被广泛用于多种仿真系统的仿真数据综合检验。

1. TMSC 方法的基本思想

TMSC 方法的基本思想是利用现有可靠的经验知识对仿真结果进行综合性的检验,可靠的经验知识是指具有较高可信度的经验性论断,如客观的历史数据或者在具体领域内有着丰富知识与直觉判断能力的专家的判断。

基于“经验知识在具体点上具有高可靠性”的认识,可以在具体点上进行特殊设定,来考察仿真结果对于可靠经验判断的一致程度。特殊设定是指为了对仿真数据的可靠性进行检验而有意设定的特定状态,可以是单个特定状态点,也可以是多个特定状态点。一般来讲,特定状态需要同时满足 2 个条件:一是具有典型性,能够较好地体现仿真目标的实现程度,对于装备效能仿真来说,这些特殊设定点可以是典型的武器系统能力状态,包括我军当前发展状态设定、外军当前发展状态设定、过去典型战例中发展状态设定等;二是要具有可检验性,也就是说,要具备较充分的设定状态下的先验知识,可以对仿真的输入与输出之间因果关系的合理性进行判定。

2. TMSC 方法的一般步骤

TMSC 方法一般包括 6 个步骤:明确测试目标;选取特殊设定;获取先验判据;分析比较仿真结果与先验判据;定位偏差、查找原因;反馈、验证与改进等,具体过程如图 6-31 所示。

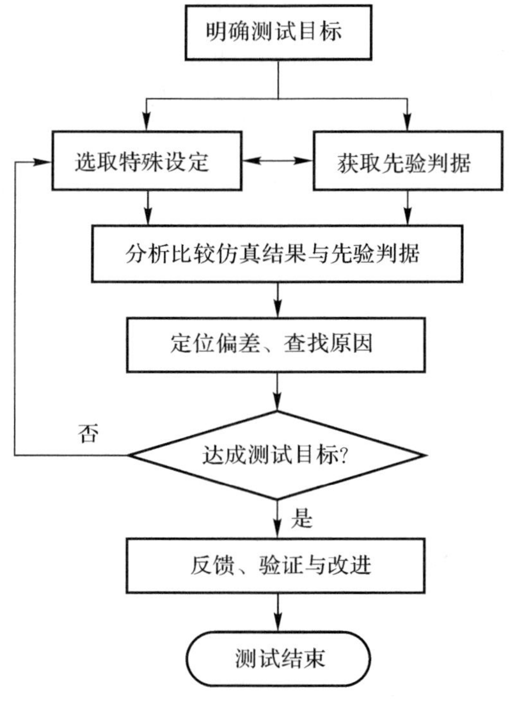

图 6-31　TMSC 方法的一般过程

(1)明确测试目标。明确设定测试的目的与目标,要求测试目标必须是有限的,不能太宽泛,另外还需要特别说明测试终止的条件。

(2)选取特殊设定。根据测试的目标与范围,选定满足典型性与可测试性要求的特殊设定集合,也可以选取单一的设定,并将设定转化为仿真的输入参数。

(3)获取先验判据。通过搜集历史数据、访问领域专家等方法,获取关于仿真的先验信息。

(4)分析比较仿真结果与先验判据。利用先验判据对仿真结果进行判断,有时需要多次重复进行特殊设定下的仿真,以消除随机因素对仿真结果的影响。比较仿真结果与先验判据之间的差距,通常会出现 3 种情况:一致性较好;存在全面偏差;存在部分偏差。

(5)定位偏差、查找原因。根据确定的偏差类型,具体分析与查找偏差产生的原因,必要时采用重复仿真进行排查,逐步缩小偏差产生的范围,最终定位偏差、给出原因,并绘制有效描述"问题-原因"的图表,提供给仿真开发者,以便对仿真进行反馈与改进。

(6)反馈、验证与改进。针对得到的问题列表,制定有针对性的改进措施,修正仿真中的问题,重复进行直到达成与先验判据较好的一致性,或者达到了别的测试终止条件。

6.5.5 仿真数据的统计分析方法

装备效能仿真分析的目的是获取各类参数对装备效能的影响。因此,在获取足够的仿真数据并对其进行统计分析之后,还需要进一步对指标数值之间的关系进行深入分析,获取相关要素之间的定量影响关系。

1. 因子的显著性分析

在仿真实验数据中,并不是每个参数 x_i 对评估指标 y 的影响都是重要的,很多时候希望从仿真实验数据中剔除那些次要的、可有可无的指标数据,建立更为简单的指标体系,以利于更好地对 y 进行评估和分析。如果某个指标对 y 的作用不显著,那么在评估模型中,可以把它的系数取值为零。因此,检验参数 x_i 是否显著等价于检验假设:

$$H_0:\beta_i=0 \tag{6-76}$$

因为最小二乘估计 b_j 是服从正态分布的随机变量 $x_1,x_2,\cdots,x_N$ 的线性函数,所以 b_j 也是服从正态分布的随机变量,且有

$$\left.\begin{aligned}E(b_j)&=\beta_j\\D(b_j)&=c_{jj}\sigma^2\end{aligned}\right\} \tag{6-77}$$

式中,c_{jj} 为相关矩阵 $\boldsymbol{C}=\boldsymbol{A}^{-1}$ 中对角线上第 j 个元素。于是有

$$\frac{b_j-\beta_j}{\sqrt{c_{jj}\sigma^2}}\sim N(0,1) \tag{6-78}$$

可以证明,随机变量 b_j 与 $S_{剩}$ 相互独立。于是有

$$F=\frac{(b_j-\beta_j)^2/c_{jj}}{S_{剩}/(N-p-1)}\sim F(1,N-p-1) \tag{6-79}$$

或

$$t=\frac{(b_j-\beta_j)/\sqrt{c_{jj}}}{\sqrt{S_{剩}/(N-p-1)}}\sim t(N-p-1) \tag{6-80}$$

故在假设 $H_0:\beta_i=0$ 下,可采用统计量

$$F=\frac{b_j^2/c_{jj}}{S_{剩}/(N-p-1)} \tag{6-81}$$

或

$$t=\frac{b_j}{\sqrt{c_{jj}S_{剩}/(N-p-1)}}=\frac{b_j}{\hat{\sigma}\sqrt{c_{jj}}} \tag{6-82}$$

来检验回归系数 β_j 是否显著。

对指标体系中的各指标进行一定显著性水平的显著性检验，剔除不显著的指标。这样，就可以认为所求出的指标体系是实用的，可以用来对 y 进行评估。

2. 指标的相关性分析

在评估指标的分析过程中，需要考虑参数之间的关联程度，根据相关程度的不同，指导仿真实验设计与数据拟合。假设只考虑 2 变量的样本数据，分别用 x 和 y 表示，并设样本容量为 n，(x_1,y_1) 表示第 1 个样本，(x_2,y_2) 表示第 2 个样本，依此类推；x 和 y 的均值分别用 $\bar{x}$ 和 $\bar{y}$ 表示。

第一个样本(x_1,y_1)有两个离差，分别为 $x_1-\bar{x}$ 和 $y_1-\bar{y}$。一般地，第 i 个样本(x_i,y_i)的两个离差为 $x_i-\bar{x}$ 和 $y_i-\bar{y}$，将两个离差相乘得$(x_i-\bar{x})(y_i-\bar{y})$。

如果随着 x_i 的增大，y_i 也有增大的趋势，则乘积$(x_i-\bar{x})(y_i-\bar{y})$趋向于取正值；反之，如果随着 x_i 的增大，y_i 有减小的趋势，则乘积$(x_i-\bar{x})(y_i-\bar{y})$趋向于取负值。若把这 n 个乘积$(x_i-\bar{x})(y_i-\bar{y})$加起来再除以 n，即求其平均值，则当这个平均值是正数时，y 具有随 x 的增大而增大的趋势；当这个平均值是负数时，y 具有随 x 的增大而减小的趋势。这个平均值称作变量 x 和 y 的样本协方差，记作 s_{xy}，计算公式为

$$s_{xy}=\frac{1}{n}\sum_{i=1}^{n}(x_i-\bar{x})(y_i-\bar{y}) \tag{6-83}$$

为弥补协方差 s_{xy} 依赖于变量的单位这一不足，可以从 s_{xy} 出发，设法通过适当的运算，消去变量 x 和 y 的单位。一个可取的方法就是将 s_{xy} 除以标准差 $\sqrt{s_{xx}}$ 和 $\sqrt{s_{yy}}$，并把得到的结果称作变量 x 和 y 的相关系数，记为 r_{xy}，计算公式为

$$r_{xy}=\frac{s_{xy}}{\sqrt{s_{xx}s_{yy}}} \tag{6-84}$$

相关系数的一个重要性质是，$-1\leqslant r_{xy}\leqslant 1$，在 $r_{xy}=\pm 1$ 的极端场合，y 和 x 之间存在着严格的一次函数关系：

$$y=ax+b \tag{6-85}$$

由于相关系数与协方差总是同号的，所以习惯称 $0<r<1$ 为正相关，称 $-1<r<0$ 为负相关，当 $|r|$ 接近于零时，意味着两个变量的线性关联很弱，当 $|r|$ 接近于1时，意味着两个变量的线性关联很强。

3. 因子-指标关系的回归分析

(1) 一元线性回归。一元回归处理的是两个变量之间的关系，即两个变量 x 和 y 之间若存在一定的关系，则可以通过分析试验所得数据，找出两者之间关系的经验公式。假如两个变量的关系是线性的，那就是一元线性回归，数学模型为

$$y_\alpha=\beta_0+\beta x_\alpha+\varepsilon_\alpha \quad (\alpha=1,2,\cdots,N) \tag{6-86}$$

式中：N 为表示 x 和 y 之间关系的实验数据的个数；$\varepsilon_1,\varepsilon_2,\cdots,\varepsilon_N$ 分别表示其他随机因素对 y_α 影响的总和，一般假设它们是一组相互独立，且服从同一正态分布 $N(0,\sigma)$ 的随机变量。

变量 x 可以是随机变量，也可以是一般变量，假设它是一般变量，即它是可以精确测量或严格控制的变量。在上述条件下，y 是服从正态分布 $N(\beta_0+\beta x_\alpha,\sigma)$ 的随机变量，参数 β_0，β 的

值可以通过最小二乘法得到。

(2) 多元线性回归。假设变量 y 与另外 P 个变量 $x_1, x_2, \cdots, x_P$ 的内在联系是线性的，它的第 α 次实验数据是

$$(y_\alpha; x_{\alpha1}, x_{\alpha2}, \cdots, x_{\alpha P}) \quad (\alpha = 1, 2, \cdots, N) \tag{6-87}$$

那么这一组数据可以假设有如下结构，即多元线性回归的数学模型

$$\left.\begin{aligned} y_1 &= \beta_0 + \beta_1 x_{11} + \beta_2 x_{12} + \cdots + \beta_P x_{1P} + \varepsilon_1 \\ y_2 &= \beta_0 + \beta_1 x_{21} + \beta_2 x_{22} + \cdots + \beta_P x_{2P} + \varepsilon_2 \\ &\vdots \\ y_N &= \beta_0 + \beta_1 x_{N1} + \beta_2 x_{N2} + \cdots + \beta_P x_{NP} + \varepsilon_N \end{aligned}\right\} \tag{6-88}$$

式中：$\beta_0, \beta_1, \beta_2, \cdots, \beta_P$ 是 $P+1$ 个待估计参数；$x_1, x_2, \cdots, x_P$ 是 P 个可以精确测量或严格控制的一般变量；$\varepsilon_1, \varepsilon_2, \cdots, \varepsilon_N$ 是 N 个相互独立且服从同一正态分布 $N(0, \sigma)$ 的随机变量。

令

$$\boldsymbol{Y} = \begin{bmatrix} y_1 \\ y_2 \\ \vdots \\ y_N \end{bmatrix}, \quad \boldsymbol{X} = \begin{bmatrix} 1 & x_{11} & x_{12} & \cdots & x_{1P} \\ 1 & x_{21} & x_{22} & \cdots & x_{2p} \\ \vdots & \vdots & \vdots & & \vdots \\ 1 & x_{N1} & x_{N2} & \cdots & x_{NP} \end{bmatrix}, \quad \boldsymbol{\beta} = \begin{bmatrix} \beta_0 \\ \beta_1 \\ \beta_2 \\ \vdots \\ \beta_P \end{bmatrix}, \quad \boldsymbol{\varepsilon} = \begin{bmatrix} \varepsilon_1 \\ \varepsilon_2 \\ \vdots \\ \varepsilon_N \end{bmatrix}$$

那么多元线性回归的数学模型可以写成矩阵形式：

$$\boldsymbol{Y} = \boldsymbol{X\beta} + \boldsymbol{\varepsilon} \tag{6-89}$$

式中：$\boldsymbol{\varepsilon}$ 为 N 维随机变量，它的分量是相互独立的；参数 $\boldsymbol{\beta}$ 的值可以通过最小二乘法获得。

(3) 非线性回归。根据实验数据分配经验公式时，首先要选择适当的函数形式。一般来讲，经验公式的形式为

$$\hat{y} = f(x_1, x_2, \cdots, x_k; \alpha_1, \alpha_2, \cdots, \alpha_l) \tag{6-90}$$

式中：$\alpha_1, \alpha_2, \cdots, \alpha_l$ 为待定参数，需要根据实验数据来确定。

确定经验公式的函数形式有两种途径：一是根据专业知识或以往的经验；二是根据散点图的分布现状来估计函数形式。当 f 是关于变量 $x_1, x_2, \cdots, x_k$ 的线性函数时，就是线性回归。当 f 不是关于变量 $x_1, x_2, \cdots, x_k$ 的线性函数时，通常可以通过适当的变换，把非线性函数转化成线性函数，从而把非线性回归问题转化成线性回归问题。常用的可将非线性回归转化为线性回归的函数有：

1) 双曲线：$\dfrac{1}{y} = a + \dfrac{b}{x}$。令 $y' = \dfrac{1}{y}, x' = \dfrac{1}{x}$，则有 $y' = a + bx'$。

2) 幂函数：$y = dx^b$。令 $y' = \ln y, x' = \ln x, a = \ln d$，则有 $y' = a + bx'$。

3) 指数函数：$y = de^{bx}$。令 $y' = \ln y, a = \ln d$，则有 $y' = a + bx$。

4) 指数函数：$y = de^{\frac{b}{x}}$。令 $y' = \ln y, x' = \dfrac{1}{x}, a = \ln d$，则有 $y' = a + bx'$。

5) 对数曲线：$y = a + b\ln x$。令 $x' = \ln x$，则有 $y = a + bx'$。

6) S 型曲线：$y = \dfrac{1}{a + be^{-x}} (a, b > 0)$。令 $y' = \dfrac{1}{y}, x' = e^{-x}$，则有 $y' = a + bx'$。

7) 多项式：$y = b_0 + b_1 x + b_2 x^2 + \cdots + b_k x^k$。令 $x_1 = x, x_2 = x^2, \cdots, x_k = x^k$，则有 $y =$

$b_0+b_1x_1+b_2x_2+\cdots+b_kx_k$。

8) 二元多项式：$z=b_0+b_1x+b_2y+b_3x^2+b_4xy+b_5y^2$。令 $x_1=x,x_2=y,x_3=x^2,x_4=xy,x_5=y^2$，则有 $z=b_0+b_1x_1+b_2x_2+b_3x_3+b_4x_4+b_5x_5$。

6.5.6　仿真分析方法应用实例分析

1. 预警机雷达电子对抗系统效能仿真评估

预警机主要用于搜索、监视、跟踪空中和海上目标，并指挥、引导己方飞机完成作战任务，被称为活动的空中指挥所，从而也成为电子对抗的重要作战对象。计算机仿真技术具有可控性、可重复性、无破坏性、安全性和经济性等特点，可用于对预警机雷达电子对抗系统效能进行仿真分析。

(1)作战效能仿真分析的技术框架。预警机雷达电子对抗系统效能仿真分析的技术框架如图 6-32 所示，主要由电磁环境仿真层、电磁效应分析层、系统效能评估层等构成，底层由电磁信号综合数据库提供支撑。其中，电磁环境仿真层重点关注电磁辐射源行为，通过双方电子对抗行动和电子对抗措施的仿真，构建战场电磁环境，以服务的形式为用频设备提供战场电磁信息查询；电磁效应分析层对用频设备在战场电磁环境下的效应进行分析，为系统效能评估层提供基础数据；系统效能评估层依据评估指标体系，以电子对抗仿真过程数据为基础，评估预期电子对抗系统效能，为电子对抗指控系统提供支持；电磁信号综合数据库主要管理辐射源的基本战术性能参数、电磁兼容性数据、自然传播环境数据、预设背景电磁环境参数、辐射源的行动方案等战场电磁环境仿真的基础数据。

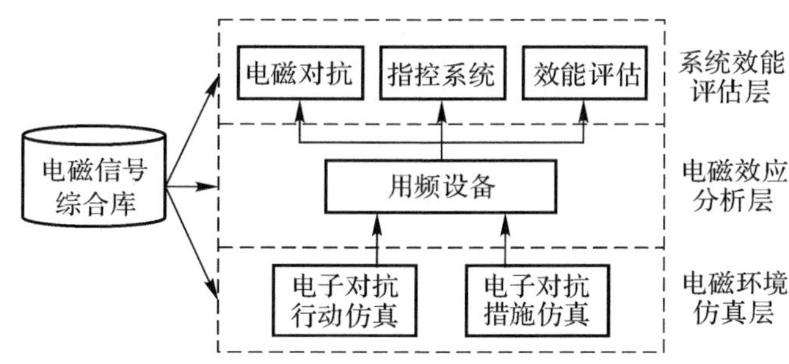

图 6-32　电子对抗系统效能仿真分析技术框架

(2)预警机雷达电子对抗仿真联邦。基于电子对抗系统效能仿真分析技术框架，采用高层体系结构(High Level Architecture，HLA)技术，构建的预警机雷达电子对抗仿真联邦如图 6-33所示，主要包括红方的信息作战指挥所成员、预警机雷达对抗成员、飞机成员；蓝方的预警机成员；白方的仿真运行控制成员、仿真态势现实成员、仿真结果记录成员。

(3)预警机雷达电子对抗仿真概念模型。

1)预警机雷达对抗系统。当预警机雷达开机且进入预警机雷达对抗系统侦察范围时，雷达对抗侦察设备能发现预警机，并对预警机雷达实施噪声压制式干扰。预警机雷达对抗系统的雷达对抗侦察设备活动、雷达干扰设备活动的概念模型分别如图 6-34 和图 6-35 所示。

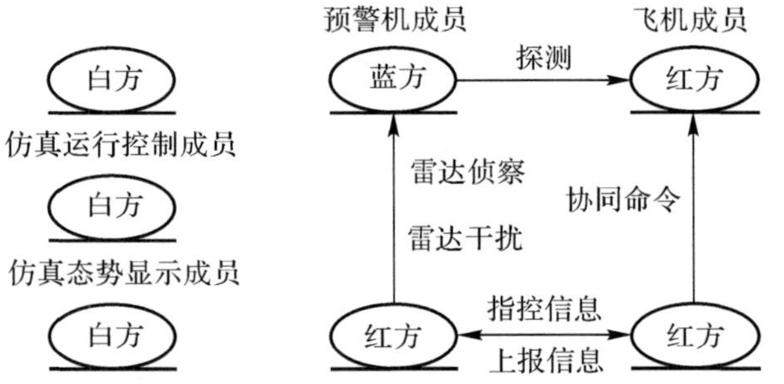

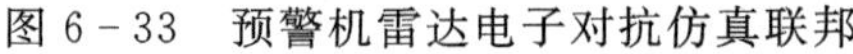
图 6-33　预警机雷达电子对抗仿真联邦

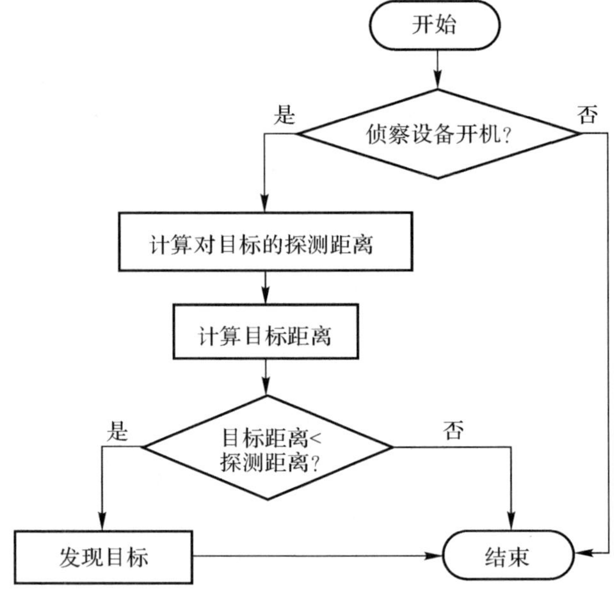

图 6-34　雷达对抗侦察设备活动的概念模型

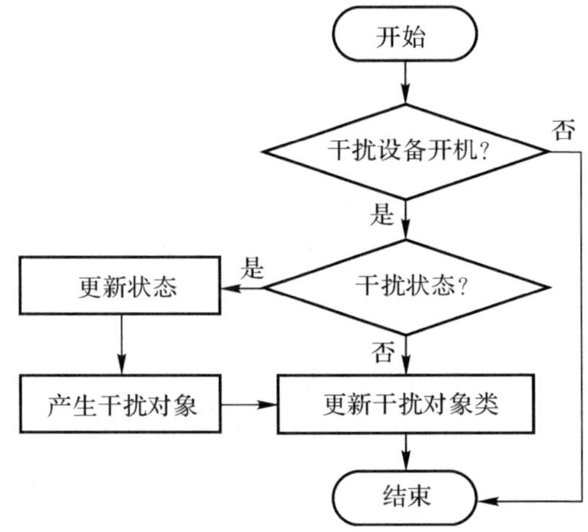

图 6-35　雷达干扰设备活动的概念模型

2)预警机。预警机飞行状态包括起飞、巡航、返航 3 个阶段。预警机进入巡航区域后，以巡航速度飞行，直到预定结束时间。雷达探测设备搭载在预警机上，首先开机进行探测，若探测目标的实际距离小于预警机雷达的探测距离，则该目标被发现，然后把探测结果上报给指挥所。预警机飞行活动、探测活动的概念模型分别如图 6-36 和图 6-37 所示。

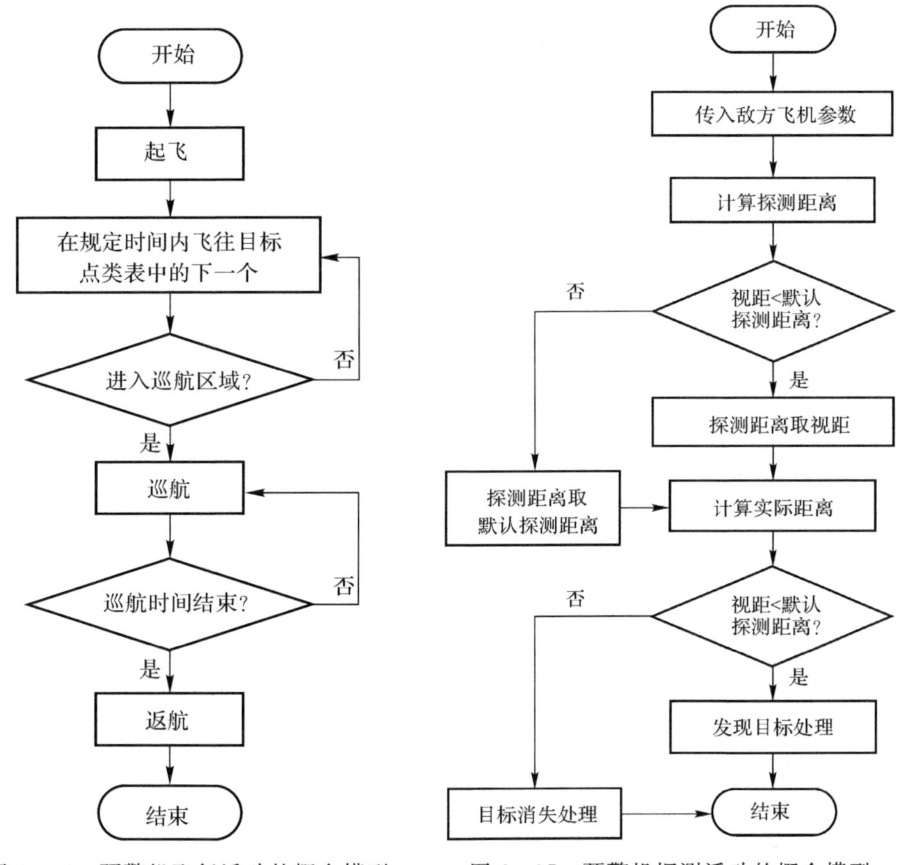

图 6-36　预警机飞行活动的概念模型　　　图 6-37　预警机探测活动的概念模型

(4)预警机雷达电子对抗仿真数学模型。预警机雷达电子对抗过程可分为雷达空间探测和雷达干扰。其中，雷达空间探测又可分为单部雷达的空间探测和雷达网系统的空间探测，雷达干扰为远距离支援式有源压制性干扰。

1)雷达空间探测模型。雷达探测概率计算的经验数学模型为

$$P=1-\Phi\left(\frac{4.75-\sqrt{n}S}{\sqrt{1+2S}}\right) \tag{6-91}$$

式中：S 为单个脉冲信噪比(无干扰)或信干比(有干扰)；$n=f_{\mathrm{r}}\theta_{0.5}/\omega$ 为一次扫描中雷达脉冲积累数，其中 $\theta_{0.5}$ 为雷达天线半功率波束宽度，ω 为天线扫描角速度，f_{r} 为脉冲重复频率；$\Phi(x)=\frac{1}{\sqrt{2\pi}}\int_{-\infty}^{x}\mathrm{e}^{-t^2/2}\mathrm{d}t$ 为标准正态分布概率分布函数。

假设雷达网系统有 n 部雷达组成，第 i 部雷达的发现目标概率为 P_i，则雷达网系统对目标的综合发现概率为

$$P_d = 1 - \prod_{i=1}^{n}(1 - P_i) \tag{6-92}$$

2) 远距离支援式有源压制性干扰。假设干扰机是以主瓣对雷达进行压制性干扰，可得受扰雷达接收机输入端的干扰功率$(P_j)_{in}$与有用信号功率$(P_s)_{in}$之比K为

$$K = \frac{(P_j)_{in}}{(P_s)_{in}} = \frac{P_j G_j}{P_s G_s} \frac{\Delta f_{rec}}{\Delta f_j} \gamma_j F_s^2(\Phi_j, \Theta_j) \frac{4\pi}{\sigma_{BF}} \frac{D_s^4}{D_j^2} \tag{6-93}$$

式中：P_j为干扰机的发射功率；P_s为计入传输路线损耗的受扰雷达功率；G_j为干扰机天线的最大增益；G_s为雷达天线的最大增益；Δf_{rec}为发射信号的有效频谱宽度；Δf_j为干扰信号的有效频谱宽度；γ_j为干扰机天线对受扰雷达接收机天线的极化系数；$F_s(\Phi_j, \Theta_j)$为受扰雷达天线的归一化方向图，其中Φ_j和Θ_j是在相应平面中相对于受扰雷达波束轴线所测定的角度；σ_{BF}为被干扰遮蔽的战斗编队的反射截面积；D_s为雷达与被掩护的战斗编队的距离；D_j为干扰机的极坐标。

当$K = K_j$（K_j为遮蔽系数）时，可得受干扰后的雷达探测距离为

$$D_s = \sqrt[4]{\frac{K_j D_j^2 \sigma_{BF}}{4\pi\gamma_j} \frac{P_s G_s}{P_j G_j} \frac{\Delta f_j}{\Delta f_{rec}} F_s^{-2}(\Phi_j, \Theta_j)} \tag{6-94}$$

当存在多个干扰源时，干信比K为

$$K = \frac{\sum P_j}{P_s} = \frac{4\pi D_s^4 \Delta f_{rec} \sum \dfrac{P_j G_j \gamma_j F_s^2(\Phi_j, \Theta_j)}{\Delta f_j D_j^2}}{P_s G_s \sigma_{BF}} \tag{6-95}$$

此时，受干扰后的雷达探测距离为

$$D_s = \sqrt[4]{\frac{K_j P_s G_s \sigma_{BF}}{4\pi \Delta f_{rec} \sum \dfrac{P_j G_j \gamma_j F_s^2(\Phi_j, \Theta_j)}{\Delta f_j D_j^2}}} \tag{6-96}$$

(5) 预警机雷达电子对抗仿真联邦对象模型。

1) 对象类与属性。联邦对象模型中的对象类均由一级对象基类(BaseObject)派生而来，主要包括飞机类(Aircraft)、信息战雷(InformationWarfare)、辐射源类(RadiantSource)、态势对象类(SituationObj)、控制站类(Bastion)等，对象类层次结构见表6-40，对象基类(BaseObject)、预警雷达对象类(EWARadar)的属性分别见表6-41和表6-42。

表6-40　联邦对象模型的对象类层次结构

一级对象类	二级对象类	三级对象类
AirCraft(PS)	AEWAirCraft(PS)	
	JammingAirCraft(PS)	
	UAV(PS)	DecoyUAV(PS)
		AntiPowerNetUAV(PS)
		CommJamUAV(PS)
		AntiGPSUAV(PS)
		AntiRadiationUAV(PS)
	CombatAircraft(PS)	

续表

一级对象类	二级对象类	三级对象类
InformationWarfare(PS)	RadarAcquireArea(PS)	
	CommunicationJam(PS)	
	RadarJam(PS)	
RadiantSource(PS)	Radar(PS)	GuideRadar(PS)
		EWARadar(PS)
		GroundGuardRadar(PS)
SituationObj(PS)	CommandPostObj(PS)	
	RadarObj(PS)	
	AntiairMissileObj(PS)	
	AntiairGunObj(PS)	
Bastion(PS)	RadarStation(PS)	
	ReconStation(PS)	
	GtoGMissileBastion(PS)	
	JammingStation(PS)	

表 6－41　对象基类属性表

属性名称	标志符	数据类型
任务标志	MissionID	string
实体名称	EntityName	string
实体类型	EntitySort	string
实体子类型	EntitySubSort	string
实体型号	EntityType	string
实体 ID	EntityID	string
位置	Location	Geo3DPosStruct
敌我属性	IFF	ForceIDEnum
毁伤状态	DamageState	DamageStateEnum

表 6－42　预警雷达对象类属性表

属性名称	标志符	数据类型
雷达编号	RadarID	string
雷达类型	RadarKind	short

续表

属性名称	标志符	数据类型
雷达型号	RadarType	string
雷达体制	RadarTechSys	char
雷达用途	OPR	char
主瓣增益	MainAntennaGain	float
平均副瓣增益	MeanSideLobeGain	float
工作频率范围	FrequencyRange	FreqRangeStruct
工作频率	Frequency	float
工作状态	WorkState	WorkStateEnum
脉冲宽度	PulseWidth	float
天线高度	AntennaHeight	long
波束宽度	DetectBeam	BeamStruct
极化类型	POT	char
发射功率	RP	float
平台编号	PlatformID	string
平台运动标志	PlatMoveFlag	short
移到平台类别	PlatMovableKind	char

2)交互类与参数。交互类均由一级基类(BaseInteraction)派生而来,主要包括声明交互(AnnounceInteraction)、仿真请求(SimRequest)和仿真响应(SimResponse)等,交互类层次结构见表 6-43,雷达辐射源情报交互类参数见表 6-44。

表 6-43 交互类层次结构表

<table>
<tr><th>一级基类</th><th>二级基类</th><th>三级基类</th></tr>
<tr><td rowspan="6">BaseInteraction(S)</td><td rowspan="4">AnnounceInteraction(IR)</td><td>RaiantSourceInfoAnnounce(IR)</td></tr>
<tr><td>C3IRadarTargetInfoAnnounce(IR)</td></tr>
<tr><td>JammedEffectAnnounce(IR)</td></tr>
<tr><td>DamageDelcare(IR)</td></tr>
<tr><td>SimResponse(IR)</td><td></td></tr>
<tr><td>SimRequest(IR)</td><td></td></tr>
</table>

表 6-44 雷达辐射源情报交互类参数表

交互类参数	标志符	数据类型
辐射源信息	RadiantSourceInfo	RadiantSourceInfoStruct

(6)预警机雷达电子对抗系统效能仿真案例分析。

1)仿真背景设定。预警机雷达电子对抗系统的作战想定如图 6-38 所示。红方歼击机编队从 4 个机场起飞，以低于 300 m 飞行高度实施低空突防，由某型预警机雷达电子对抗系统对低空突防飞机实施掩护，以保证低空突防成功率。该预警机雷达电子对抗系统由指挥控制站、雷达干扰站、目标指示雷达站和对空无源探测定位设备等组成，本案例重点关注其中的 2 型 4 个雷达干扰站。假设雷达干扰站在红方低空突防方向成一线部署，对蓝方预警机雷达进行干扰；蓝方预警机按照预定航线在预定区域巡航。

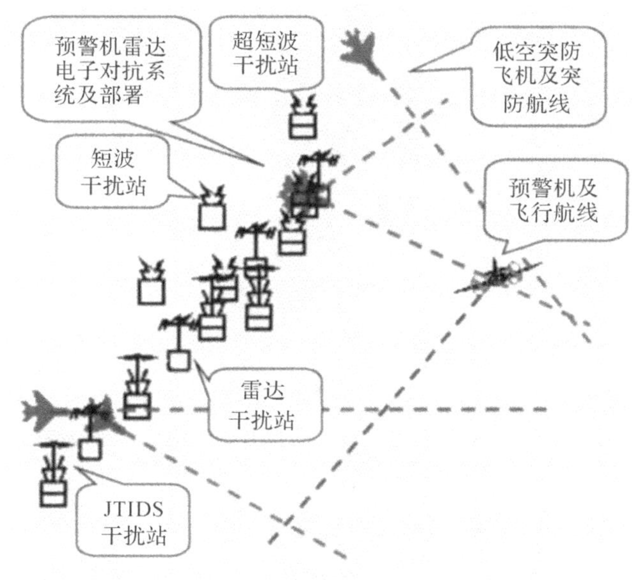

图 6-38　预警机雷达电子对抗系统作战想定

2)仿真运行过程。设置仿真初始条件后，启动仿真运行。采用超实时仿真，仿真交互步长为 1 s，其中飞机、预警机内部仿真步长为 50 ms。

预警机雷达开机并进入干扰站雷达探测范围时，干扰站实施压制式干扰。仿真初期和后期 2 个时刻的雷达对抗仿真态势分别如图 6-39 和图 6-40 所示，可以直观看出受到干扰之后，预警机雷达的探测范围，以及预警机与低空突防飞机之间的协同态势。

3)仿真结果分析。某预警机雷达电子对抗系统效能仿真结果见表 6-45，包括 4 部干扰站的设备型号、部署位置、干扰角度和压制距离等。

表 6-45　某预警机雷达电子对抗系统效能仿真结果

干扰站编号	干扰站型号	干扰站位置	干扰角度/(°)	压制距离/km
1	1	1	15	106.1
2	2	2	30	99.8
3	2	3	30	95.2
4	1	4	15	93.4

总体仿真评估结果：平均压制距离为 98.59 km，合成压制角度为 86°，干扰范围达到蓝方

预警机雷达探测范围的 14.1%，将蓝方预警机的预警时间缩短 2 min，从而各项指标满足预警机雷达电子对抗系统作战要求。

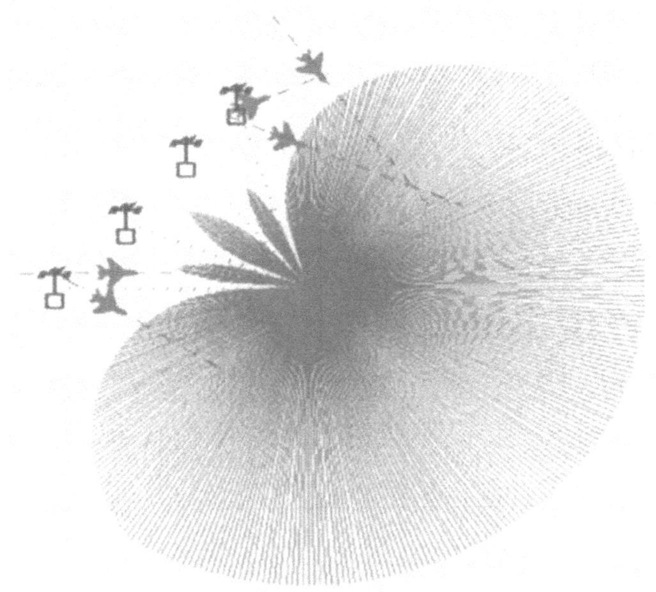

图 6－39　某预警机雷达电子对抗系统效能仿真初期态势

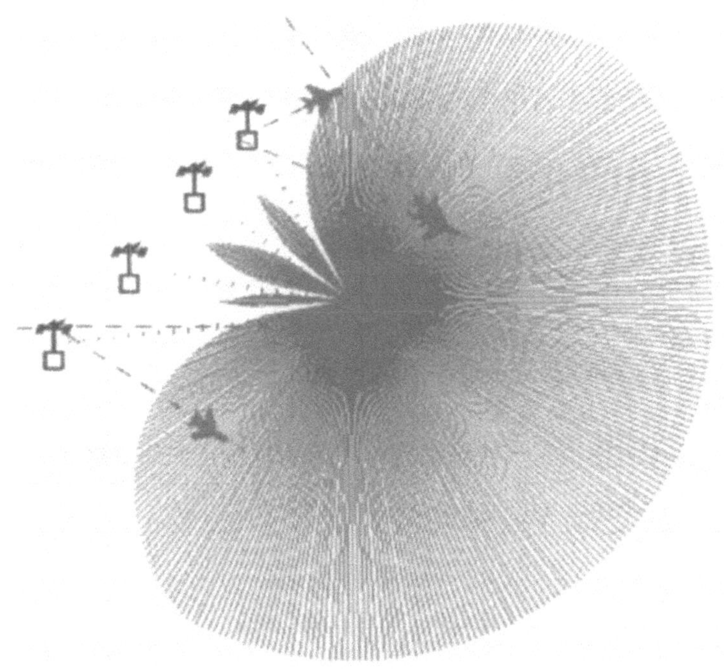

图 6－40　某预警机雷达电子对抗系统效能仿真后期态势

2. 中远程地空导弹武器系统作战效能仿真评估

(1)作战效能评估问题描述。中远程地空导弹武器系统是指对某型远程地空导弹武器系统增配中程地空导弹后的武器系统。某型远程地空导弹武器系统的主战装备包括多功能相控阵雷达、指挥控制车、导弹发射车等。记原型远程地空导弹为 A 型弹、新配置的中程地空导弹为 B 型弹，A 型弹和 B 型弹均采用 4 联装筒弹发射车，增配 1 辆 B 型导弹发射车，则减配 1 辆 A 型导弹发射车。进行中远程地空导弹武器系统作战效能评估，主要是对武器系统配置 B 型弹前后的作战效能进行对比分析，确定 B 型弹数量对作战效能的影响。

(2)武器系统作战效能仿真流程。依据地空导弹武器系统的作战过程，结合作战效能仿真评估方法，可得中远程地空导弹武器系统作战仿真流程如图 6-41 所示。

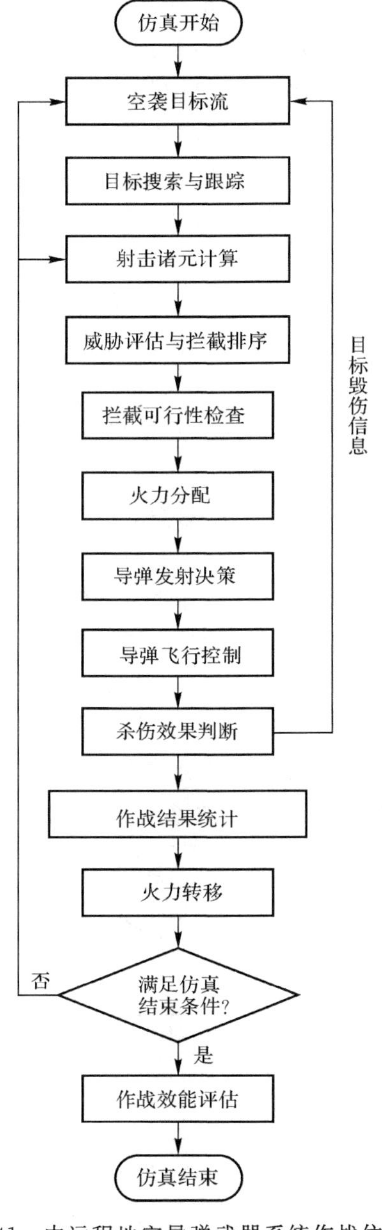

图 6-41　中远程地空导弹武器系统作战仿真流程

1)上级指控中心适时向火力单元下达作战任务和目标指示,火力单元指控系统根据目标指示信息,控制相控阵雷达按指定的搜索范围搜索目标,搜索发现目标后,对目标进行确认,并储存目标的点迹数据,相控阵雷达处于边搜索边跟踪状态,对目标参数进行相关处理,确定目标批次,初步威胁判断,选择粗跟踪目标,并确定精确跟踪目标,对目标实施跟踪。

2)指控计算机根据相控阵雷达提供的精跟踪目标的坐标参数和运动参数,计算目标的速度、航路捷径、进入和飞出发射区边界时间、在发射区内的停留时间、预测命中点参数等,按照射击诸元计算结果及武器的受控状态等因素,对拦截目标的适宜性进行检查。

3)对目标进行威胁判断,确定这些目标对本火力单元和被掩护对象构成威胁的大小,并根据目标的威胁程度和排序准则,确定实施拦截的先后顺序。

4)指控计算机根据武器配置状况和当前的状态,进行火力分配,合理确定拦截目标的导弹发射车号,由指控计算机做出发射决策,一旦目标进入发射区,立即下达拦截命令。

5)指控系统将被拦截目标批号和对应的导弹编码以及导弹位置参数送给相控阵雷达。由相控阵雷达计算机形成编码指令,以一定频率向相应的导弹传送。并在规定的截获空域内截获导弹,转入应答跟踪。导弹制导过程一般分为三段:初制导段、中制导段和末制导段。

a. 初制导段。初制导控制系统按装订的参数,控制导弹滚动和转弯,将导弹速度矢量转到要求的方向。

b. 中制导段。弹上控制系统按修正比例导引法控制导弹接近目标和控制导引头天线瞄准目标,并在适当时机控制导引头开机工作,以使在目标进入导引头作用距离之内时,及时发现并可靠截获目标,完成中、末制导交班。

c. 末制导段。弹上计算机根据导引头测得的导弹、目标视线转率,按修正比例导引形成控制指令,控制导弹飞向目标,直至与目标遭遇。

6)根据相控阵雷达对目标和导弹的测量信息,按预先确定的准则对是否杀伤目标做出评判。

a. 仿真输入。空袭目标流;火力单元的部署位置(经度、纬度、海拔高度);火力单元配置A型导弹发射车的数量和B型导弹发射车的数量;A型导弹和B型导弹的单发价格。

b. 仿真输出。在仿真初始条件相同的情况下,多次运行仿真,对各次仿真结果进行统计,输出A,B型弹平均发射数量及其平均毁伤的目标数量;目标平均毁伤、突防概率;效费比等。

(3)作战效能仿真系统设计。采用高层体系结构(High Level Architecture,HLA)技术,构建的中远程地空导弹武器系统作战效能仿真系统结构如图6-42所示。

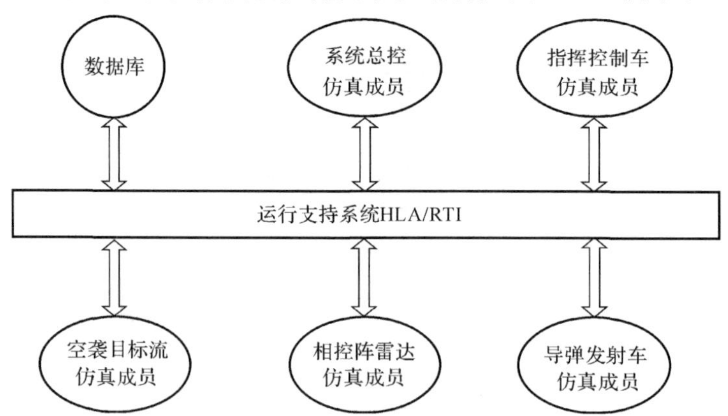

图6-42 中远程地空导弹武器系统作战效能仿真系统结构

1)数据库。主要用于存储战场环境数据、数字地图数据、目标性能参数、导弹性能参数、雷达性能参数、武器系统性能参数、火控参数、仿真中间数据、仿真结果数据等。

2)系统总控仿真成员。根据数据库中的信息完成作战想定的制作,包括火力单元的部署、责任扇区的标定、空袭目标流设置等;完成联邦运行控制,在初始化阶段向各联邦成员发送初始化命令及成员初始化信息,当接收到所有成员初始化成功信息后,向各成员发送仿真开始控制命令,在仿真结束时,向各成员发送仿真结束控制命令;完成仿真结果的统计和评估。

3)空袭目标流仿真成员。完成空袭编队、空袭样式、空袭战术、电子对抗措施的想定,并生成航迹数据。

4)相控阵雷达仿真成员。对武器系统多功能相控阵雷达的搜索、跟踪功能进行仿真。

5)指挥控制车仿真成员。接收相控制阵雷达仿真成员送来的目标数据,完成目标射击诸元计算、目标威胁判断与拦截排序、目标拦截可行性检查、火力分配、导弹发射决策、杀伤效果判断、火力转移控制等系列火力控制过程。

6)导弹发射车仿真成员。接收指挥控制车仿真成员发来的控制命令,完成导弹的发射控制、导弹的导引飞行、战斗部引爆控制和杀伤效果的判断。

(4)作战效能仿真数学模型。

1)目标威胁判断与拦截排序模型。

a. 目标威胁判断时考虑的主要因素。目标类型:大型目标(指非隐身的轰炸机、歼击轰炸机、对地攻击机等);小型目标(指隐身飞机、歼击机、空地导弹等);巡航导弹;武装直升机。采用1～9标度法对目标类型属性进行量化:大型目标9;小型目标为7;巡航导弹为5;武装直升机为3。

掩护对象重要度,火力单元防区内的掩护对象,按不同目的和意义来衡量,都有其相对的重要程度。采用1～9标度法对掩护对象的重要程度进行量化。如目标攻击的火力单元阵地,一般应将火力单元阵地的重要度量化为9。

目标航路捷径,目标的航路捷径指目标相对其火力单元部署点的航路捷径。航路捷径越小,攻击意图越明显,攻击后对掩护对象的毁伤概率越大,故威胁程度越大。

目标飞临时间,目标飞临时间指目标飞至发射区远界的时间。目标飞临时间越短,则该目标的威胁程度越大,因为目标会很快飞入地空导弹发射区范围,并临近掩护对象。

b. 评价矩阵的规范化。设有n批目标,记为$T_1,T_2,\cdots,T_n$,影响目标威胁程度的因素分别记为U_1,U_2,U_3,U_4,可得评价矩阵为

$$\boldsymbol{D}=\begin{bmatrix} x_{11} & x_{12} & x_{13} & x_{14} \\ x_{21} & x_{22} & x_{23} & x_{24} \\ \vdots & \vdots & \vdots & \vdots \\ x_{n1} & x_{n2} & x_{n3} & x_{n4} \end{bmatrix} \tag{6-97}$$

式中,x_{ij}是目标T_i关于评价指标U_j的评价值。

目标威胁程度的评价指标分为两种类型:效益型和成本型。效益型指标的取值越大越好,成本型指标的取值越小越好。显然,评价指标U_1(目标类型)和U_2(掩护对象重要度)为效益型指标,U_3(目标航路捷径)和U_4(目标飞临时间)为成本型指标。

记第j个指标U_j的平均值为$\overline{U}_j=\dfrac{1}{n}\sum\limits_{i=1}^{n}x_{ij}$,对效益型指标,记中间变量$M_{ij}=\dfrac{x_{ij}-\overline{U}_j}{|\overline{U}_j|}$;对

成本型指标，记中间变量 $M_{ij}=\dfrac{\overline{U}_j-x_{ij}}{|\overline{U}_j|}$。将原始评价指标值 x_{ij} 转化到[0,1]区间的效用函数为

$$\gamma_{ij}=\frac{1}{2}\left(\frac{1-\mathrm{e}^{-M_{ij}}}{1+\mathrm{e}^{-M_{ij}}}+1\right) \tag{6-98}$$

c. 目标威胁度计算模型。采用加权求和方法确定目标的综合威胁度，即

$$T_i=w_1\gamma_{i1}+w_2\gamma_{i2}+w_3\gamma_{i3}+w_4\gamma_{i4} \tag{6-99}$$

式中，$w_j(j=1,2,3,4)$ 为权重系数，可由层次分析法（Analytic Hierarchy Process，AHP）确定，其取值为 $w_1=0.151$，$w_2=0.186$，$w_3=0.311$，$w_4=0.352$。

d. 目标拦截排序规则。对目标进行威胁评估后，一般可按如下准则进行拦截优先级排序：

重点目标（辐射目标和反辐射导弹类目标）优先排序，优先拦截，若重点目标不止一个，则重点目标间按飞临时间排序，即时间短的排在前；

其余目标按威胁度值由大到小排序。

目标从拦截优先级队列中删除的一般准则：

已被毁伤的目标；

有较高优先级目标插入，当队列中目标数大于相控阵雷达精跟踪数时，位于队尾目标应出队；

拦截可行性判断后，拦截不可行的目标应从队列中删除；

目标已飞出火力单元的火力范围。

2）目标拦截可行性检查模型。对目标威胁判断和拦截排序后，要根据拦截优先级队列中各目标的运动参数和飞行特点，估计每个导弹发射车对每个目标拦截的可能性 — 即拦截可行性。导弹发射车在满足时间、空间和资源的约束条件时才能对目标进行有效拦截。

a. 空间约束条件。地空导弹有其典型的杀伤区空域和目标特性，估计空中目标是否能够被地空导弹拦截时，主要考虑目标的飞行速度、飞行高度和相对导弹发射车的航路捷径等因素。设目标飞行速度为 v_{m}、飞行高度为 H_{m}、相对导弹发射车放置点的航路捷径为 P_{m}，$P_{\max}$，$H_{\min}$，$H_{\max}$，$v_{\min}$，$v_{\max}$ 分别为 A 型或 B 型导弹保证以预定概率杀伤典型目标的最大航路捷径、最小高度、最大高度、典型目标的最小速度和最大速度，则判断目标拦截可行性的空间约束条件为

$$\left.\begin{array}{l}P_{\mathrm{m}}\leqslant P_{\max}\\ H_{\min}\leqslant H_{\mathrm{m}}\leqslant H_{\max}\\ v_{\min}\leqslant v_{\mathrm{m}}\leqslant v_{\max}\end{array}\right\} \tag{6-100}$$

b. 资源约束条件。每辆导弹发射车装 4 发导弹，一次射击目标发射 2 发导弹，因此，还需判断发射车是否满足拦截目标的资源约束条件。

c. 时间约束条件。考虑到火力分配和发射决策的时间，在目标到达发射区近界前 2 s 要完成对目标的拦截可行性检查，所以当目标到达发射区近界的飞行时间储备 $\geqslant$ 2 s 时，火力单元满足拦截目标的时间约束条件。

3）导弹发射车射击有利度模型。对 1 批目标，可能同时有几辆发射车都具备拦截条件，此时应尽可能将该批分配给射击条件最有利的导弹发射车拦截。计算导弹发射车射击有利度时主要考虑目标相对导弹发射车的航路捷径、目标到达导弹发射车发射区近界的飞临时间、导弹对目标的杀伤概率三个因素。

a. 航路捷径指标归一化。目标 i 对导弹发射车 j 的航路捷径 P_{ij} 越小，该导弹发射车的射击条件就越有利。对航路捷径作归一化处理：

$$E_1 = \frac{P_{j\max} - P_{ij}}{P_{j\max}} \tag{6-101}$$

式中：E_1 为航路捷径归一化值；$P_{j\max}$ 为导弹发射车 j 杀伤区最大航路捷径。当 $E_1 < 0$ 时，取 $E_1 = 0$，所以 $E_1 \in [0,1]$。

b. 飞临时间指标归一化。当目标满足时间约束条件时，目标到发射区近界的飞临近时间越大，射击条件就越有利，导弹发射车有较长的时间进行射击准备，或者进行多次拦截。对目标到发射区近界的飞临时间归一化为

$$E_2 = \frac{T_{ij}}{T_{j\max} + T_{\text{react}}} \tag{6-102}$$

式中：E_2 为目标到发射区近界飞临时间归一化值；T_{ij} 为目标i 到导弹发射车j 发射区近界的飞临时间；T_{react} 为武器系统反应时间；$T_{j\max}$ 为目标 i 在导弹发射车 j 发射区的最大可能停留时间。当 $E_2 > 1$ 时，取 $E_2 = 1$，所以 $E_2 \in [0,1]$。

c. 杀伤概率指标归一化。在导弹杀伤区内，杀伤概率的分布是不均匀的，在很大程度上杀伤概率的分布与目标的一些飞行特性有关，如飞行速度、海拔高度、航路捷径及采用的电子干扰方式等。A 型弹在杀伤空域内，单发导弹杀伤概率不低于 0.55，其中主要杀伤空域内的单发导弹杀伤概率不低于 0.75。B 型弹在杀伤空域内，单发导弹杀伤概率不低于 0.6，其中主要杀伤空域内的单发导弹杀伤概率不低于 0.8。导弹对目标的单发杀伤概率越大，则射击越有利。对杀伤概率的归一化为

$$E_3 = \frac{P_{ij}}{P_{j\max}} \tag{6-103}$$

式中：E_3 为导弹对目标杀伤概率的归一化值；P_{ij} 为导弹发射车 j 对目标 i 的单发杀伤概率；$P_{j\max}$ 为导弹发射车 j 单发杀伤概率的最大值。

d. 射击有利度计算模型。导弹发射车 j 对目标 i 的射击有利度计算模型为

$$F_{ij} = w_1 E_1 + w_2 E_2 + w_3 E_3 \tag{6-104}$$

式中：权重系数取值为 $w_1 = 0.3$，$w_2 = 0.3$，$w_3 = 0.4$。对目标 i 可找到拦截可行的A 型和B 型导弹发射车队列，然后按射击有利度进行拦截优先级排序，射击有利度大的排在前。

4)目标火力分配模型。

a. 目标优化分配准则。目标火力分配就是将拦截优先级队列中的目标分配给 A 型或 B 型导弹发射车，该过程是一个优选过程，即根据优化准则将位于目标分配终线之前的目标不断地分配到相应的发射车。一般来讲，给定的优化准则不同，得到的分配方案也不同。这里采用以下优化分配准则：

优先拦截威胁程度大的目标；

威胁程度大的目标应尽可能由射击有利度高的导弹发射车进行拦截；

在 A 型、B 型导弹都具备拦截条件的情况下，优先选择 B 型导弹拦截。

b. 目标火力分配过程。目标火力分配按两个阶段进行：第一个阶段，先从目标拦截排序队列中按目标威胁程度大小顺序取出 1 批目标参加分配任务，找出适合拦截该批目标的所有导弹发射车；第二个阶段，计算通过拦截可行性检查的所有导弹发射车的射击有利度，按分配准则将目标分配给某一导弹发射车，并设置分配标志。目标火力分配流程如图 6 - 43 所示。

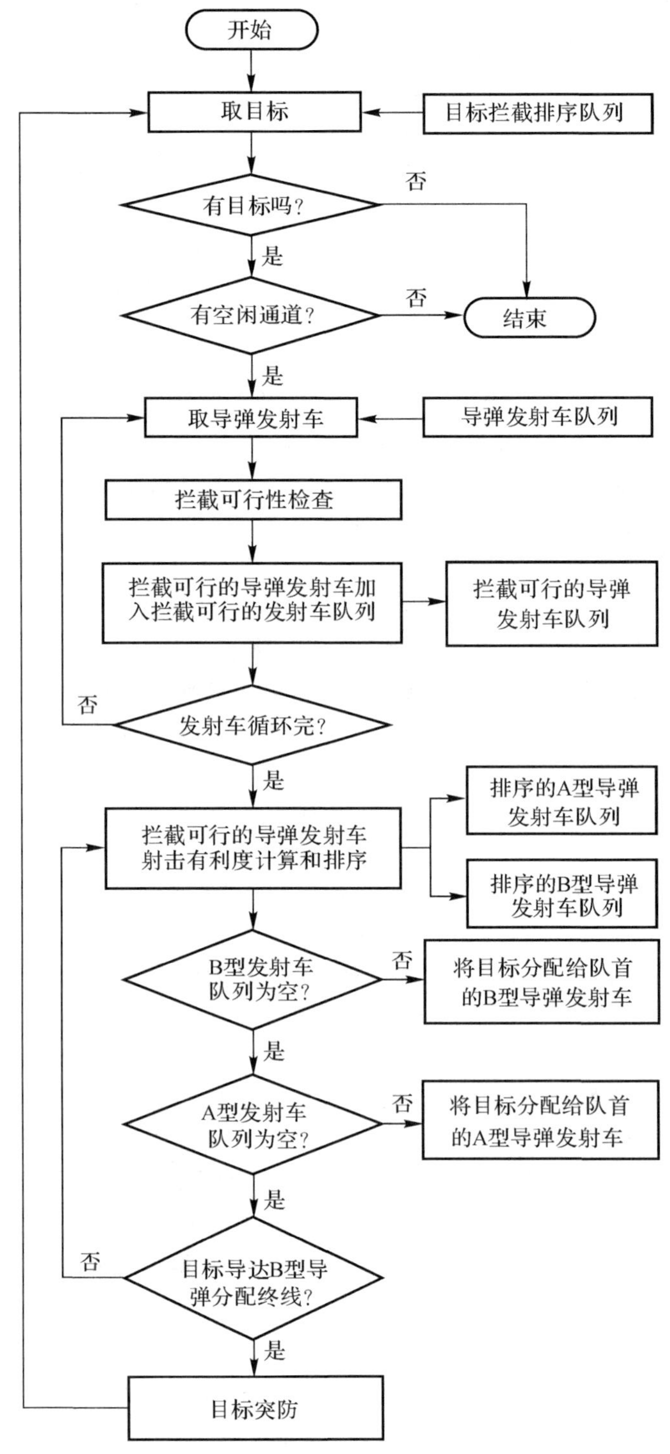

图 6-43　目标火力分配流程

由于目标运动参数和约束条件的变化,目标优化分配是一个动态可变过程,每个仿真步长计算一次,当目标飞入所分配导弹发射区内时,分配方案生效并立即执行。当目标到达导弹发射区近界前 2s(目标分配终线)停止分配计算,当目标到达 B 型弹的目标分配终线时,目标突防。

5)效费比计算模型。中远程地空导弹武器系统的效费比计算模型为

$$\left.\begin{aligned}\xi &= \frac{\overline{P}_k}{\overline{C}}\\ \overline{C} &= \frac{\bar{n}_A C_A + \bar{n}_B C_B}{K C_A}\end{aligned}\right\} \tag{6-105}$$

式中:ξ 为效费比;$\overline{P}_k$ 为目标平均毁伤概率;$\overline{C}$ 为耗弹平均费用量化指标;C_A,C_B 分别为 A 型,B 型导弹的单发价格;$\bar{n}_A$,$\bar{n}_B$ 分别为 A 型、B 型导弹平均消耗数量;K 为费用量化系数。

(5)作战效能仿真用例分析。目标流设置:由于该武器系统的导弹基数为 64 枚,按 2 发导弹射击 1 批目标进行发射决策,则一次作战最多可对 32 批目标实施射击,故目标流规模设置为 32 批;目标类型:主要包括大型目标、小型目标、巡航导弹、武装直升机、辐射目标等;目标飞行特性:目标在飞行高度 10～27 000 m 范围、飞行速度 100～750 m/s 范围内均匀分布;A 型、B 型导弹的单价分别为 750 万元和 450 万元。依次增加配置 B 型导弹发射车的数量,并仿真运行 100 次,得到统计结果(见表 6-46)。

表 6-46　中远程地空导弹武器系统作战仿真结果

配置 B 型导弹发射车数量	平均消耗 A 型导弹数量	A 型导弹毁伤目标平均数量	平均消耗 B 型导弹数量	B 型导弹毁伤目标平均数量	目标平均毁伤概率	耗弹总费用/万元	效费比
0	57.960 0	28.760 0	0	0	0.898 8	43 470	0.992 4
1	54.160 0	26.900 0	4.000	1.980 0	0.902 5	42 420	1.021 2
2	50.000 0	24.840 0	8.000 0	3.960 0	0.900 0	41 100	1.051 1
3	46.320 0	22.920 0	12.000 0	5.980 0	0.903 1	40 140	1.080 0
4	42.600 0	21.120 0	15.720 0	7.820 0	0.904 4	39 024	1.112 4
5	39.120 0	19.300 0	19.280 0	9.580 0	0.902 5	38 016	1.139 5
6	35.720 0	17.780 0	21.520 0	10.740 0	0.891 3	36 47 4	1.172 9
7	33.280 0	16.540 0	24.040 0	12.000 0	0.891 9	35 77 8	1.196 5
8	31.440 0	15.580 0	24.320 0	12.120 0	0.865 6	34 524	1.203 5
9	27.680 0	13.680 0	27.400 0	13.660 0	0.854 4	33 090	1.239 3
10	23.960 0	11.920 0	28.560 0	14.260 0	0.818 1	30 822	1.274 1
11	20.000 0	9.960 0	31.240 0	15.520 0	0.796 3	29 05 8	1.315 3
12	16.000 0	7.820 0	31.400 0	15.600 0	0.731 9	26 130	1.344 4
13	12.000 0	5.860 0	34.080 0	16.880 0	0.710 6	24 336	1.401 6
14	8.000 0	3.960 0	34.200 0	16.980 0	0.654 4	21 390	1.468 4
15	4.000 0	2.000 0	37.120 0	18.460 0	0.639 4	19 704	1.557 6
16	0	0	38.440 0	19.060 0	0.595 6	17 29 8	1.652 8

从表 6 - 46 中可以看出，从不配置 B 型导弹发射车到配置 7 辆 B 型导弹发射车时，武器系统作战效能基本保持不变，目标平均毁伤概率在 90%左右，当配置 B 型导弹发射车数量再增多时，作战效能逐渐降低，当完全配置为 B 型导弹发射车时，目标平均毁伤概率下降为 60%左右，作战效能降低了 1/3。在不配置 B 型导弹发射车时，耗弹总费用为 43 470 万元，效费比为 0.992 4，在配置 7 辆 B 型导弹发射车时为 35 778 万元，效费比为 1.196 5，费用降低了 17.69%。防空反导作战的根本原则是尽可能消灭空袭目标，因此在不降低作战效能的前提下，应尽可能降低费用，即尽可能使用价格便宜的 B 型导弹射击目标，因此配置 B 型导弹发射车的数量在 6～7 辆比较合适。

第 7 章　装备效能评估的组织与实施

7.1　装备效能评估组织实施过程

7.1.1　效能评估组织实施的目的

装备效能评估是一项科学性、实践性和导向性都非常强的工作，它对武器装备的发展和作战使用起着重要的参考作用。研究装备效能评估的组织实施，其主要目的体现在以下三个方面：

(1)规范装备效能评估活动的过程；

(2)增强评估工作的科学性和高效性；

(3)减小评估活动的盲目性和随意性。

7.1.2　效能评估组织实施的程序

装备效能评估的组织实施过程如图 7－1 所示。可将其归结为三个阶段：评估准备、评估实施和评估结果处理。其中：评估准备阶段包括明确评估任务、成立评估组织、制定评估方案和评估方案评审与确认四个步骤，评估结果处理阶段包括形成评估报告、评估结果评审与确认以及评估结果的反馈和使用三个步骤。

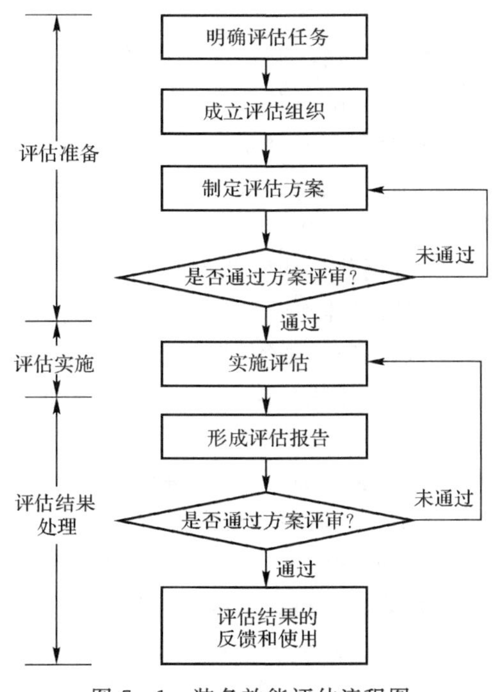

图 7－1　装备效能评估流程图

7.2 装备效能评估的准备

7.2.1 明确评估任务

主要工作包括提出评估需求、确定评估对象、下达评估任务书等三个方面。

1.提出评估需求

(1)评估需求的来源。评估需求的提出与评估目的有着直接的关系,一般来说,提出评估需求主要有以下几种情况:一是装备发展部门根据装备发展规划和建设的需要,对装备效能提出评估需求;二是装备作战使用部门,根据部队装备的现状和作战任务需求提出申请;三是装备研制的工业部门,根据装备研制的需要提出对装备进行效能评估的需求。

(2)评估类型和重点。根据装备在其全寿命周期中所处的阶段,装备效能评估可分为三种类型:事前评估、中间评估和事后评估。其中:事前评估是在装备研制之前进行的,重点是评估装备研制方案;中间评估是在装备配备或使用的过程中进行的,重点是评估装备配备或使用的过程和质量情况;事后评估是在装备使用结束后进行的,重点是评估装备研制、配备或使用的结果和效益。

(3)评估需求的内容。评估需求应明确提出评估对象、评估目的、评估范围和条件、评估时限要求等。评估对象是指对其实施评估的具体装备。评估目的是指评估的原因和评估要达到的目标,明确评估目的是保证评估方向性和实用性的关键因素。评估范围和条件是对评估内容的具体界定,如对某一具体的评估对象来说,有多个可评估的侧面、多种可选择的效能指标、多种评估目的、用途和多种作战环境条件。因此,提出评估需求时,仅提出评估对象是不够的,应该对其评估范围和条件做进一步的界定。评估时限是指评估的起止时间要求。

2.确定评估对象

装备是一个十分复杂的体系。可以说,装备既包括各型武器系统,也包括由多型装备所构成的作战平台,而多个作战平台根据作战任务又可组成多种作战编组。根据装备效能评估的目的,可将装备按以下几种方法进行分类并确定评估对象。

(1)按照装备管理属性分类。按照装备管理属性,可将装备分为通用装备和专用装备,仅从装备效能评估要求方面考虑,无论是通用装备、还是专用装备,都需要进行效能评估。空军装备效能评估的对象主要是空军专用装备和以此为核心的装备。

(2)按照装备体系分类。按照装备体系,可将空军装备分为主战装备和保障装备两大类。其中:主战装备包括各类作战飞机、地空导弹等;保障装备包括各种支援保障飞机、机载武器装备、预警探测装备、信息对抗装备等。这些具体装备,甚至整个空军装备体系都可列为空军装备效能评估的评估对象。

(3)按照装备的规模分类。按照装备的规模,可将空军装备分为以单一武器为核心的简单系统和以作战平台为核心的复杂系统。简单系统通常是指一型装备,复杂系统是指一型作战平台。如某型作战飞机即是一个作战平台,它不仅包括壳体、动力装备、控制装备、通信装备,还包括空空导弹系统、空地导弹系统、航炮系统、电子对抗系统、机载雷达系统、数据链系统等。它们与飞机平台有机地结合成一体,从而构成了具备作战能力的作战平台。可见,空军装备效能评估对象不仅包括单一装备为核心的简单系统,更要包括以作战平台为核心的复杂系统。

(4)按照装备作战编组分类。按照装备作战编组，空军装备效能评估对象既包括单平台系统，也包括多平台系统。其中，单平台系统主要是指单个作战平台构成的装备，而多平台系统则是指由多种或多型作战平台根据作战任务的需要组成的编队。

(5)根据评估目的和用途分类。根据评估目的和用途的不同，空军装备效能评估对象也有所不同。有时需要对某一型武器系统的效能进行评估，有时需要对某一类作战平台的综合效能进行评估，有时需要对多平台组成的作战系统进行效能评估，有时则需要对整个空军装备体系进行综合效能评估。

3. 下达评估任务书

评估任务书是组织实施装备效能评估的基本依据。通常由装备效能评估的组织领导单位根据评估对象和评估需求，经过综合分析后拟定下达。一般来说，评估任务书应包括以下内容：

(1)评估对象和目的要求，包括评估对象、评估范围、实施评估的目的、评估结果的用途。

(2)评估指导思想和原则。

(3)实施评估的具体组织和单位。

(4)评估进度计划，包括各主要节点的时间和安排。

(5)对评估的保障要求，包括资料保障、评估器材保障、评估经费保障等。

(6)其他要求和注意事项。

7.2.2　成立评估组织

评估组织是实施装备效能评估的主体，通常是指评估专家组。在评估任务书下达后，领受任务的单位或团体，应根据任务书要求，成立装备效能评估组织。

1. 评估专家组的构成

装备效能评估专家组成员一般由装备机关人员、效能评估领域专家、装备生产研制人员代表和部队装备使用部门人员按照一定的比例构成。

评估专家的素质，是决定效能评估效果的重要因素。组建评估专家组时，除要考虑各方面专家的结构比例和层次外，还要考虑专家个人的公正性、宏观判断能力和权威性。对专家素质的基本要求可概括为以下几点：

(1)热爱国防事业，有强烈的工作责任感，敢于负责，敢于提出批评和建议。

(2)熟悉国防装备体系结构、熟悉装备技术、熟悉装备的作战使用。

(3)在学术上有较高的造诣和威望，知识而宽，并有较宽广的视野。

(4)了解装备效能评估的基本理论和方法。

(5)有较强的观察力，能够发现问题并客观地分析问题，有较强的判断能力。

(6)作风正派，办事公正，全局观念强。

2. 评估专家组的职责

评估专家组在机关领导下开展工作，其主要职责如下：

(1)根据装备效能评估任务书规定的总体指导思想和原则，结合被评对象的具体情况和评估要求，制定评估方案。

(2)申请评估方案评审，向评审委员会汇报并解释评估方案。

(3)调研、搜集相应的信息和资料，根据已批准的评估方案，具体实施装备效能的评估工作。

(4)提出评估结论、撰写评估报告。

(5)申请评估报告的评审,向评审委员会汇报评估报告。

(6)总结评估经验,向机关提出完善评估理论和方法的建议。

7.2.3 制定评估方案

1.评估方案的内容

评估方案是实施装备效能评估的基本依据,由评估专家组根据评估任务书要求,结合评估对象及评估的具体要求制定。评估方案主要包括以下内容:

(1)评估对象和目的要求;

(2)评估指导思想和原则;

(3)评估方法;

(4)效能指标;

(5)评估模型;

(6)评估进度安排;

(7)其他要求及说明。

2.评估方法的选取

装备效能评估方法是指对被评对象实施评估时所采用的方法、手段和工具的总称。选择评估方法是保证评估成败和评估结果科学性的重要环节之一。在长期的装备效能评估实践过程中,已经形成了许多比较成熟的评估方法,如 ADC、SEA、指数法、模糊综合评判法、层次分析法等,这些方法各有其特点和适用范围,在评估过程中往往需要根据不同的评估对象、评估目的和要求,选择合适的一种或多种评估方法。

3.效能指标的确定

效能指标是对装备达到规定目标程度的定量表示,是衡量装备在特定的一组条件下完成规定任务程度的尺度。合理选择效能评估指标,是制定评估方案的关键环节和首要工作。

对于不同的装备、不同的作战任务和使命,可以有多种效能指标。例如,某型导弹武器系统的作战效能指标可用单发毁伤概率来量度,某情报系统的作战效能指标可用目标信息获取的平均时间来量度,某后勤供应系统的效能指标可用弹药补给速度、补给频率来量度。总之,装备系统中反应作战能力的概率、时间、经费、数量、质量等都可以作为效能指标。

在选择效能指标时,必须注意以装备评估目的为依据,对表征装备效能的一个或几个效能度量指标,进行深入、科学的分析,有时效能指标量度的确定需要在动态过程中通过反复综合平衡才能合理地选取。

4.评估模型的建立

评估专家组根据评估目的要求、所选取的评估方法和效能指标,结合评估对象具体情况,选择或建立装备效能评估模型。装备效能评估模型是反映装备效能内在规律(数量和逻辑关系)的数学表达,它包括数学模型和各组成部分之间的逻辑关系等。在建立效能评估模型时,必须综合考虑装备本身固有的战术技术性能、装备作战任务和使命、作战环境和装备使用条件、编制体制和装备配套情况等诸多因素对效能的影响。

5. 评估模型的校验

模型校验的主要内容应包括以下几点：

(1)所确定的效能评估指标选择是否正确；

(2)对作战区域自然环境、气象条件的描述是否真实；

(3)对作战样式和装备固有性能描述是否准确；

(4)对装备数量、编配和作战目标的描述是否科学合理；

(5)交战规则和装备使用的限制条件是否明确；

(6)能否得到所希望得到的数据、期望或要求等。

6. 制定评估方案时的注意事项

(1)准确理解和把握评估对象特点。保证装备效能评估方案的设计符合被评估对象的实际情况，保证评估项目能够科学地反映影响装备效能的各主要因素，保证评估的科学性、合理性和高效性。

(2)强调效能评估方案的可操作性。装备效能评估方案必须具有较强的实际操作性，评估方案中所涉及的各要素要清晰、简易、可行。清晰是指所列要素内涵明确，使参与评估的工作人员不会产生模棱两可的理解；简易是指所列要素重点突出、条目简练、使用方便、运算简单；可行是指所列要素是可以行为化加以操作的，它所规定的内涵可以通过观察和测量来获得明确的结论，在评估过程中有足够的信息资源可供调用。

(3)正确处理确定性和不确定性因素关系。影响装备效能的因素大体上可分为两大类：确定性因素和不确定性因素。对确定性因素的分析评估可以得到确定性的结果，对不确定性因素的分析评估可以得到一些有意义的结论。因此，在对装备效能进行评估时，应对装备效能起决定性作用的确定性因素进行重点分析评估，同时也必须兼顾到部分不确定性因素。只有这样：才能一方面不至于使有关问题复杂化，或偏离效能评估的大方向；另一方面也不至于漏掉那些虽然不确定但却具有重要影响的因素。而对于某些在效能构成中具有主观能动性的因素，如装备操作使用人员的训练水平等，应将其作为一个相对稳定的因素加以处理，以突出对装备自身效能的客观评价。

7.2.4　评估方案评审与确认

装备效能评估方案是实施装备效能评估的基本依据，为保证评估方法的科学性、评估结论的准确性和评估结果的实用性，必须要对评估方案进行评审和确认。一般来讲，在评估专家组拟定评估方案后，应向主管机关申请评估方案评审。主管机关根据任务书要求，在对评估方案的基本内容进行初步审核后，启动评估方案评审程序，对上报的评估方案进行评审和确认。评估方案评审后，评估专家组应根据评审结论和建议对评估方案进行改进和完善，直至形成科学、可行的评估方案后，为可实施评估。

1. 方案评审的步骤

装备效能评估方案评审一般包括以下几个步骤：

(1)确定评审形式。由于装备效能评估方案的重要性和评估方法、模型的复杂性，一般来说，装备效能评估方案的评审形式均应以会议形式进行。

(2)成立评估方案评审委员会。评估方案评审委员会的构成，应注意权威性与专业性相结合。

(3)评估专家组向评估委员会汇报评估方案。评估方案的汇报重点是评估对象和目的要求,所要采用的评估方法及选取理由,评估的效能指标和选取理由,评估模型、评估模型的校验方法及校验结果,其他需要说明的问题。

(4)讨论评估方案。评审委员会与评估专家组成员一起,就评估方案中的重点问题进行讨论和交流,其重点内容是评估方法、效能指标、评估模型是否科学合理,评估方案中是否还存在其他技术性和操作性的问题等。

(5)形成评审结论和建议。评审委员会根据讨论结果,综合形成对评估方案的评审意见和建议。评审意见主要包括以下内容:一是评审时间、地点、主持评审单位、参加评审单位和代表基本情况;二是评估方法是否科学合理;三是效能指标的选取是否合适;四是评估模型是否正确实用;五是评估方案是否可行;六是存在的主要问题和改进建议。

2.评估方案的改进

装备效能评估方案评审后,评估专家组应根据评审结论和建议对装备效能评估方案进行改进和完善,包括问题的纠正和方案改进等。

若评估方案得到通过,评估专家组均应逐条地理清评审委员会提出的意见和建议,并逐一对照研究。对于正确且能够采纳的建议,应尽快改进落实;对于正确但改进有困难的建议,应积极创造条件逐步改进落实;对于难以落实或有争议的建议和意见,应向主管机关书面陈述理由。

若评估方案未能得到通过,评估专家组应仔细研究评审委员会提出的意见和建议,并"采取适当的纠正措施,以消除不合格的原因,防止不合格的再次发生"。在对评估方案进行重新修改完善后,再次重复评审程序,进行方案评审。

3.评估方案的确认

在装备效能评估方案已经通过评审,且评估专家组已经根据评审结论和建议对评估方案进行改进和完善后,主管机关在审查装备效能评估方案改进情况的基础上,可对装备效能评估方案进行确认并批准执行。

7.3 装备效能评估的实施

7.3.1 评估实施主要工作内容

装备效能评估实施阶段的工作主要是模型的闭环运行或根据输入的数据进行效能指标值计算的过程。评估方案的实施一般包括搜集整理资料信息、信息输入、数据处理和运算、评估结果输出、评估结果的检验等。

7.3.2 评估实施应把握的重点

在装备效能评估方案的实施过程中,应着重把握以下两个方面。

1.注意搜集足够的资料信息并加以整理

所要搜集信息的种类和内容,根据不同的评估对象有不同的要求,原则上对效能评估过程中可能需要的参数值以及其他基础资料要尽可能搜集完整。另外，在搜集信息资料时要特别注意的是，对于已经列装的装备，应该注意搜集有关部队使用的情况和反馈信息，对于在研或尚未列装的装备，应该注意搜集与该装备作战使用有关的单位的研究论证信息。

2. 对评估方案实施的全过程进行质量控制

在对装备效能评估方案实施评估的整个过程中，要坚持质量第一的指导思想，保证评估过程的科学性和真实性。特别是在数据输入、结果检验等过程中，更要实事求是。一方面要杜绝由于人员粗心大意而造成的评估结果的误差；另一方面也要尽可能防止或预见到由于算法和模型的简化而造成的评估结果的误差。而对于评估过程中不可避免的误差，也一定要在评估过程中早期预见、及时记录，并在分析评估结论中进行适当的修正性说明。

7.4　装备效能评估结果的处理

7.4.1　形成效能评估报告

装备效能评估报告是装备效能评估全过程及其评估结论的科学总结。装备效能评估报告一般由评估专家组在对评估对象进行综合评估并得出评估结论后撰写完成。

装备效能评估报告一般应包括以下内容：

(1)评估背景及任务要求，包括评估背景、任务依据、评估目的要求、指导思想和原则等。

(2)被评对象现状分析，主要是被评估装备研发与使用的基本情况。

(3)效能评估方案及其说明，主要包括采用的评估方法、选取的评估效能指标以及构建的评估模型，并说明确定评估方案的过程和相应的理由。

(4)评估过程分析，包括评估的主要途径与步骤、评估过程优化方法、模型校验分析、调研论证过程分析、资料信息来源和可信度分析、数据处理过程分析等。

(5)评估结果和误差分析，主要包括评估结果的信度和效度分析，评估误差源及其对评估结果的影响。

(6)评估结论，主要包括综合评估结论、评估中存在的问题与改进建议、有关措施与对策。另外，对于评估中的评估报告、附件、附表，评估模型的有关资料，参考文献及资料索引等均需要以附件形式附于效能评估报告之后。

7.4.2　评估结果评审与确认

装备效能评估结果对装备的发展、编配和作战使用都具有十分重要的指导作用，也是各级机关进行科学决策的基本依据。为保证评估结果的准确性和实用性，在效能评估报告完成后，必须对其进行专家评审和确认。一般来讲，在评估专家组完成效能评估报告的撰写工作之后，应及时向主管机关申请进行评审。主管机关在对评估报告进行初步审核后，即启动评估结果的评审程序，对上报的效能评估报告进行评审。评估专家组应根据评审委员会的意见和建议对效能评估报告进行改进和完善。效能评估报告通过评审后，应上报给下达评估任务的主管机关进行确认。

1.评审需提供的材料

申请效能评估结果评审一般应提供以下材料：

(1)评估任务书；

(2)已经通过评审并确认的评估方案及确认通知；

(3)对评估结果具有重要影响的原始数据和原始资料；

(4)效能评估报告；

(5)其他可供参考的材料。

2.评审的基本步骤

装备效能评估结果的评审程序一般包括以下步骤：

(1)确定评审时间、地点和评审形式。评审时间和地点一般根据需求而定，评审形式均应以会议形式进行。

(2)成立评估结果评审委员会。评估结果评审委员会成员的构成可参照评估方案评审委员会的构成，一般来讲，两个评审委员会最好是同一班人，至少也要保持其主要成员的不变。

(3)评估专家组向评审委员会汇报评估报告和评估结果。

(4)大会分析和讨论评估报告。

(5)形成评审意见和建议。评审意见应主要包括以下内容：一是评审时间、地点、主持评审单位、参加评审单位和代表基本情况；二是评估方法、评估模型、评估效能指标是否符合评估方案要求；三是评估结果是否正确、实用；四是本次评估是否达到了任务书规定的评估目的要求；五是存在的问题和改进建议。

3.评估结果的确认

评估结果经过评审后，评估专家组应根据评审结果和建议对评估报告进行改进和完善。

若评估报告未能通过评审，评估专家组应仔细研究评审委员会提出的意见和建议，并采取适当的纠正措施，进行补充评估或重新评估。评估完成后，再次重复评审程序，进行评估结果的评审。

若评估报告通过评审，评估专家组应将评估报告及时上报给下达评估任务的主管机关。由主管机关对评估报告进行确认。

7.4.3 评估结果反馈与使用

从装备效能评估的目的可知，装备效能评估直接服务于装备的发展建设和作战使用。装备效能处于装备发展的最高层次，其指导作用不仅体现在装备发展领域，还覆盖了诸如装备配置、作战使用、战场指导等其他领域。装备效能评估结果可有效地引导论证人员在装备发展论证中准确、客观地把握装备发展的方向和重点，能够有针对性地提出发展新型武器装备时应着重解决的问题；可对制定装备的部队编制体制提供科学的参考依据，为装备的合理编配，为武器装备成体系、成建制、真正形成作战能力和保障能力提供决策依据。

正是由于装备效能评估的指导性作用，装备效能评估的结果绝不能束之高阁，必须及时反馈和推广应用。因此，在评估结果得到确认后，应迅速将评估结果反馈到提出评估需求的单位或其他相关部门，使装备效能评估结果真正服务于武器装备的发展论证、日常训练和作战使用。

7.5 评估结果的检验方法

7.5.1 综合仿真检验方法

1. 综合仿真检验方法的概念

综合仿真检验方法是指运用仿真推演的方法检验结果的一致性问题，即根据装备效能评估模型的建模规则、算法和性能数据对照现实世界对其概念内容进行确认，并在此基础上开发与装备性能相适应的仿真模型系统，在仿真模型系统完成系统测试可信的基础上，通过仿真推演检验其结果是否与效能评估模型产生的理论结果一致。

2. 综合仿真检验方法的要求

以仿真试验检验方法部分替代实际装备试验检验的前提是要建立正确的仿真软件模型，要能真实反映实际装备性能数据和遵循评估模型的建模规则和算法。这种检验是综合进行的，将二者的评估要素和结论进行逐一比较分析，透过表面现象，抓住本质问题进行检验。

3. 综合仿真检验方法的分类

综合仿真检验方法可分为两大类：静态方法和动态方法。

(1)静态方法主要有原因—效果分析、控制及控制流分析、状态转移分析、数据及数据流分析、语义及语法分析等。

(2)动态方法主要有性能测试、兼容性测试、运行跟踪测试、功能测试、预测性验证、灵敏性测试、特殊输入测试、边界值测试、实时输入测试、不正确输入测试、条件测试、数据流测试、循环测试等。

7.5.2 装备试验检验方法

1. 装备试验检验方法的要求

装备试验是最终鉴定武器装备性能的主要试验数据来源，也是检验装备效能评估模型可靠性的主要依据。只有当效能评估模型的产生结论与装备试验的结果在统计意义上相一致，才能认为效能评估模型有效。因此，装备试验检验方法主要解决判别评估模型结果与装备试验结果的一致性问题。

在检验中需要回答的问题是，效能评估模型结果相对装备试验结果的误差是否在允许(被认可)范围内。为此需要研究如何利用装备试验中的有限信息资源，验证评估模型的有效性，以及给出一个能够被接受的判定评估模型有效的确认标准。

2. 结果一致性的判别方法

判别评估模型结果和装备试验结果数据是否一致的方法主要有以下几种。

(1)直观比较法。在相同的输入条件下，将评估模型结果与装备试验结果的同一参数绘制在一张图上，进行直观比较。在建立评估模型可信性或决定是否需要改进方面，它是一个快捷而简单的方法，其缺点是具有主观性，不同的专家对结果的一致性程度可能有不同的观点。

(2) 相关系数法。假设 S_i 为模型结果数据，T_i 为装备试验数据，N 为数据样本大小，则称 $C_{12}=\frac{1}{N}\sum_{i=1}^{N}(S_i-\overline{S})(T_i-\overline{T})$ 为其协方差、$R=\frac{C_{12}}{C_1C_2}$ 为其相关系数，其中 $\overline{S}$，C_1 为评估模型结果

数据的均值与方差，$\overline{T}$，C_2 为装备试验数据的均值与方差。$R=1$ 表示两组数据完全相关，$R=-1$ 表示两组数据完全反相，$R=0$ 表示两组数据不相关。一般来说，$R\geqslant 0.95$ 表示两组数据有较好的相关性。相关系数在一定程度上也反映了评估模型结果与装备试验结果的一致性。

(3)Theil 不一致系数法。Theil 系数反映了评估模型结果与装备试验结果的一致性程度。Theil 不一致系数 ξ 的定义为

$$\xi=\frac{\sqrt{\frac{1}{N}\sum_{i=1}^{N}(S_i-T_i)^2}}{\sqrt{\frac{1}{N}\sum_{i=1}^{N}S_i^2}+\sqrt{\frac{1}{N}\sum_{i=1}^{N}T_i^2}}\quad(0\leqslant\xi\leqslant 1)\tag{7-1}$$

式中：$\xi=0$ 表示评估模型结果与装备试验结果完全一致，$\xi=1$ 表示评估模型结果与装备试验结果差异最大。

(4) 平稳序列的时域分析法。对一个数字时间序列来说，可以把它抽象地表示成 $X_1,X_2,\cdots,X_N$，即 $\{X_i\}(i=1,2,\cdots,N)$，这里的 X_i 表示第 i 个观察数据，N 表示总数。随机序列就是一串随机变量 $X_1,X_2,\cdots$ 构成的序列，用 $\{X_i\}(i=1,2,\cdots)$ 表示。对每个固定的整数 i，x_i 是一个随机变量。一个随机序列 $\{X_i\}$，如果它的任意有穷维分布是正态分布，则称这个随机序列为正态随机序列。如果随机序列 $\{X_i\}$ 是两两不相关的，即

$$\left.\begin{aligned}&\mathrm{cov}(X_k,X_l)=\sigma_k^2\delta_{kl}\\&\delta_{kl}=\begin{cases}1 & (k=l)\\0 & (k\neq l)\end{cases}\end{aligned}\right\}\tag{7-2}$$

则称这种序列为白噪声序列。如果随机序列 $\{X_i\}$ 的二阶矩有穷，而且对任一时刻 i 和 j，满足 $E(X_i)=\mu$，$E(X_i-\mu)(X_j-\mu)=r_{i-j}$，即其均值和方差为常值，自协方差函数只与 $i-j$ 有关，与时间起点无关，则称 $\{X_i\}(i=1,2,\cdots,N)$ 为平稳序列。

如果评估模型结果与装备试验结果是平稳的时间序列，则可采用动态和静态数据处理技术分别确定评估结果和试验数据的时序模型 $X_i=\varphi_1X_{i-1}+\varphi_2X_{i-2}+\cdots+\varphi_pX_{i-p}+a_i(i=1,2,\cdots;\varphi=1,2,\cdots)$（其中，$a_i$ 为白噪声序列，p 为阶次）中的系数、阶次。如果评估结果和试验数据是一致的，则表达式中的系数应是近似的，阶次应是一致的。

7.5.3　结果分析检验方法

1. 结果分析的关键工作

装备效能评估不是目的，目的是为了评估应用，为了更好地服务指挥决策。装备效能评估常常要根据评估应用目的的需要，利用已有的试验数据，构建一个能够满足要求的效能评估模型。由于服务于效能评估的基础数据一般不大可能随意变化，通常只能尽可能按照真实情况进行设置，因此，要求评估结果完全满足要求是不大可能的。为了更好地做好装备效能评估，要特别强调做好以下几项关键性工作：

(1)充分理解装备效能评估任务的内容和要求，这是做好装备效能评估的前提。

(2)充分利用装备效能评估的已有数据条件和相关信息，拟定一个相对合理的评估方案，方案应当是明确、具体、易于实现并方便检查、合理而又高效的评估工作程序。

(3)拟订评估结果分析方案，一个细微周密的结果分析预案，往往能起到进一步完善效能

评估方案和评估工作程序的作用，同时有利于提高效能评估结果分析的质量和效率。

2. 结果分析的主要内容

装备效能评估结果分析主要有以下两个方面的内容：

(1)效能评估的内容是否达到评估任务规定的要求，这是装备效能评估任务是否已圆满完成的标志。

(2)由于效能评估结果的因素比较复杂，在对评估结果进行剖析与解析的同时，要按照精度分析要求，全面分析对效能评估结果影响的因素因子和量化方法，并在精度分析基础上给出评估结果的置信度。

参考文献

[1] 徐贤能.陆军信息化武器装备作战效能评估理论与方法研究[M].北京:海潮出版社,2010.

[2] 王满玉.基于算子的武器装备作战效能评估柔性建模方法与应用[M].北京:国防工业出版社,2012.

[3] 马亚龙,邵秋峰,孙明,等.评估理论和方法及其军事应用[M].北京:国防工业出版社,2013.

[4] 张杰,唐宏,苏凯,等.效能评估方法研究[M].北京:国防工业出版社,2009.

[5] 郭齐胜,郅志刚,杨瑞平,等.装备效能评估概论[M].北京:国防工业出版社,2005.

[6] 陈立新.防空导弹网络化体系效能评估[M].北京:国防工业出版社,2007.

[7] 周华任,张晟,穆松,等.综合评价方法及其军事应用[M].北京:清华大学出版社,2015.

[8] 胡晓峰,罗批,司光亚,等.战争复杂系统建模与仿真[M].北京:国防大学出版社,2005.

[9] 耿振余,陈治湘,黄路炜,等.软计算方法及其军事应用[M].北京:国防工业出版社,2015.

[10] 罗鹏程,周经伦,金光.武器装备体系作战效能与作战能力评估分析方法[M].北京:国防工业出版社,2014.

[11] 王君,雷虎民,周林,等.中远程地空导弹武器系统作战效能仿真[J].系统仿真学报,2010,22(2):510-515.

[12] 张昌龙,周林,张文.基于模糊综合评判的防空作战演习效果评估[J].火力与指挥控制,2011,36(12):48-50.

[13] 闫永玲,张庆波,王宇峰.基于贝叶斯网络模型的BMD系统效能评估[J].火力与指挥控制,2018,43(4):89-93.

[14] 刘熠,周林,宋文焦,等.基于灰色加权关联度组合的超声速空地导弹作战效能评估[J].弹箭与制导学报,2011,31(3):73-76.

[15] 闫永玲,张庆波,张琳.弹道导弹防御系统保障分系统作战效能评估[J].火力与指挥控制,2015,40(8):62-65.

[16] 王君,周林,雷虎民,等.中远程地空导弹系统效能评估模型[J].系统仿真学报,2010,22(7):1761-1769.

[17] 张成华,常玉红,周建中,等.基于改进粗糙集方法的水电站运行数据融合算法[J].大电机技术,2019(4):72-76.

[18] 罗乐,葛启东,杨昱,等.PLS通径模型的通信对抗装备系统效能评估分析[J].火力与指挥控制,2018,43(4):71-74.

[19] 王君,周林,白华珍.效能评估ADC模型中可信赖度矩阵算法探讨[J].系统工程与电子技术,2008,30(8):1501-1504.

[20] 闫永玲,张志峰,张庆波.电子对抗条件下地空导弹武器系统效能评估[J].火力与指挥

控制,2014,39(7):78-81.

[21] 宋超,郭宜忠,王玲.基于SEA的远程相控阵雷达探测弹道导弹的效能评估[J].舰船电子对抗,2013,36(5):95-99.

[22] 赵海波,周林.电子干扰条件下地空导弹射击能力评估模型研究[J].弹箭与制导学报,2007,27(1):351-353.

[23] 闫永玲,张庆波.改进ADC法的C^4ISR系统效能评估[J].空军工程大学学报(自然科学版),2009,10(2):47-51.

[24] 周林,陶建锋,王君.地空导弹装备环境适应性模糊综合评价模型研究[J].装备指挥技术学院学报,2006,27(1):351-353.

[25] 闫永玲,张庆波,辛永平.改进ADC法指控系统效能评估的C矩阵模型研究[J].火力与指挥控制,2011,36(3):71-74.

[26] 董超,田畅,倪明放,等.仿真在战术互联网效能评估中的应用[J].计算机仿真,2007,24(9):1-5.

[27] 谭守林,闫双卡,陈雪松.基于指数法的巡航导弹作战效能评估模型[J].火力与指挥控制,2010,35(5):173-177.

[28] 闫永玲,张庆波,盛伟,等.基于贝叶斯方法的地空导弹装备保障效能评估[J].火力与指挥控制,2019,44(3):28-32.

[29] 闫永玲,张庆波,冯友松,等.地空导弹保障分队人员维修保障能力评估[J].火力与指挥控制,2019,44(2):1-6.

[30] 李治安,杨懿.基于层次分析法的复杂电磁环境评估研究[J].电子对抗,2014(6):32-35.

[31] 段继琨.基于网络层次分析法的舰艇反导作战效能评估[J].海军航空工程学院学报,2016,31(4):489-494.

[32] 闫永玲,张庆波,童创明.改进ADC法在防空导弹雷达抗干扰评估中的应用[J].火力与指挥控制,2018,43(10):63-67.

[33] 周林,张文,娄寿春,等.效用函数在防空C^3I系统效能评估中的应用[J].系统工程与电子技术,2012,24(1):14-17.

[34] 郭庆.教学评价中的多粒度粗糙集方法研究[J].大学数学,2019,35(4):64-67.

[35] 孟飞荣,高秀朋."港口-腹地经济"复合系统协调发展水平评价:基于PLS通径模型的实证分析[J].海洋开发与管理,2018(5):106-109.

[36] 俞宝达.基于PLS通径模型的建筑企业竞争力评价模型研究[J].建筑经济与管理,2015(9):1139-1141.

[37] 丁明,解蛟龙,潘浩,等.微电网经济运行中的典型时序场景分析方法[J].电力自动化设备,2017,37(4):38-41.

[38] 黄武超,陈小银.基于ANP的舰空导弹作战效能指标权重确定方法研究[J].舰船电子工程,2011,31(1):27-31.

[39] 孟令杰,贾仁耀,张小保.基于SEA的防空雷达体系作战效能评估[J].舰船电子对抗,2014,37(5):94-97.

[40] 齐玲辉,张安,郭凤娟,等.战术弹道导弹系统效能评估SEA法的建模与仿真[J].系统

仿真学报,2013,25(4):795-799.

[41] 秦国政,马益杭,郝胜勇,等.基于层次分析法的天基信息应用效能评估研究[J].指挥与控制学报,2015,1(3):335-340.

[42] 侯岳海.基于层次分析法模型的航空兵进攻作战效能分析[J].舰船电子工程,2012,32(9):20-22.

[43] 潘群华.航空反潜装备作战效能评估仿真方法[J].海军航空兵,2017(2):30-33.

[44] 许贵君,王晖,赵凯.基于仿真的装备保障指挥效能评估方法研究[J].计算机仿真,2017,34(11):1-6.

[45] 马元正,车万方,程见童,等.基于体系仿真的天基信息支持系统作战效能评估方法[J].空军装备研究,2017,11(1):37-39.

[46] 杨镜宇,胡晓峰,张昱,等.基于体系仿真实验的联合作战能力评估技术[J].指挥信息系统与技术,2017,8(4):1-9.

[47] 李志猛,沙基昌,谈群.探索性分析方法及其应用研究综述[J].计算机仿真,2009,26(1):32-35.

[48] 刘德生,郭静.基于探索性分析方法的导弹对抗作战效能评估[J].微计算机信息,2009,26(9):30-33.

[49] 卞泓斐,杨根源,于磊.基于粗糙集-神经网络的组网雷达作战效能评估[J].四川兵工学报,2015,36(6):87-92.

[50] 戚宗锋,韩山,李建勋.基于粗糙集的雷达抗干扰性能评估指标体系[J].系统仿真学报,2016,28(2):335-342.

[51] 曹移明,李志国,冷传航,等.基于仿真场景的天基红外探测系统性能评估[J].激光与红外,2015,45(8):907-910.

[52] 钱进,叶寒竹.基于作战过程的机动导弹武器系统生存能力评估建模[J].装备指挥技术学院学报,2007,18(4):116-121.

[53] 姜英英,李晋明.偏最小二乘通径模型在某高校学院综合实力评估中的实证研究:上[J].教育教学论坛,2015(23):168-169.

[54] 冯永.基于偏最小二乘通径模型的武汉市岩溶塌陷危险性预测[J].西北地震学报,2008,30(2):128-131.

[55] 莫一魁,沈旅欧.城市公交系统公众评价的偏最小二乘通径模型[J].深圳大学学报(理工版),2009,26(4):128-131.

[56] 袁凯,邹力.基于模糊综合评判的反导雷达干扰效果评估[J].舰船电子工程,2015,35(11):76-79.

[57] 范甘霖,邹杨兆民,王一舟.基于多级模糊综合评判的组网雷达"四抗"效能评估[J].舰船电子对抗,2013,36(3):100-102.

[58] 张永利,周荣坤,计文平,等.基于模糊综合评判法的航母编队舰载机群体系作战效能评估[J].舰船电子工程,2015,35(10):117-121.

[59] 余亮,邢昌风.集对分析在武器系统效能评估中的应用[J].电光与控制,2008,15(3):68-71.

[60] 吴杰,曹延杰,吴福初,等.基于集对分析的导弹武器系统作战效能评估[J].战术导弹技

术,2009(2):11-14.

[61] 史玮韦,马琳,苏永前,等.基于集对分析的空战武器系统作战效能评估[J].火力与智慧控制,2010,35(7):143-146.

[62] 董成喜,吴德伟,何晶.利用粗糙集理论评估卫星导航系统效能[J].电光与控制,2008,15(11):84-87.

[63] 石磊,李智.基于粗糙集的预警卫星系统综合评估[J].装备学院学报,2013,24(3):81-85.

[64] 许光,祝江汉,贺川.基于粗糙集的卫星侦察监视情报保障能力评估[J].舰船电子工程,2012,32(2):19-21.

[65] 王楠,杨娟,何榕.基于粗糙集的武器装备体系贡献度评估方法[J].指挥控制与仿真,2016,38(1):104-107.

[66] 额尔敦,陈兆仁,彭富兵.基于探索性分析的联合投送决心方案评估方法[J].军事交通学院学报,2016,18(10):5-10.

[67] 耿松涛,刘雅奇.基于探索性分析的电子对抗作战方案评估方法[J].军事运筹与系统工程,2013,27(2):34-38.

[68] 刘志钊.武器装备效能仿真评估与优化方法研究[D].哈尔滨:哈尔滨工业大学,2017.

[69] 焦松.武器装备效能仿真评估关键问题研究[D].哈尔滨:哈尔滨工业大学,2014.

[70] 王国胜,戚宗锋,徐亨忠.预警机雷达电子对抗系统作战效能仿真分析[J].装甲兵工程学院学报,2014,28(6):76-81.

[71] 赵新爽,汪厚祥,李鸿.基于SEA法的反导预警系统作战效能评估[J].火力与指挥控制,2014,239(1):157-159.